Premiere Pro CS6

全视频微课版 标准教程

麓山文化◎编著

U0281456

人民邮电出版社
北京

图书在版编目（CIP）数据

Premiere Pro CS6标准教程：全视频微课版 / 麓山
文化编著. -- 北京：人民邮电出版社，2019.2
ISBN 978-7-115-49641-6

Ⅰ. ①P… Ⅱ. ①麓… Ⅲ. ①视频编辑软件—教材
Ⅳ. ①TP317.53

中国版本图书馆CIP数据核字(2018)第229415号

内 容 提 要

本书系统、全面地讲解了视频编辑软件 Premiere Pro CS6 的基本知识及软件的使用方法和操作技巧。
全书共分为 11 章，前 8 章按照视频编辑的流程，详细讲解了 Premiere Pro CS6 的视频编辑基础、工作环境、
基本操作、素材剪辑、特效技术、字幕制作、视频滤镜、运动特效、音频效果、插件应用与影片输出、叠
加和抠像等核心技术，最后 3 章通过 3 个应用案例进行实际演练，使读者能够结合前面讲解的基础内容，
进一步积累经验，最终成为 Premiere 的视频编辑高手。

本书附赠教学资源，包括书中案例的素材文件和源文件，以及 439 分钟高清语音教学视频，方便读者
学习。随书提供每章内容的 PPT 课件，方便老师和学生使用。

本书可作为各本科、专科院校和培训学校相关专业的 Premiere Pro CS6 视频编辑教材，也可作为广大
视频编辑爱好者、影视动画制作者、影视编辑从业人员的自学教程。

◆ 编　　著　麓山文化
　　责任编辑　张丹阳
　　责任印制　陈　犇

◆ 人民邮电出版社出版发行　　北京市丰台区成寿寺路 11 号
　　邮编　100164　　电子邮件　315@ptpress.com.cn
　　网址　http://www.ptpress.com.cn
　　三河市君旺印务有限公司印刷

◆ 开本：800×1000　1/16
　　印张：19.5
　　字数：600 千字　　　　　　　　　　2019 年 2 月第 1 版
　　印数：1—3 000 册　　　　　　　　　2019 年 2 月河北第 1 次印刷

定价：55.00 元

读者服务热线：(010)81055410　印装质量热线：(010)81055316
反盗版热线：(010)81055315
广告经营许可证：京东工商广登字 20170147 号

关于Premiere Pro CS6

　　Premiere Pro CS6是由Adobe公司推出的一款常用视频编辑软件，提供了采集、剪辑、调色、美化音频、字幕添加、输出、DVD刻录的一整套流程。该软件不仅编辑画面质量良好，而且自身兼容性强，能与Adobe公司推出的其他软件相互协作，使用户足以应对编辑、制作、工作流上遇到的挑战，满足用户创建高质量作品的需求。目前这款软件广泛应用于广告制作和电视节目制作中，已经成为了视频编辑爱好者和专业人士不可或缺的一款视频编辑软件。

本书内容

　　本书作为一本Premiere Pro CS6软件标准教程，首先从易到难、由浅及深地向读者介绍了Premiere Pro CS6软件各方面的基础知识和基本操作，接下来通过具体实例，详细讲解了使用Premiere Pro CS6进行视频编辑和广告制作的具体方法和技巧，其中包括多机位剪辑、电商广告制作和房地产广告制作等，意在帮助读者在制作实践中轻松掌握Premiere Pro CS6的视频制作操作和部分专业技术的精髓。

　　本书共分为11章，具体内容安排如下。

　　第1章为"Premiere Pro CS6基础"，主要介绍Premiere Pro CS6软件的功能特点和应用领域，带领读者熟悉该软件的基本界面与操作。

　　第2章为"视频切换特效"，主要介绍视频切换特效的基础知识，通过讲解和示例使读者掌握使用Premiere Pro CS6视频切换特效的方法。

　　第3章为"视频特效技术"，主要介绍视频特效技术的基础知识，可以让读者掌握如何利用视频特效技术来丰富视频影像的方法。

　　第4章为"抠像与叠加"，主要介绍Premiere Pro CS6的抠像和视频叠加技术，以及在编辑处理视频图像时的具体应用方法。

　　第5章为"字幕特效"，主要介绍使用Premiere Pro CS6创建各种类型字幕的具体方法。

　　第6章为"音频技术"，主要介绍音频素材的创建和处理，以及内置音频特效技术的基础知识和具体应用。

　　第7章为"Premiere Pro CS6插件应用"，主要介绍几款常用的Premiere Pro CS6插件，同时为读者详细讲解插件的基本操作和使用技法。

　　第8章为"输出影片"，主要讲解了如何使用Premiere Pro CS6进行视频导出的基本设置和导出操作。

第9章为"多机位剪辑实战"，主要讲解了使用Premiere Pro CS6进行多机位剪辑的具体操作方法。

第10章为"电商广告制作"，通过大实例讲解，帮助读者掌握Premiere Pro CS6在制作电商广告方面的具体应用及制作技巧。

第11章为"房地产广告制作"，通过大实例讲解，帮助读者掌握Premiere Pro CS6在制作房地产广告方面的具体应用及制作技巧。

本书配套资源

本书物超所值，除了书本之外，还附赠以下资源，扫描"资源下载"二维码即可获得下载方式。

配套教学视频：配套70集高清语音教学视频，总时长近439分钟。读者可以先像看电影一样轻松愉悦地通过教学视频学习本书内容，然后对照书本加以实践和练习，以提高学习效率。

本书实例的素材和效果文件：书中所有实例均提供了源文件和素材文件，读者可以使用Premiere Pro CS6打开或访问。

PPT教学课件：随书提供每章内容的PPT课件，可以下载使用，也可以扫描各章章首页的"扫码看课件"二维码在线阅读，方便老师和学生使用。

资源下载

本书作者

本书由麓山文化主编，具体参加编写和资料整理的有：陈志民、甘蓉晖、江涛、江凡、张洁、马梅桂、戴京京、骆天、胡丹、陈运炳、申玉秀、李红萍、李红艺、李红术、陈云香、陈文香、陈军云、彭斌全、林小群、刘清平、钟睦、刘里锋、朱海涛、廖博、喻文明、易盛、陈晶、张绍华、黄柯、何凯、黄华、陈文轶、杨少波、杨芳、刘有良、刘珊、赵祖欣、毛琼健、宋瑾，等等。

由于作者水平有限，书中错误、疏漏之处在所难免。在感谢您选择本书的同时，也希望您能够把对本书的意见和建议告诉我们。

读者服务邮箱：lushanbook@qq.com。

读者QQ群：327209040。

麓山文化

2018年8月

目录
Contents

第 3 章 视频特效技术

本章视频时长：29分钟

第 4 章 抠像与叠加

本章视频时长：19分钟

第 5 章 字幕特效

本章视频时长：58分钟

第 6 章 音频技术

本章视频时长：31分钟

第 7 章 Premiere Pro CS6 插件应用

🎬 本章视频时长：39分钟

第 8 章 输出影片

第 9 章 多机位剪辑实战

第 10 章 电商广告制作

第 11 章 房地产广告制作

第 1 章

Premiere Pro CS6 基础

本章将介绍视频的一些基础知识，包括视频制式、数字视频和音频技术、菜单命令以及素材处理方法等。

本章学习目标

- 了解软件的基本功能
- 了解视频音频常见制式
- 掌握各项菜单命令
- 掌握软件的基础操作

本章重点内容

- 视频和音频格式的设置
- 各项菜单命令及操作
- 项目的创建
- 素材的导入和处理方法

扫码看课件　　扫码看视频

1.1 认识Premiere Pro CS6

Adobe Premiere Pro是流行的非线性视频编辑软件，是数码视频编辑的强大工具，它作为一款功能强大，制作效果精良的实时多媒体视频、音频编辑软件，在日常生活中能快速便捷地协助用户更加高效地完成工作。Premiere Pro CS6以其合理化的界面和通用高端的工具，兼顾了广大视频用户的不同需求，是广大视频爱好者们广泛使用的一款软件。它有较好的兼容性，且可以与Adobe公司旗下推出的其他软件相互协作，广泛应用于广告制作和电视节目制作中。

1.1.1 Premiere Pro CS6的应用领域

Premiere Pro拥有创建动态视频作品所需的所有工具，无论是为Web创建一段简单的视频剪辑，还是创建复杂的纪录片、摇滚视频、艺术活动或婚礼视频，都可以轻松做到。事实上，理解Premiere Pro CS6的最好方式是把它看作一套完整的制作设备。原来需要满满一屋子的录像带和特效设备才能做到的事，现在只要使用Premiere Pro CS6就能做到。

以下列出一些使用Premiere Pro CS6可以完成的制作任务。

- 将数字视频素材编辑为完整的数字视频作品。
- 从摄像机或录像机中采集视频。
- 从麦克风或音频播放设备中采集音频。
- 加载数字图形、视频和音频素材库。
- 创建字幕和动画字幕特效，如滚动或旋转字幕。

1.1.2 Premiere Pro CS6的工作方式

要理解Premiere Pro CS6的视频制作过程，就需要对传统录像带产品的创建步骤有基本的了解。在传统或线性视频产品中，所有作品元素都传送到录像带中。在编辑过程中，最终作品需要电子编辑到最终或节目录像带中，即使在编辑过程中使用了计算机，录像带的线性

或模拟的本质也会使整个过程非常耗时；在实际编辑期间，录像带必须在磁带机中加载和卸载。时间都浪费在了等待录像机到达正确的编辑点上。作品通常也是按序组合的。如果想返回以前的场景，并使用更短或更长的一段场景替换它，那么所有后续的场景都必须重新录制到节目卷轴中。

非线性编辑程序（NLE）如Premiere Pro CS6完全颠覆了整个视频编辑过程。数字视频和Premiere Pro CS6消除了传统编辑过程中耗时的制作过程。使用Premiere Pro CS6时，不必到处寻找磁带，也不必将它们放入磁带机和从中移走它们。制作人使用Premiere Pro时，所有的作品元素都数字化到磁盘中。Premiere Pro CS6的项目面板中的图标代表了作品中的各个元素，无论它是一段视频素材、声音素材，还是一幅静帧图像。面板中代表最终作品的图标称为时间线。时间线的焦点是视频和音频轨道，它们是横过屏幕从左延伸到右的平行条。当需要使用视频素材、声音素材或静帧图像时，只需在项目面板中选中它们并拖动到时间线中的一个轨道上即可。可以依次将作品中的项目放置或拖动到不同的轨道上。在工作时，可以通过单击时间线的期望部分访问自己作品的任一部分。也可以单击或拖动一段素材的起始或末尾以缩短或延长其持续时间。

要调整编辑内容，可以在Premiere Pro CS6的素材源监视器和节目监视器中逐帧查看和编辑素材，也可以在素材源监视器面板中设置出点和入点。设置入点是指定素材开始播放的位置，设置出点是指定素材停止播放的位置。因为所有素材都已经数字化（而且没有使用录像带），所以Premiere Pro CS6能够快速调整所编辑的最终作品。

下面总结了一些只需在Premiere Pro CS6中的时间线上简单地拖动素材就可以执行的数字编辑小技巧。

- 旋转编辑：在时间线中单击并向右拖动素材边缘时，Premiere Pro CS6将自动从下一素材中减去帧。如果单击并向左拖动以移除帧，那么Premiere Pro将自动在时间线的下一素材中添加帧。
- 波纹编辑：在单击并向左或向右拖动素材边缘时，将会为素材添加或减除帧。Premiere Pro CS6会自动增减

整个节目的持续时间。

- 错落编辑：将两段素材之间的一段素材向左或向右拖动将自动改变素材的入点和出点，而不会改变节目的持续时间。
- 滑动编辑：将两段素材之间的一段素材向左或向右拖动将保持此段素材持续时间的完整性，但会改变前一段或后一段素材的入点或出点。

　　在工作时，可以很容易地预览编辑、特效和切换效果。改变编辑和特效通常只需简单地改变入点和出点，而不必到处寻找正确的录像带或者等待作品重新装载到磁带中。完成所有的编辑之后，可以将文件导出到录像带，或者以其他某种格式创建一份新的数字文件。可以任意次数地导出文件，以不同的画幅大小和帧速率导出为不同的文件格式。此外，如果想给Premiere Pro CS6项目添加更多特效，可以将它们导入Adobe After Effects，也可以将Premiere Pro CS6影片整合到网页中，或导入Adobe Encore来创建一份DVD作品。

1.2 数字视频与音频技术

　　在学习使用Premiere Pro CS6进行视频编辑之前，读者首先需要了解数字视频与音频技术的一些基本知识。下面将介绍几种常见视频格式和常见音频格式的相关知识。

1.2.1 视频制式概述

　　由于各国（地区）对电视影像制定的标准不同，其制式也有所不同。常用的制式有PAL、NTSC、SECAM。

◎ PAL制式

　　PAL（Phase Alternating Line，逐行倒相制式）为逐行倒相正交平衡调幅制，主要在英国、中国、澳大利亚、新西兰和欧洲大部分国家使用。这种制式的帧频是25帧/秒，每帧625行312线，奇场在前，偶场在后，采用隔行扫描方式，标准的数字化PAL电视标准分辨率为720×576，色彩位深为24比特，画面比例为4:3。PAL制式对相位失真不敏感，图像彩色误差较小，与黑白电视的兼容性也好，但PAL制式的编码器和解码器都

比NTSC制式的复杂，信号处理也较麻烦，接收机的造价也高。

◎ NTSC制式

　　NTSC（National Television Systems Committee，美国国家电视系统委员会）制式为正交平衡调幅制，主要在美国、加拿大、日本、中国台湾、大部分中美和南美地区使用。这种制式的帧频约为30帧/秒（实际为29.7帧/秒），每帧525行262线，偶场在前，奇场在后，标准的数字化NTSC电视标准分辨率为720×480，色彩位深为24比特，画面比例4:3或16:9。NTSC制式的特点是虽然解决了彩色电视和黑白电视广播相互兼容的问题，但是存在相位容易失真、色彩不太稳定的缺点。

◎ SECAM制式

　　SECAM（Séquentiel Couleur à Mémoire，顺序传送彩色信号与存储）为行轮换调频制，主要在法国、俄罗斯和中东等地区使用。这种制式的帧频为25帧/秒，每帧625行，隔行扫描，画面比例4:3，分辨率为720×576，约40万像素，亮度带宽为6.0 MHz；彩色幅载波为4.25 MHz；色度带宽为1.0 MHz(U)，1.0 MHz(V)；声音载波为6.5 MHz。SECAM制式的特点是不怕干扰，彩色效果好，但兼容性差。

1.2.2 视频记录的方式

　　视频拍摄好之后，要将其转移到计算机上存储或编辑，就需要进行视频采集。

1. 视频采集简介

　　所谓的视频采集，就是将模拟摄像机、录像机、LD视盘机、电视机输出的视频信号，通过专用的模拟、数字转换设备，转换为二进制数字信号的过程。视频采集把模拟视频转换成数字视频，并按数字视频文件的格式保存下来。

　　视频采集卡是视频采集工作中的主要设备，它分为家用和专业两个级别。家用级视频采集卡只能做到视频采集和初步的硬件级压缩。专业级视频采集卡不仅可以进行视频采集，还可以实现硬件级的视频压缩和视频编辑。

2. 安装1394卡

IEEE 1394是IEEE标准化组织制定的一项具有视频数据传输速度的串行接口标准。同USB一样，1394也支持外设热插拔，可为外设同时提供电源，省去了外设自带的电源，支持同步数据传输。1394卡的安装步骤如下。

（1）首先关闭计算机电源，打开机箱，将视频采集卡安装在一个空的PCI插槽上。

（2）从视频采集卡包装盒中取出螺丝，将视频采集卡固定在机箱上。

（3）将摄像头的信号线连接到视频采集卡上。

（4）至此，完成了视频采集卡的硬件安装。

此外，还需要进行软件安装。安装视频采集卡使用的驱动程序、MPEG编码器、解码器等。具体步骤如下。

（1）安装DirectX 9.0或以上版本。许多视频采集卡都要求安装DirectX才能够使用视频采集卡。

（2）安装并注册MPEG编码器、解码器。

（3）将视频采集卡的安装盘放入光驱。

（4）选择T1000 1394采集卡驱动。

（5）依次选择"安装驱动程序""安装SDK开发包""安装应用程序、客户端、服务器端"。

（6）重新启动计算机，完成软件的安装。

（7）至此1394卡安装完成。

1.2.3 常见视频格式

3GP

3GP是一种3G流媒体的视频编码格式，主要是为了配合3G网络的高传输速度而开发的，也是目前手机中最为常见的一种视频格式。目前，市面上一些安装有RealPlayer播放器的智能手机可直接播放后缀为"rm"的文件，这样一来，在智能手机中欣赏一些RM格式的短片自然不是什么难事。然而，大部分手机并不支持RM格式的短片，若要在这些手机上实现短片播放则必须采用一种名为3GP的视频格式。目前有许多具备摄像功能的手机，拍出来的短片文件其实都是以"3gp"为后缀的。

ASF

ASF是Advanced Streaming Format（高级流格式）的缩写。ASF就是Microsoft为了和现在的Real Player竞争而发展出来的一种可以直接在网上观看视频节目的文件压缩格式。由于它使用了MPEG4的压缩算法，所以压缩率和图像的质量都很不错。因为ASF是以一个可以在网上即时观赏的视频流格式存在的，所以它的图像质量比VCD差一点点并不奇怪，但比同是视频流格式的RAM格式要好。但微软的"子弟"有它特有的优势，最明显的是各类软件对它的支持方面就无人能敌。

AVI

AVI——Audio Video Interleave，即音频视频交叉存取格式。1992年初Microsoft公司推出了AVI技术及其应用软件VFW（Video for Windows）。在AVI文件中，运动图像和伴音数据是以交织的方式存储，并独立于硬件设备。这种按交替方式组织音频和视像数据的方式可使得读取视频数据流时能更有效地从存储媒介得到连续的信息。构成一个AVI文件的主要参数包括视像参数、伴音参数和压缩参数等。AVI具有非常好的扩充性。这个规范由于是由微软制定的，因此微软全系列的软件包括编程工具VB、VC都提供了最直接的支持，因此更加奠定了AVI在PC上的视频霸主地位。由于AVI本身的开放性，获得了众多编码技术研发商的支持，不同的编码使得AVI不断被完善，现在几乎所有运行在PC上的通用视频编辑系统都是以支持AVI为主的。

FLV

FLV是Flash Video的缩写，随着Flash MX的推出，Macromedia公司开发了属于自己的流媒体视频格式——FLV格式。FLV流媒体格式是一种新的视频格式，由于它形成的文件极小，加载速度也极快，这就使得网络观看视频文件成为可能，FLV视频格式的出现有效地解决了视频文件导入Flash后，使导出的SWF格式文件庞大，不能在网络上很好地使用等缺点，FLV是在Sorenson公司的压缩算法的基础上开发出来的。

Sorenson公司也为MOV格式提供算法。FLV格式不仅可以轻松地导入Flash中，几百帧的影片就一两秒钟；同时也可以通过RTMP协议从Flashcom服务器上流式播出，因此目前国内外主流的视频网站都使用这种格式的视频在线观看。

◎ MOV

　　MOV格式是美国Apple公司开发的一种视频格式。MOV视频格式具有很高的压缩比率和较完美的视频清晰度，其最大的特点还是跨平台性，不仅能支持MacOS，同样也能支持Windows系列操作系统。在所有视频格式当中，也许MOV格式是最不知名的。MOV格式的文件由QuickTime来播放。在Windows一家独大的今天，从Apple移植过来的MOV格式自然受到排挤。Quick Time具有跨平台、存储空间要求小的技术特点，而采用了有损压缩方式的MOV格式文件画面效果较AVI格式要稍微好一些。到目前为止，Quick Time共有7个版本。这种编码支持16位图像深度的帧内压缩和帧间压缩，帧率为10帧每秒以上。现在有些非编软件也可以对MOV格式进行处理，包括Adobe公司的专业级多媒体视频处理软件After Effects和Premiere。

◎ MPEG

　　MPEG（Moving Picture Experts Group）是1988年ISO和IEC联合成立的一个专家组，它的工作是开发满足各种应用的运动图像及其伴音的压缩、解压缩和编码描述的国际标准。到2004年为止，开发和正在开发的MPEG标准主要有五个，分别是MPEG-1、MPEG-2、MPEG-4、MPEG-7以及MPEG-21。MPEG系列国际标准已经成为影响最大的多媒体技术标准，对数字电视、视听消费电子产品、多媒体通信等信息产业中的重要产品将产生深远的影响。

提示

广为人知的MP4，全称即MPEG-4 Part 14，是一种使用MPEG-4的多媒体电脑档案格式，后缀名为"mp4"，以存储数码音讯及数码视讯为主。MPEG-4是日常生活中比较常用的一种视频格式，它采用新的压缩算法，可以将MPEG-1压缩到1.2GB的文件压缩到300MB左右，以供网络播放。

◎ RMVB

　　RMVB格式是由RM视频格式升级而延伸出的新型视频格式，RMVB视频格式的先进之处在于打破了原先RM格式使用的平均压缩采样的方式，在保证平均压缩比的基础上更加合理利用比特率资源，也就是说对于静止和动作场面少的画面场景采用较低编码速率，从而留出更多的带宽空间，这些带宽会在出现快速运动的画面场景时被利用掉。这就在保证了静止画面质量的前提下，大幅地提高了运动图像的画面质量，从而在图像质量和文件大小之间达到了平衡。同时，与DVDrip格式相比，RMVB视频格式也有着较明显的优势，一部大小为700MB左右的DVD影片，如将其转录成同样品质的RMVB格式，最多也就400MB左右。不仅如此，RMVB视频格式还具有内置字幕和无需外挂插件支持等优点。

◎ WMV

　　WMV（Windows Media Video）格式，是微软推出的一种采用独立编码方式并且可以直接在网上实时观看视频节目的文件压缩格式。WMV视频格式的主要优点有：本地或网络回放、可扩充的媒体类型、可伸缩的媒体类型、多语言支持、环境独立性、丰富的流间关系以及扩展性等。

◎ SWF

　　SWF是Macromedia公司的动画设计软件Flash的专用格式，是一种支持矢量和点阵图形的动画文件格式，被广泛应用于网页设计、动画制作等领域，SWF文件通常也被称为Flash文件。用普通IE就可以打开，右键点SWF文件，选择"打开方式"，选择用IE打开即可。如你的IE未安装支持SWF文件的插件，第一次播放的时候，会提示安装。或者安装专门的Flash播放器——Flash Player。

1.2.4 常见音频格式

　　数字音频的编码方式也就是数字音频格式。不同的数字音频设备一般对应不同的音频格式文件。音频的常见格式有CD、WAV、MP3、MIDI、WMA、RealAudio、VQF、MP4、AAC等格式。

◎ CD

CD格式是音质比较高的音频格式。标准CD格式是44.1 kHz的采样频率。速率为88 kbit/s，量化位数为16位，因为CD音轨可以说是近似无损的，因此它的声音基本上是忠于原声的。注意：不能直接地复制CD格式的"*.cda"文件到硬盘上播放，需要使用抓音轨软件把CD格式的文件转换成WAV。

◎ WAV

WAV格式是微软公司开发的一种声音文件格式，用于保存Windows平台的音频信息资源，被Windows平台及其应用程序所支持。WAV格式支持MSADPCM、CCITT A-Law等多种压缩算法，支持多种音频位数、采样频率和声道，标准格式的WAV文件和CD格式一样，也是44.1 kHz的采样频率，速率为88 kbit/s，量化位数为16位。尽管音色出众，但压缩后的文件过大，相对于其他音频格式而言是一个缺点。WAV格式也是目前PC机上广为流行的声音文件格式，几乎所有的音频编辑软件都能识别WAV格式。

◎ MP3

MP3（Moving Picture Experts Group Audio Layer III，动态影像专家压缩标准音频层面3，简称MP3）格式利用人耳对高频声音信号不敏感的特性，将时域波形信号转换成频域信号，并划分成多个频段，对不同的频段使用不同的压缩率，对高频加大压缩比（甚至忽略信号），对低频信号使用小压缩比，保证信号不失真。这样一来就相当于抛弃人耳基本听不到的高频声音，只保留能听到的低频部分，从而将声音用1∶10甚至1∶12的压缩率压缩，所以具有文件小、音质好的特点。由于这种压缩方式的全称叫MPEG Audio Layer Ⅲ，所以人们把它简称为MP3。

◎ MIDI

MIDI（Musical Instrument Digital Interface）格式又称为乐器数字接口。MIDI允许数字合成器和其他设备交换数据。MID文件格式由MIDI继承而来。MID文件并不是一段录制好的声音，而是记录声音的信息，然后再告诉声卡如何再现音乐的一组指令。这样一个MID文件每存1分钟的音乐只用5～10 KB。MID文件主要用于原始乐器作品、流行歌曲的业余表演、游戏音轨以及电子贺卡等。

◎ WMA

WMA格式（Windows Media Audio），它是微软公司推出的与MP3格式齐名的一种新的音频格式。由于WMA在压缩比和音质方面都超过了MP3，更是远胜于RA(RealAudio)，即使在较低的采样频率下也能产生较好的音质。WMA 7之后的WMA支持证书加密，未经许可（即未获得许可证书），即使是非法拷贝到本地，也是无法收听的。

◎ RealAudio

RealAudio（缩写为RA）是一种可以在网络上实时传送和播放的音乐文件的音频格式的流媒体技术。RA文件压缩比例高，可以随网络带宽的不同而改变声音质量，适合在网络传输速度较低的互联网上使用。此类文件格式有以下几个主要形式：RA（RealAudio）、RM（RealMedia，RealAudio G2）、RMX（RealAudio Secured）。这些格式统称为"Real"。

◎ VQF

VQF格式是雅马哈公司开发的音频格式，它的核心是用减少数据流量但保持音质的方法来达到更高的压缩比，VQF的音频压缩率比标准的MPEG音频压缩率高出近一倍，可以达到18∶1左右甚至更高。在音频压缩率方面，MP3和RA都不是VQF的对手。相同情况下压缩后VQF的文件比MP3小30%～50%，更便利于网上传播，同时音质极佳，接近CD音质（16位44.1 kHz立体声）。可以说技术上也是很先进的，但是由于宣传不力，这种格式难有用武之地。"*.vqf"可以用雅马哈的播放器播放。同时雅马哈也提供从"*.wav"文件转换到"*.vqf"文件的软件。

◎ AAC

AAC（Advanced Audio Coding）实际上是高级音频编码的缩写，AAC是由Fraunhofer IIS-A、杜比和AT&T共同开发的一种音频格式，它是MPEG-2规范的一部分。AAC所采用的运算法则与MP3的运算法则有所不同，AAC通过结合其他的功能来提高编码效率。它还同时支持多达48个音轨、15个低频音轨、更多种采样率和比特率、多种语言的兼容能力、更高的解码效率。总之，AAC可以在比MP3文件缩小30%的前提下提供更好的音质，被手机界称为"21世纪数据压缩方式"。

1.3 Premiere Pro CS6的菜单命令

在Premiere Pro CS6中包含了9个菜单——"文件""编辑""项目""素材""序列""标记""字幕""窗口""帮助"，如图1-1所示。下面介绍各个菜单。

文件(F) 编辑(E) 项目(P) 素材(C) 序列(S) 标记(M) 字幕(T) 窗口(W) 帮助(H)

图1-1 菜单栏

1.3.1 文件菜单

"文件"菜单主要用于对项目文件的管理，如新建、打开项目、保存、导出等，另外还可用于采集外部视频素材，如图1-2所示。

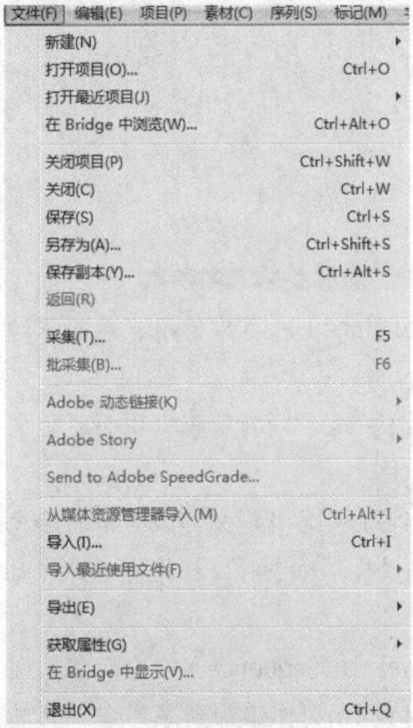

文件(F)	编辑(E)	项目(P)	素材(C)	序列(S)	标记(M)
新建(N)					▶
打开项目(O)...					Ctrl+O
打开最近项目(J)					▶
在 Bridge 中浏览(W)...					Ctrl+Alt+O
关闭项目(P)					Ctrl+Shift+W
关闭(C)					Ctrl+W
保存(S)					Ctrl+S
另存为(A)...					Ctrl+Shift+S
保存副本(Y)...					Ctrl+Alt+S
返回(R)					
采集(T)...					F5
批采集(B)...					F6
Adobe 动态链接(K)					▶
Adobe Story					
Send to Adobe SpeedGrade...					
从媒体资源管理器导入(M)					Ctrl+Alt+I
导入(I)...					Ctrl+I
导入最近使用文件(F)					▶
导出(E)					▶
获取属性(G)					▶
在 Bridge 中显示(V)...					
退出(X)					Ctrl+Q

图1-2 "文件"菜单列表

下面对"文件"菜单下的子菜单进行介绍。

- 新建（New）：主要用于创建一个新的项目、序列、文件夹、脱机文件、字幕、彩条、通用倒计时片头等。
- 打开项目（Open Project）：用于打开已经存在的项目。
- 打开最近项目（Open Recent Project）：用于打开最近编辑过的10个项目。
- 在 Bridge中浏览（Browse in Bridge）：可以查看Photoshop（.psd）等Adobe软件的文件。
- 关闭项目（Close Project）：用于关闭当前打开的项目，但不退出软件。
- 关闭（Close）：用于关闭当前选择的面板。
- 保存（Save）：用于保存当前项目。
- 另存为（Save As）：用于将当前项目重命名保存，同时进入新文件编辑环境。
- 保存副本（Save a Copy）：用于为当前项目存储一个副本，存储副本后仍处于原文件的编辑环境中。
- 返回（Revert）：用于将最近依次编辑的文件或者项目恢复原状，即返回到上次保存过的项目状态。
- 采集（Capture）：用于通过外部的捕获设备获得视频/音频素材，即采集素材。
- 批采集（Batch Capture）：用于通过外部的捕获设备批量地捕获视频/音频素材，及批量采集素材。
- Adobe动态链接（Adobe Dynamic Link）：新建一个链接到Premiere Pro项目的Encore合成或链接到After Effects。
- Adobe Story：剧本创作辅助工具，可让用户导入在Adobe Story中创建的脚本以及关联元数据。
- Send to Adobe SpeedGrade：将素材发送到Adobe SpeedGrade中，可以对颜色应用高级颜色分级功能。
- 从媒体资源管理器导入（Import from Browser）：用于将从媒体浏览器选择的文件输入到"项目"面板中。
- 导入（Import）：用于将硬盘上的多媒体文件输入到"项目"面板中。
- 导入最近使用文件（Import Recent File）：用于直接将最近编辑过的素材输入到"项目"面板中，不弹出"导入"对话框，方便用户更快更准地输入素材。
- 导出（Export）：用于将工作区域栏范围中的内容输出成视频。
- 获取属性（Get Properties For）：用于获取文件的属性或者选择内容的属性，它包括两个选项：一个是"文件"，一个是"选择"。
- 在Bridge中显示（Reveal in Bridge）：在Adobe Bridge中打开一个文件的信息。
- 退出（Exit）：退出Premiere系统，关闭程序。

1.3.2 编辑菜单

"编辑"菜单中主要包括了一些常用的基本编辑功能，如还原、重做、复制、粘贴、查找等。另外还包括了Premiere中特有的影视编辑功能，如波纹删除、编辑源素材、标签等，如图1-3所示。

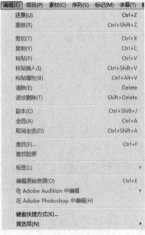

图1-3 "编辑"菜单列表

下面对"编辑"菜单的子菜单进行介绍。

- 还原（Undo）：撤销上一步操作。
- 重做（Redo）：该命令与撤销是相对的，它只有在使用了"撤销"命令之后才被激活，可以取消撤销操作。
- 剪切（Cut）：用于将选中的内容剪切掉，然后粘贴到指定的位置。
- 复制（Copy）：用于将选中的内容复制一份，然后粘贴到指定的位置。
- 粘贴（Paste）：与"剪切"命令和"粘贴"命令配合使用，用于将复制或剪切的内容粘贴到指定的位置。
- 粘贴插入（Paste Insert）：用于将复制或剪切的内容在指定位置以插入的方式进行粘贴。
- 粘贴属性（Paste Attributes）：用于将其他素材片段上的一些属性粘贴到选中的素材片段上，这些属性包括一些过渡特效和设置的一些运动效果等。
- 清除（Clear）：用于删除选中的内容。
- 波纹删除（Ripple Delete）：用于删除选定素材且不让轨道中留下空白间隙。
- 副本（Duplicate）：可以为选定的内容创建一个副本。
- 全选（Select All）：用于选择当前面板中的全部内容。
- 取消全选（Deselect All）：用于取消所有选择状态。

- 查找（Find）：用于在"项目"面板中查找定位素材。
- 查找脸部：用于在"项目"面板中查找多个素材。
- 标签（Label）：用于改变"时间轴"面板中素材片段的颜色。
- 编辑原始资源（Edit Original）：用于将选中的素材在外部程序软件中进行编辑，如Photoshop等软件。
- 在Adobe Audition中编辑（Edit in Adobe Audition）：将音频文件导入Adobe Audition中进行编辑。
- 在Adobe Photoshop中编辑（Edit in Adobe Photoshop）：将图片素材导入Adobe Photoshop中进行编辑。
- 键盘快捷方式（Keyboard Customization）：用于指定键盘快捷键。
- 首选项（Preferences）：用于设置Premiere系统的一些基本参数，包括综合、音频、音频硬件、自动存盘、采集、设备管理、同步设置、字幕等。

1.3.3 项目菜单

"项目"菜单用于进行项目的设置，以及针对"项目"（Project）窗口的一些操作，如图1-4所示。

图1-4 "项目"菜单列表

下面对"项目"菜单的子菜单进行介绍。

- 项目设置（Project Settings）：可以使用户在工作过程中更改项目设置。
- 链接媒体（Link Media）：在"项目"窗口中为脱机文件重新链接硬盘上的素材。
- 造成脱机（Unlink Media）：对当前文件以副本的形式进行编辑，执行"造成脱机"命令时，计算机会自动对所有素材进行复制。
- 自动匹配序列（Automate to Sequence）：自动将"项目"窗口中选中的素材或Bin文件添加到序列中，尤其是"项目"窗口中的素材按图标方式显示时，就会提高工作效率。
- 导入批处理列表（Import Batch Lit）：批处理列表即

标记磁带号、入点、出点、素材片段名称，以及注释等信息的TXT文件或CSV文件。

- 导出批处理列表（Export Batch List）：将"项目"窗口中的信息输出成批处理列表。
- 项目管理（Project Manager）：执行该命令，弹出"项目管理"对话框，如图 1-5所示。在该对话框中进行设置，可以将当前项目文件所使用的素材和项目文件另存到对话框中指定的位置。
- 移除未使用资源（Remove Unused）：执行该命令，将删除"项目"窗口中没有使用的素材。

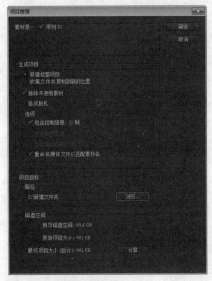

图1-5 "项目管理"对话框

1.3.4 素材菜单

"素材"菜单中包括了大部分影片剪辑命令，如图 1-6所示。

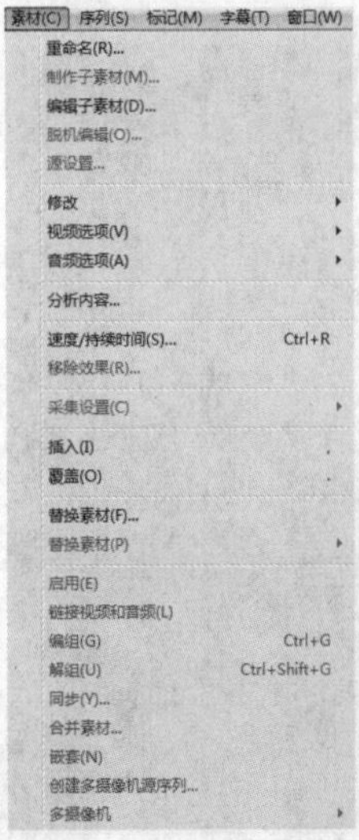

图1-6 "素材"菜单列表

下面对"素材"菜单的部分子菜单进行介绍。

- 重命名（Rename）：在Premiere Pro CS6中进行重命名，但不影响源素材的名称。
- 制作子素材（Make Subclip）：该命令可以在"项目"窗口的原素材下产生并显示一个媒体文件组成其他素材文件。
- 编辑子素材（Edit Subclip）：执行该命令，弹出图1-7所示的对话框，用户在该对话框中设置素材的延续时间。

图1-7 "编辑子素材"对话框

- 脱机编辑（Edit Offline）：用户可以对脱机文件的属性进行编辑、注释。
- 修改(Modify)：执行该命令可以对素材进行"音频声道""解释素材""时间码"等修改操作。
- 视频选项(Video Options)：包括了"帧定格""场选项""帧混合""缩放为当前画面大小"命令，如图1-8所示。

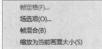

图1-8 "视频选项"菜单

- 分析内容(Analyze)：该命令可以对带有音频的素材进行分析，如图 1-9所示。
- 速度/持续时间(Speed/Duration)：执行该命令可以对素材声音的速度或时长进行调整，如图1-10所示。

图1-9 "分析内容"对话框

图1-10 "素材速度/持续时间"对话框

- 移除效果（Remove Effects）：在"时间轴"窗口中编辑、调整素材或添加特效的素材，执行该命令，将会弹出如图 1-11所示的对话框，用户可以选择要移除的效果。

图 1-11 "移除效果"对话框

- 采集设置（Capture Settings）：该命令将设置使用 Premiere Pro CS6采集影片时所使用的采集影片格式。
- 插入(Insert)：将在"项目"窗口中选中的素材插入到"时间轴"窗口中，如果时间标记所在处有素材，那将插入该素材中，该素材的后面帧将向后移动。
- 覆盖(Overlay)：将在"项目"窗口中选中的素材插入到"时间轴"窗口中，如果时间标记所在处已有素材，那么选中的素材将覆盖原有素材的部分帧，且不改变素材的长度。
- 替换素材（F）(Replace Footage)：在"项目"窗口中选中一个视频文件，执行该命令，即可对文件夹内其他素材进行替换。
- 替换素材（P）(Replace With Clip)：该命令将"时间轴"窗口中的素材与"监视器"窗口中的素材互相调换。
- 启用(Enable)：该命令将决定所选"时间轴"窗口中的素材是否在"节目"监视器窗口中显示。通常该命令都是被选中的。
- 链接视频和音频(Link)：将图片素材导入Adobe Photoshop中进行编辑。
- 编组(Group)：在"时间轴"窗口中选择多个素材，执行该命令，可以将所选择的素材组合在一起。
- 解组(Ungroup)：将素材的组合关系解除。
- 同步(Synchronize)：在"时间轴"窗口中将不在同一轨道上的两段素材选中，然后执行"素材"/"同步"命令，在弹出的"同步素材"对话框中可以精确设定两段素材的同步点。
- 合并素材(Combined Clip)：可以将"项目"窗口或"时间轴"窗口中的视频文件与音频文件合并成一个文件。
- 嵌套(Nest)：将"时间轴"窗口中的素材选中，执行该命令后，在"项目"窗口中将自动创建一个序列。
- 创建多摄像机源序列：选中"项目"窗口中的三个或

以上的素材，然后执行该命令，可以创建一个多摄像机源序列。

1.3.5 序列菜单

"序列"菜单中的命令主要用来进行"时间轴"窗口中的序列相关操作，如图 1-12所示。

图 1-12 "序列"菜单列表

下面对"序列"菜单的部分子菜单进行介绍。

- 序列设置(Sequence Settings)：执行该命令，将弹出图 1-13所示的对话框，在该对话框中用户可以调整当前序列的属性。

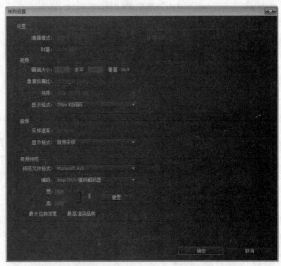

图 1-13 "序列设置"对话框

20

- Render Effects in Work Area（渲染工作区内的效果）：用内存对"时间轴"窗口中素材添加的特效进行渲染。
- Render Entire Work Area(渲染整段工作区)：用内存对整个"时间轴"窗口中的素材进行渲染。
- 渲染音频（Render Audio）：用内存对整个"时间轴"窗口中的音频进行渲染。
- 删除渲染文件(Delete Render Files)：删除内存渲染预览文件。
- Delete Work Area Render Files（删除工作区渲染文件）：删除内存对素材添加特效进行渲染预览的文件。
- 修整编辑(Razor at Current Time Indication)：在当前时间点，切断在时间标记点上的素材。
- 应用视频过渡效果（Apply Video Transition）：当手动拖动过渡特技到时间线，执行该命令可以立刻接受默认的过渡特技。一般情况下应该是以"划入划出"作为系统默认的过渡特技。
- 应用音频过渡效果(Apply Audio Transition)：作用与"应用视频过渡效果"命令相似。
- 应用默认过渡效果到所选择区域（Apply Default Transitions to Selection）：在两个素材之间添加过渡效果，该命令适用于音频和视频。
- 提升(Lift)：从"时间轴"窗口素材中删除入点到出点的部分，而留下空隙。
- 提取(Extract)：从"时间轴"窗口素材中删除入点到出点的部分，而不留空隙。
- 放大(Zoom In)：时间显示间隔放大。
- 缩小(Zoom Out)：时间显示间隔缩小。
- 跳转间隔：设置时间间隔跳转到序列中（轨道中）的下一段或前一段，如图 1-14所示。

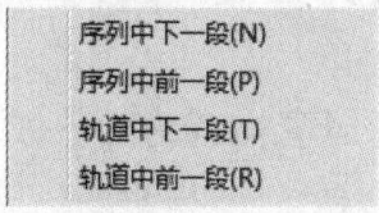

图 1-14 "跳转间隔"对话框

- 吸附(Snap)：靠近边缘的地方自动向边缘处吸附。
- 隐藏式字幕（Closed Caption）：可将字幕隐藏起来。该字幕在普通的电视机上无法显示，但在电脑端却是可见的，主要是为了方便有听力障碍的残障人士。
- 标准化主音轨(Normalize Master Track)：该命令调整音频轨道中音量的大小。选中音频轨道中的音频文件，然后执行该命令，将弹出如图 1-15所示的对话框，用户

在该对话框中可以对所选音频进行设置。

图 1-15 "标准化主音轨"对话框

- 添加轨道(Add Tracks)：添加视频和音频的编辑轨道。
- 删除轨道（Delete Tracks）：删除视频和音频的编辑轨道。

1.3.6 标记菜单

"标记"菜单中包含了对剪辑和序列进行标记设置的所有命令，如图 1-16所示。

图 1-16 "标记"菜单列表

下面对"标记"菜单的子菜单进行介绍。

- 执标记入点（Set In）：设置素材视频和音频的入点。
- 标记出点（Set Out）：设置素材视频和音频的出点。
- 标记素材（Set Clip Marker）：为素材设置标记。
- 标记选择（Select Marker）：选择所有被标记的素材。
- 标记拆分（Marked Resolution）：拆分被选中的所有被标记的素材。
- 跳转入点（Go to In）：设置时间标记 跳到素材标记点的入点。
- 跳转出点（Go to Out）：设置时间标记跳到素材标记点的出点。
- 清除入点（Clear In）：清除时间标记所在位置的素材标记的入点。
- 清除出点（Clear Out）：清除时间标记所在位置的素

材标记的出点。

- 清除入点和出点（Clear In and Out）：清除时间标记所在位置的时间线标记的入点和出点。

- 添加标记（Add Marker）：在当前时间标记所在位置添加一个标记。

- 到上一标记（Go to Previous Marker）：将时间标记移动到上一个标记处。

- 到下一标记（Go to Next Marker）：将时间标记移动到下一个标记处。

- 清除当前标记（Clear Current Marker）：清除当前时间标记所在位置的标记。

- 清除所有标记（Clear All Marker）：清除时间标记所在位置的时间线标记、所有标记点、时间线标记入点和出点、时间线标记点的入点、时间线标记点的出点，以及指定序号的时间线标记点。

- Edit Marker（编辑标记）：用于设置时间线标记。选中一个标记，执行该命令，弹出图1-17所示的对话框。

图1-17 "标记"对话框

- 添加Encore章节标记（Add Encore Chapter Marker）：将一个标记选中，然后执行该命令，可以确定标记的名称、标记类型和标记所在的时间等。

- 添加Flash提示标记（Add Flash Cue Marker）：将一个标记选中，然后执行该命令，可以确定标记的名称、标记类型和标记所在的时间等。

1.3.7 字幕菜单

"字幕"菜单中包含了字幕相关的一系列命令，如新建字幕、字体、颜色、大小、方向和排列等。字幕菜单命令能够更改在字幕设计中创建的文字和图形，如图1-18所示。

图1-18 "字幕"菜单列表

下面对"字幕"菜单的子菜单进行介绍。

- 新建字幕（New Title）：用于新建字幕文件，字幕类型分别有静态字幕、滚动字幕和游动字幕，如图1-19所示。

图1-19 "新建字幕"对话框

- 字体（Font）：用于设置字幕的字体。

- 大小（Size）：用于设置字幕的大小。

- 文字对齐（Type Alignment）：用于设置字幕的对齐方式，有靠左、居中和靠右三种对齐方式。

- 方向（Orientation）：用于设置文字的横排或者竖排。

- 自动换行（Word Wrap）：用于打开或关闭文字自动换行。

- 制表符设置（Tab Stops）：在文字中设置跳格。

- 模板（Templates）：用于选择使用和创建字幕模板。

- 滚动/游动选项（Roll/Crawl Options）：用于创建和控制动画字幕。

- 标记（Logo）：用于在字幕中插入图片，还可以修改图片大小。

- 变换（Transform）：提供视觉转换命令，有位置、比例、旋转和不透明度四种。
- 选择（Select）：用于选择不同对象。
- 排列（Arrange）：子菜单中包含了移到最前、前移、移到最后和后移四种移动方式。
- 位置（Position）：快速放置文字位置，有水平居中、垂直居中和下方三分之一处三种命令。
- 对齐对象（Align Objects）：用于对齐一个字幕文件中的多个对象。
- 分布对象(Distribute Objects)：在子菜单中提供了在屏幕上分布或分散选定对象的命令。
- 查看(View)：包括查看字幕和动作安全区域、文字基线、跳格标记和视频等命令。

1.3.8 窗口菜单

　　"窗口"菜单中包含了Premiere Pro CS6的所有窗口和面板，可以随意打开或关闭任意面板，也可以恢复到默认面板，如图1-20所示。

图1-20 "窗口"菜单列表

　　下面对"窗口"菜单中的子菜单进行介绍。

- 工作区（Workspace）：在子菜单中，可以选择需要的工作区布局进行切换，以及对工作区进行重置或管理，如图1-21所示。
- 扩展：在子菜单中，可以选择打开Premiere Pro CS6的扩展程序，列入默认的Adobe Exchange在线资源下载与信息查询辅助程序。
- 最大化帧（Max Frame）：执行该命令将使"时间轴"窗口最大化显示。该命令适合在"时间轴"窗口中编辑的素材过多时使用，可以使用户更为方便地进行操作。
- VST编辑器(VST Editor)：执行该命令显示"VST编辑器"面板。
- 事件（Events）：用于打开或关闭"事件"面板，查看或管理影片序列中设置的事件动作。
- 信息(Info)：用于打开或关闭"信息"面板，查看当前所选素材剪辑的属性、序列中当前时间指针的位置等信息，如图 1-22所示。

图1-21 "工作区"对话框

图1-22 "信息"面板

- 修剪监视器(Trim Monitor)：用于打开或关闭"修剪监视器"面板。
- 元数据(Metadata)：用于打开或关闭"元数据"面板，可以对所选素材剪辑、采集捕捉的磁带视频、嵌入的Adobe Story脚本等内容进行详细的数据查看和添加注释等。

- 历史记录(History)：用于打开或关闭"历史记录"面板，查看完成的操作记录，或根据需要返回到之前某一步骤的编辑状态。
- 参考监视器(Reference Monitor)：用于打开或关闭"参考监视器"面板，在其中可以选择显示影片当前位置的色彩通道变化。
- 多机位监视器(Multi-Camera Monitor)：执行该命令显示"多机位"监视器面板。
- 媒体浏览（Media Browser）：用于打开或关闭"媒体浏览"面板，查看本地硬盘或网络驱动器中的素材资源，并可以将需要的素材文件导入到项目中。
- 字幕动作（Title Actions）：执行该命令，显示"字幕"窗口中的对齐排列栏。
- 字幕属性（Title Properties）：执行该命令，显示"字幕"窗口中的"字幕属性"面板。
- 字幕工具（Title Tools）：执行该命令，显示"字幕"窗口中的工具栏。
- 字幕样式（Title Styles）：执行该命令，显示"字幕"窗口中的字幕样式栏。
- 字幕设计器(Title Designer)：执行该命令，显示"字幕设计"窗口。
- 工具(Tools)：用于激活"工具"面板,如图1-23所示。
- 效果(Effects)：用于打开或关闭"效果"面板，可以选择需要的效果添加到轨道中的素材剪辑上，如图1-24所示。

图1-23 "工具" 图1-24 "效果"面板
面板

- 时间码（Time Code）：用于打开或关闭"时间码"浮动面板，可以独立地显示当前工作面板中的时间指针位置；也可以根据需要调整面板的大小，更加醒目直观地查看当前时间位置。
- 时间轴(Timeline)：在子菜单中可以切换当前"时间轴"面板中要显示的序列，如图1-25所示。

图1-25 "时间轴"面板

- 标记（Mark）：用于打开或关闭"标记"面板，可以查看当前工作序列中所有标记的时间位置、持续时间、入点画面等，还可以根据需要为标记添加注释内容。
- 源监视器（Source Monitor）：用于打开或关闭"源"监视器面板。
- 特效控制台（Effect Controls）：该命令用于显示/关闭"特效控制台"窗口，该窗口用于控制对象的运动、透明度、时间重置，以及特效等设置，如图1-26所示。

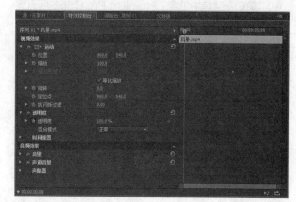

图1-26 "特效控制台"面板

- 节目监视器（Program Monitor）：在子菜单中，可以切换当前"节目"监视器面板中要显示的序列。
- 调音台（Audio Mixer）：该命令用于显示/关闭"调音台"面板。
- 选项（Options）：通过"选项"面板，可以快速将当前工作区切换到需要的布局模式。
- 采集（Capture）：显示"采集"窗口，如图1-27所示。
- 音频计量器（Audio Meters）：执行该命令显示"音频计量器"面板。
- 项目（Project）：该命令用于显示"项目"窗口，该窗口是一个素材文件的管理器，进行编辑操作之前，要先将需要的素材导入其中。Premiere利用"项目"窗口来存放素材，素材导入后会在其中显示文件的详细信息，包括名称、属性、大小、持续时间、文件路径以及备注等，如图 1-28所示。

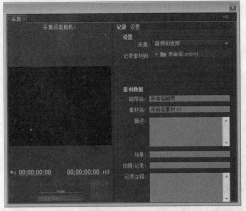

图1-27 "采集"窗口

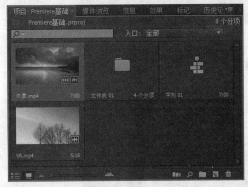

图1-28 "项目"面板

1.3.9 帮助菜单

"帮助"菜单包含程序应用的帮助命令，以及支持中心和产品改进计划等命令，如图1-29所示。选择"帮助"菜单中的"Adobe Premiere Pro帮助"命令，可以载入主帮助屏幕，然后选择或搜索某个主题进行学习。

图1-29 "帮助"菜单列表

1.4 掌握Premiere Pro CS6的基础操作

下面将主要介绍Premiere Pro CS6的一些基础操作知识，目的是帮助各位读者充分理解这款软件的各项功能，其中包括项目的建立、素材的导入和处理等。

1.4.1 如何创建项目

Premiere Pro CS6在开始工作前，需要对项目进行设置，以确定在编辑影片时所使用的各项属性。在默认情况下，Premiere Pro CS6提供预设项目供用户使用。

建立项目的步骤如下。

01 启动Premiere Pro CS6，弹出Premiere Pro CS6欢迎界面，如图 1-30所示。"最近使用项目"列表中显示的是最近操作编辑过的项目文件，鼠标左键单击可以直接打开项目继续编辑。如果要操作的项目不在该列表中，可以单击"打开项目"按钮在弹出的文件对话框中找到项目并打开。

02 如果是新建一个项目，那么在Premiere Pro CS6欢迎界面中单击"新建项目"按钮或在运行Premiere Pro CS6的过程中执行"文件"/"新建"/"项目"命令，如图 1-31所示。

图 1-30 欢迎界面

03 在弹出的"新建项目"对话框中新建项目，在该对话框中用户可以自行设置新建项目的名称、安全区域、视频显示的方式、采集视频的设备，以及序列名称、视频渲染、音频渲染保存的位置，来确定在编辑影片时所使用的各项属性，如图1-32所示。

图 1-31 在运行过程中新建

1. 项目的常规设置

在项目的常规设置中用户可以对项目的名称、安全区域、视频显示的方式、音频显示的方式、采集视频的设备进行设置，如图 1-32 所示。

图 1-32 "新建项目"面板

参数说明如下。

- 视频选项组下的显示格式（Display Format）：指定"时间轴"窗口中时间的显示方式，一般情况下，它与"时间基数"中的设置一致。
- 音频选项组下的显示格式（Display Format）：决定"时间轴"窗口中如何显示音频素材。
- 采集格式（Capture Format）：主要对采集设备的相关属性进行设置。
- 活动字幕与字幕安全区域：用于设置安全区域。

2. 项目的缓存设置

在"缓存"选项下，用户可以自行设置名称、视频渲染和音频渲染保存的位置，如图 1-33 所示。

经过前面的操作后，单击"新建项目"对话框中的"确定"按钮，将会出现"新建序列"对话框，用户在这里可以对所建序列的一般属性进行设置。

图 1-33 "缓存"选项

3. 设置

在"新建序列"对话框的"设置"选项卡中，可以对影片的编辑模式、时间基数，以及视频、音频等基本指标进行设置，如图 1-34 所示。

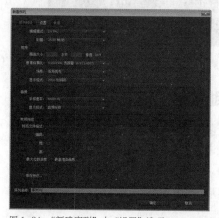

图 1-34 "新建序列"中"设置"选项

提示

如果在运行Premiere Pro CS6的过程中，需要改变项目设置，则需执行"项目"/"项目设置"命令。

对话框中各参数说明如下。

- 编辑模式（Editing Mode）：决定在"时间轴"窗口中使

用何种数字视频格式播放视频。可选择的视频格式包括：DV Playback和Video for Windows。通常情况下，编辑DV影片选择DV Playback，编辑其他影片可以选择Video for Windows。如果安装了与Premiere Pro CS6兼容的视频卡，还会出现第三方数字视频格式。

- 时基(Time base)：决定"时间轴"窗口中片段的时间位置的基准（以下简称"时基"）。一般情况下，电影胶片选24；PAL或SECAM制视频选25；NTSC制视频选29.97；其他可选30。每个素材都有相应的时基，时基决定了Premiere如何解释被输入的素材，并让软件知道一部影片的一秒有多少帧。时基虽然是用帧率来表示的，但是与影片的实际回放率无关。时基影响素材在"源"监视器、"节目"监视器和"时间轴"等窗口的表示方式。例如："时间轴"窗口中时间标尺上的刻度会反映时基的值。
- 视频(Video)：设置序列视频和显示的图像尺寸、宽高比、场方式和显示格式。
- 画面大小(Frame Size)：该选项指定"时间轴"窗口播放节目的图像尺寸，即节目的帧尺幅。较小的屏幕尺寸可以加快播放速度。
- 像素纵横比(Pixel Aspect Ratio)：设置编辑视频的像素的宽、高之比。
- 场序(Fields)：该选项指定编辑影片所使用的场方式。No Fields应用于非交错场影片。在编辑交错场影片时，要根据相关视频硬件显示奇偶场的顺序，来选择Upper Field First或Lower Field First。
- 显示格式(Display Format)：该属性指定"时间轴"窗口中时间的显示方式，一般情况下，它与"时基"中的设置一致。
- 音频(Audio)：设置序列音频采样率和显示格式。
- 采样速率(Sample Rate)：该属性决定在"时间轴"窗口中播放节目时所使用的采样速率。采样速率越高，播放质量越好，但需要较大的磁盘空间，并占用较多的处理时间。
- 显示格式(Display Format)：音频栏的显示格式决定了"时间轴"窗口中如何显示音频素材。
- 视频预览(Video Rendering)：主要是对编辑影片时所使用的压缩格式进行设置。
- 预览文件格式(File Formate)：显示当前文件的格式。
- 编码(Compressor)：该属性指定节目编辑时所使用的编

码解码器。在该下拉列表中列出了当前计算机中安装的所有压缩格式。如果"配置"(Configure)按钮有效，则单击它后，可以在弹出的对话框中做进一步的设置。弹出的对话框会因选择的压缩格式不同而不同。

- 最大位数深度(Maximum Bit Depth)：选中该复选框可以使输出影片的颜色深度达到最大值。

4. 轨道

在"新建序列"对话框的"轨道"选项卡中，可以对轨道的默认参数进行设置，如图1-35所示。

参数说明如下。

- 视频(Video)：设置默认的视频轨道数量。
- 音频(Audio)：设置序列在"时间轴"窗口中的音频属性。
- 主音轨(Master)：在该下拉列表中可以设置音频总控器的方式。
- 单声道（Mono）：设置单声道模式的音频轨道数量。
- 立体声（Stereo）：设置立体声模式的音频轨道数量。
- 5.1：设置5.1声道模式的子音频轨道数量。

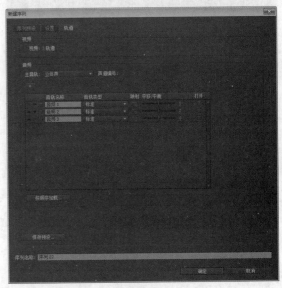

图1-35 "新建序列"中"轨道"选项

设置完毕后，可以将项目设置和序列设置保存到预设中，以便经常使用。以保存序列设置为例：单击"新建序列"对话框中的"保存预设"按钮，弹出"保存设置"对话框，如图1-36所示。

图 1-36 "保存设置"对话框

在该对话框中输入名称和描述，单击"确定"按钮，当前设置就会被存储到"序列预设"选项卡的"自定义"栏中，如图 1-37 所示。

图 1-37 "自定义"选项栏

1.4.2 认识"项目"窗口

"项目"窗口是用来存放序列和素材的地方。根据显示方式的不同，用户看到的"项目"窗口会有不同。Premiere Pro CS6提供了两种"项目"窗口的显示方式，分别为列表显示和图标显示。

单击"项目"窗口下方的"列表视图"按钮，"项目"窗口以列表方式显示序列和素材的基本信息，以及数据量等，如图 1-38 所示。

单击"项目"窗口下方的"图标视图"按钮，"项

目"窗口以图标方式显示序列及素材状态，如图 1-39 所示。该模式下所显示的信息除图标外只有素材的名称、格式及长度，是一种最为简洁、直观的显示方式。

图 1-38 "列表视图"下显示效果

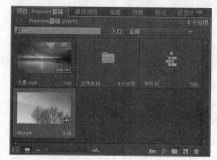

图 1-39 "图标视图"下显示效果

列表显示模式下，可显示素材的所有信息，包括文件名、日期，以及文件路径等。单击"项目"窗口右上方的小三角按钮，然后执行"元数据显示"命令，在弹出的对话框中可以指定"项目"窗口中显示的素材信息，如图 1-40 所示。

图 1-40 "元数据显示"对话框

1.4.3 如何导入素材

Premiere Pro CS6支持大部分主流的视频、音频以及图形图像文件格式，一般的导入方式为：执行"文件"/"导入"命令，在"导入"对话框中选择所需要的文件格式和文件即可，如图1-41所示。

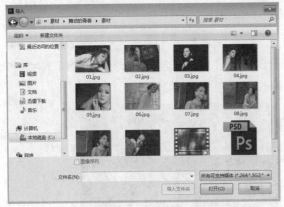

图1-41 "导入"对话框

下面介绍三种需要进行具体设置的导入方式。

1. 导入图层文件

Premiere Pro CS6可以导入Photoshop、Illustrator等含有图层的文件。在导入该类型文件时，需要对导入的图层进行设置。

01 执行"文件"/"导入"命令，弹出"导入"对话框，选择Photoshop、Illustrator等含有图层的文件，选择需要导入的文件，单击"打开"按钮，会弹出类似图1-42所示的对话框。

图1-42 "导入分层文件"对话框

提示

在"导入为"下拉列表中选择"合并所有图层"选项，将整个文件作为一个文件导入；选择"合并的图层"可以先合并图层再导入文件，可以有选择地导入合并图层；选择"各个图层"选项，可以在列表中选择单个图层进行导入；选择"序列"选项，将以脚本方式导入图层文件，可以选择导入某个图层或合并图层导入。

02 在"导入为"下拉列表中选择"序列"，即可以序列形式导入图层文件。

03 单击"确定"按钮，在项目窗口中会自动产生一个文件夹，包括序列文件和图层素材，并自动创建一个序列，如图1-43所示。

图1-43 自动生成文件夹

以序列方式导入图层后，会按照图层的排列方式自动产生一个序列，可以打开该序列设置动画，并进行编辑。

2. 导入序列图片

序列文件是一种非常重要的素材来源，它由若干幅按序排列的图片组成，记录活动影响，每幅图片代表一帧。通常可以在3ds Max、After Effects、Combustion等软件中产生序列文件，然后再导入Premiere Pro CS6中使用。

序列文件以数字序号为序进行命名。当导入序列文件时，应在"首选项"对话框中设置图片的帧速率；也可以在导入序列文件后，在"解释素材"对话框中改变帧速率。

导入序列文件的方法如下。

01 在"项目"窗口中的空白区域双击，弹出"导入"对话框，找到序列文件所在目录，选中序列中第一个文件，然后选中"图像序列"复选框。

02 单击"打开"按钮，导入素材。序列文件导入后，显示的名称为该序列中第一个文件的名称。

3. 使用"媒体浏览"面板导入素材

Premiere Pro CS6有一个"媒体浏览"面板，"媒体浏览"面板可以显示所有系统中加载的硬盘分区的内容，如图1-44所示。

在无带化摄录机中寻找剪辑非常简单，因为媒体浏览器为用户显示了剪辑，而屏蔽其他文件，并且拥有可定制的，用于查看相应元数据的窗口。可以从媒体浏览器直接在源监视器中打开剪辑。

在"媒体浏览"面板中可以选择需要显示哪一类型的文件，在"文件类型"右侧的下拉菜单中选择显示文件的类型，如图1-45所示。

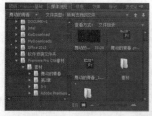

图1-44 "媒体浏览"面板

图1-45 "文件类型"菜单

在"媒体浏览"面板中导入文件，有两种方法。

- 方法1：打开"媒体浏览"面板，选中需要导入的素材文件，单击鼠标右键，并在弹出的快捷菜单中选择"导入"选项。
- 方法2：在"媒体浏览"面板中选择需要导入的文件，执行"文件"/"从媒体资源管理器导入"命令。

1.4.4 如何解释素材

对于导入节目的素材文件，可以通过解释素材修改其

属性，方法为：在"项目"窗口中右击素材，在弹出的菜单中选择"修改"/"解释素材"选项，如图1-46所示。

图1-46 "解释素材"选项

单击"解释素材"打开如图1-47所示的"修改素材"对话框，在该对话框中可对素材的各项属性进行修改。

图1-47 修改素材各项属性

1. 设置帧速率

在"帧速率"栏中可以设置影片的帧速率。

选择"使用文件中的帧速率"选项，则使用影片中的原始帧速率，可以在"假定帧速率为"文本框中输入新的帧速率。帧速率发生改变后，影片的长度也会发生变化。

"持续时间"显示的是影片的长度。

2. 像素纵横比

选择"使用文件中的像素纵横比"选项，则使用影片素材的原像素宽高比。也可以在"符合为"下拉列表中重新指定像素宽高比。

3. 设置透明通道

可以在"忽略Alpha通道"栏中对素材的透明通

道进行设置。在Premiere中导入带有透明通道的文件时，会自动识别该通道。

在一般情况下，透明通道分为两种类型，分别是Straight和Premultiplied通道。

- Straight透明通道将素材的透明度信息保存在独立的透明通道中，它也被称为"反转Alpha通道"。Straight透明通道在高标准、高精度颜色要求的电影中会产生较好的效果，但它只有在少数程序中才能产生。
- Premultiplied透明通道保存透明通道中的透明度信息，同时也保存可见的RGB通道中的相同信息，因为它们是以相同的背景色被修改的。Premultiplied透明通道也被称为"带有背景色遮罩的Alpha通道"，它的优点是有广泛的兼容性，大多数的软件都能够产生这种Alpha通道。

1.4.5 如何观察素材属性

Premiere Pro CS6提供了属性分析功能，利用该功能，用户可以了解素材的详细信息，其中包括素材片段的延时、文件大小及平均速率等。在"项目"窗口或者序列中右击素材，从弹出的快捷菜单中选择"属性"选项，弹出"属性"对话框，如图1-48所示。

在该对话框中详细列出了当前素材的各项属性，如源素材路径、文件数据量、媒体格式、帧尺幅、持续时间及使用状况等。数据图表中水平轴以帧为单位列出对象的持续时间，垂直轴显示对象每个时间单位的数据率和采样率。

图1-48 "属性"对话框

1.4.6 如何改变素材名称

在"项目"窗口中右击素材，从弹出的快捷菜单中选择"重命名"选项，素材名称会处于可编辑状态，然后直接输入新名称即可，如图1-49所示。

图1-49 改变素材名称

剪辑人员可以给素材起一个别名以改变它的名称。这在一部影片中重复使用一个素材或复制了一个素材，并为之设定新的入点和出点时极为有用。给素材起一个别名有助于剪辑人员在"项目"窗口和序列中观看一个复制的素材时避免混淆。

1.4.7 如何利用素材库组织素材

可以在"项目"窗口中建立素材库——素材文件夹来管理素材，使用素材文件夹，可以将节目中的素材分门别类、有条不紊地组织起来，这在组织包含大量素材的复杂节目时特别有用。

单击"项目"窗口下方"新建文件夹"图标 ，会自动建立新文件夹。可以将多个文件夹导入其他文件夹，作为其他文件夹的子文件夹使用。单击文件夹左侧的向右箭头 ，可以展开文件夹，如图1-50所示。

图1-50 建立新文件夹

单击该图标左侧的向下箭头![icon]可以收缩文件夹使其返回到上一层级素材列表，依此类推。双击文件夹图标![icon]，可以在新窗口中打开文件夹的所有内容，如图1-51所示。

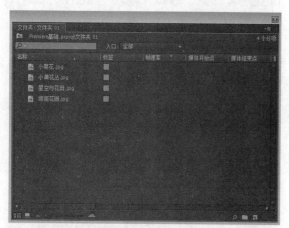

图1-51 文件夹内容显示新窗口

1.4.8 如何处理离线素材

有时候在打开一个项目文件时，系统会提示找不到源素材。这有可能是源文件被改名或在磁盘上的位置发生了改变而造成的。可以直接在磁盘上找到源素材，然后单击"选择"指定源素材；也可以单击"跳过"按钮选择略过素材；或单击"脱机"按钮，建立离线文件代替源素材。

由于Premiere Pro CS6使用直接方式进行工作，因此如果磁盘上的源文件被删除或移动，就会发生节目中的指针无法找到其磁盘源文件的情况。此时，可以建立一个离线文件代替该文件。离线文件具有和其所替换的源文件完全相同的属性，可以对其进行与普通素材完全相同的操作。找到所需文件后，可以用该文件替换离线文件，以进行正常编辑。离线文件实际上起到了一个占位符的作用，它可以暂时占据丢失文件所处的位置。

在"项目"窗口中单击"新建分项"按钮![icon]后选择"脱机文件"，或单击鼠标右键，然后在弹出的菜单中选择"脱机文件"选项，就可以弹出"新建脱机文件"对话框，如图1-52所示。

在"新建脱机文件"对话框中对脱机文件的视频和音频进行设置。用户可以自定义脱机文件显示大小、视频格式和音频格式。在"新建脱机文件"对话框中设置完成

后，单击"确定"按钮，弹出"脱机文件"对话框，如图1-53所示。

图1-52 "新建脱机文件"对话框　　图1-53 "脱机文件"对话框

在"包含"下拉列表中可以选择建立含有影像和声音的离线素材，或者仅含有其中一项的离线素材；在"磁带名"文本框中可以填入磁带卷标；在"文件名"文本框中可以指定离线素材的名称；在"描述"文本框中可以填入一些备注；在"时间码"栏中可以指定离线素材的时间。

如果要以实际素材替换离线素材，则可以在"项目"窗口中右击脱机素材，然后选择"链接媒体"选项，在弹出的对话框中指定文件夹进行替换。

1.4.9 控制台面板中的Home/End 快捷键

可在"特效控制台"面板中快速移动到剪辑的开始或结尾。在"效果控制台"面板中，按Home键可以将时间标记![icon]移动到素材的开头处，如图1-54所示。

按End键可以将时间标记移动到素材的末尾处，如图1-55所示。

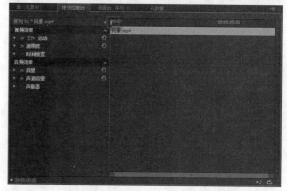

图1-54 Home键移动到素材开头

图1-55 End键移动到素材末尾

1.4.10 更改序列设置

在Premiere Pro CS6中，可以单独对已有序列的视频和音频格式进行更改，以便用户更加自由地在项目中对每个序列应用不同的编辑和渲染设置。

在"项目"窗口中，在需要更改设置的序列上单击右键，在弹出的快捷菜单中选择"序列设置"选项，在弹出的对话框中可以更改序列的设置，如图1-56所示。

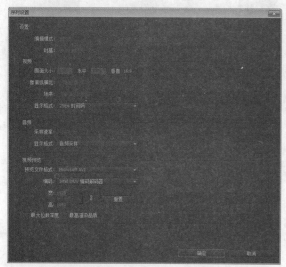

图1-56 "序列设置"对话框

在Premiere Pro CS6中对渲染范围做一些更改，使其更具针对性和选择性，用户可以渲染工作区内的效果，渲染整段工作区和渲染音频，这样可以节省用户时间，不用为了一小段编辑内容而去对整个编辑内容工作区进行渲染。

1.4.11 在Premiere Pro CS6中分别插入视频和音频

在Premiere Pro CS6中导入一段视频和音频的文件后，在"源"监视器窗口中可以看到视频和音频的图标，如图1-57所示。

图1-57 "源"监视器窗口

这时如果用户想单独插入视频或音频，就将鼠标指针移动到视频 ⊞ 或音频 ₩ 图标上，出现手掌图标，即可按下鼠标左键，将其拖曳到"时间轴"窗口的视频或音频轨道中，如图1-58所示。

图1-58 将视频或音频插入时间线窗口

心得笔记

_____

_____

_____

_____

33

第 2 章

视频切换特效

本章将学习的视频切换特效又称为视频的过渡效果，在电影中称为转场或镜头切换，它标志着一段视频的结束，另一段视频紧接着开始。在相邻的两个场景或素材之间采用一定的技巧如划像、叠化、卷页等，来使场景或情节之间平滑自然地过渡。使用各种视频切换特效可以使你剪辑的画面更加富于变化，更加生动多彩，制作出令人赏心悦目的过渡效果能够大大增加影视作品的艺术感染力。

本章学习目标

- 了解视频切换的概念
- 了解不同的切换类型
- 掌握切换设置
- 掌握调整视频切换的参数

本章重点内容

- 视频切换的设置
- 如何添加视频切换特效
- 熟悉视频切换类型
- 调整视频切换的参数

扫码看课件　　扫码看视频

2.1 视频切换特效设置

视频的切换特效在影视作品中应用十分频繁，添加不同的切换特效可以使场景之间衔接自然，同时还可以丰富观众的视觉效果。视频切换特效可以应用于相邻两个素材之间，也可以应用于同一段素材的开始与结尾。Premiere Pro CS6中的视频切换特效都存放在"效果"面板中的"视频切换"文件夹下，该文件夹中共包含10个分组文件夹，如图2-1所示。

图 2-1 "视频切换"文件夹

2.1.1 关于视频切换

视频切换特效可以在同一轨道上相邻的两个素材之间使用，如图2-2所示。

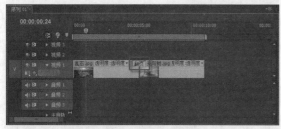

图 2-2 在相邻素材之间使用

还可以只对一个素材施加特效，此时素材与其下方的轨道进行切换，下方轨道中的素材只是作为背景使用，不被切换所控制，如图2-3所示。

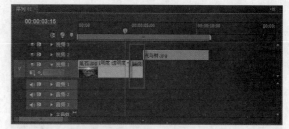

图 2-3 只对一个素材使用

为素材添加切换特效后，可以使用两种方法来改变切换的长度，方法如下。

- 方法1：在"时间轴"中选中要调整的切换特效 翻页，鼠标拖动切换的边缘即可改变切换的长度。
- 方法2：在"特效控制台"窗口中对切换进行调整，双击素材中所添加的切换特效就可以打开"特效控制台"窗口自行进行调整，如图 2-4所示。

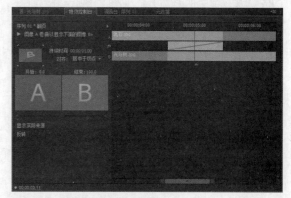

图 2-4 在"特效控制台"窗口中调整

提示

如果无法选中切换，那么可以单击视频轨道左侧的"折叠－展开轨道"按钮▶，展开轨道后再进行操作。

2.1.2 调整视频切换的切换区域

在视频切换特效的"特效控制台"窗口中右侧的时间线区域可以自行设置切换的长度和位置。如图 2-5所示，可以看到，在两段影片之间加入切换特效后，时间线上会有一个重叠区域，这个重叠区域就是发生切换的范围。与"时间轴"窗口中显示入点和出点间的影片不同，在"特效控制台"窗口的时间线中，会显示影片的完全长度。边角带有小三角即表示影片到头。这样设置的好处就是可以随时修改影片参与切换的位置。

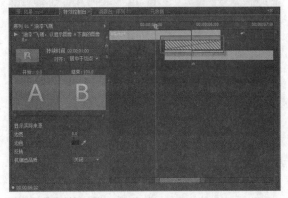

图 2-5 重叠区域

将鼠标指针移动到影片上,单击拖曳即可移动影片的位置,改变切换的影像区域,如图 2-6 所示。

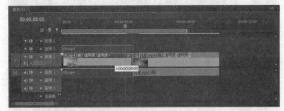

图 2-6 改变切换的影像区域

将鼠标指针移动到切换中线上单击拖曳改变位置,可以改变切换位置,如图 2-7 所示;还可以将鼠标指针移动到切换上单击拖曳改变位置,如图 2-8 所示;将鼠标指针移动到切换边缘,可以单击拖曳改变切换的长度,如图 2-9 所示。

图 2-7 在切换中线上拖曳

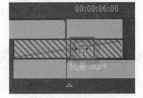

图 2-8 在切换上拖曳

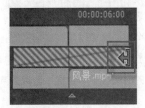

图 2-9 在切换边缘上拖曳

在进行上述三种操作时,在"节目"监视器窗口中可以查看前、后两段素材,如图 2-10 所示。

图 2-10 查看前后两段素材

在"特效控制台"窗口左边的"对齐"下拉列表中有三种切换对齐方式,如图 2-11 所示。

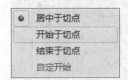

图 2-11 三种切换对齐方式

这三种切换方式的说明如下。

- "居中于切点"(Center at Cut):在两段影片之间加入切换特效,如图 2-12 所示。

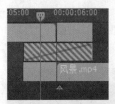

图 2-12 居中于切点

- "开始于切点"(Start at Cut):以片段B的入点位置为准建立切换,如图 2-13 所示。加入切换时,直接将切换拖动到片段B的入点,即为"开始于切点"模式。

图 2-13 开始于切点

- "结束于切点"（End at Cut）：以片段A的出点位置为准建立切换，如图 2-14所示。加入切换时，直接将切换拖动到片段A的出点，即为"结束于切点"模式。

图 2-14 结束于切点

如果加入切换的影片的出点和入点没有可扩展区域，那么在加入切换时则会弹出警告，并且系统会自动在出点和入点处根据切换的时间加入一段静止画面来过渡。

提示

在调整切换区域的时候，节目监视器中会分别显示切换影片的出点和入点画面，以观察调节效果。

2.1.3 切换设置

在左边的切换设置栏中，可以对切换做进一步的设置，如图 2-15所示。

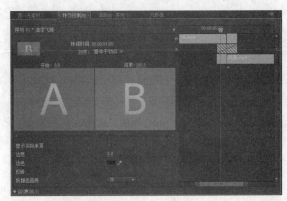

图 2-15 切换设置

默认情况下，切换都是从A到B完成的。要改变切换的开始和结束状态，可拖动"开始"和"结束"下方滑块。按住Shift键并拖动滑条可以使开始和结束滑条位置以相同数值变化，如图 2-16所示。

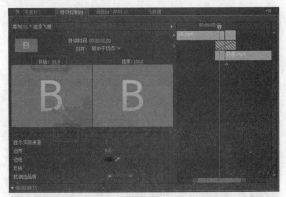

图 2-16 改变切换开始和结束状态

选择"显示实际来源"选项，可以在切换设置栏上方的"开始"和"结束"预览图中显示切换的开始和结束帧，如图 2-17所示。

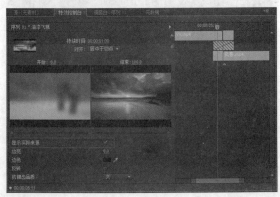

图 2-17 选择"显示实际来源"

如果选择"反转"选项，可以切换顺序，由素材A至素材B的切换会变为由素材B至素材A的切换。

在切换设置栏上方单击"播放"按钮，可以在预览窗口中预览切换效果。对于某些有方向性的切换来说，可以在左上方预览窗口中单击箭头改变切换方向；对于某些切换来说，具有位置的性质，即出入屏的时候，画面从屏幕哪个位置开始，此时可以在切换的开始和结束显示框中调整位置。切换设置栏上方的"持续时间"栏中可以输入切换的持续时间，这与拖动切换边缘改变切换长度是相同的。相对于不同的切换，可能还有不同的参数设置，这些参数将在下面根据切换效果进行具体讲解。

2.1.4 设置默认切换

执行"编辑"/"首选项"/"常规"命令，可以在弹出的对话框中进行切换的设置。可以将当前选定的切换设为默认切换。这样，在使用如自动导入这样的操作时，所建立的都是该切换，并可以分别设定视频和音频切换的默认时间，如图2-18所示。

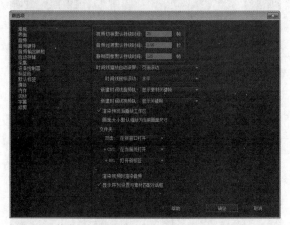

图 2-18 "首选项"对话框

Premiere Pro CS6将各种切换特效根据类型的不同，分别放在"效果"窗口中的"视频切换"特效组下的不同子特效中，用户可以根据使用的切换类型进行查找。

2.1.5 课堂范例——为视频添加转场特效

源文件路径	素材\第2章\2.1.5课堂范例——为视频添加转场特效
视频路径	视频\第2章\2.1.5课堂范例——为视频添加转场特效.mp4
难易程度	★ ★

01 启动Premiere Pro CS6软件，在欢迎界面中单击"新建项目"按钮，设置项目名称和存储位置，如图2-19所示。

图 2-19 "新建项目"对话框

02 在"新建项目"对话框中设置好文件参数后，单击"确定"按钮。在弹出的"新建序列"对话框中选择如图 2-20所示的预设。单击"确定"按钮，进入Premiere Pro CS6界面。

图 2-20 "新建序列"对话框

03 执行"文件"/"导入"命令，在弹出的"导入"对话框中选择需要的素材，单击"打开"按钮，导入素材，如图2-21所示。

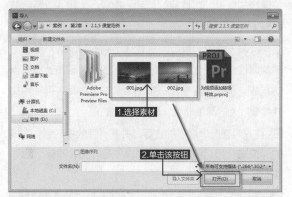

图2-21 "导入"对话框

04 将素材拖入到"视频1"轨道中，如图2-22所示。

图2-22 将素材拖入视频轨道

05 打开"效果"面板，打开"视频切换"文件夹，选择"3D运动"文件夹中的"立方体旋转"特效。鼠标左键单击选中，将其拖到时间轴中两个素材之间，如图2-23所示。

图2-23 将"立方体旋转"特效拖入两个素材之间

06 选择切换特效，打开"特效控制台"面板，拖动鼠标

左键修改"开始"后的数值，将参数设置为25，如图2-24所示。

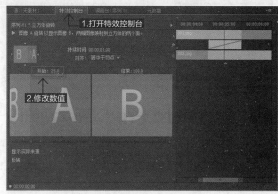

图2-24 打开"特效控制台"面板设置参数

07 按Enter键渲染项目，渲染完成后预览动画效果，如图2-25所示。

图2-25 效果预览图

2.2 运动设置与动画实现

接下来将介绍在Premiere Pro CS6中如何使用"特效控制台"来实现动画效果。在Premiere Pro CS6中通过运动和透明度的设置可以实现与After Effects中的Transform（变换）同样的效果。

2.2.1 Premiere Pro CS6运动窗口简介

将素材拖入轨道后，在其"特效控制台"窗口中的选项卡中可以看到Premiere Pro CS6的"运动"设置选项，如图2-26所示。

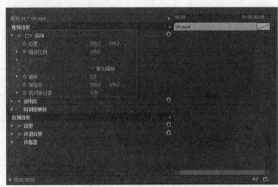

图2-26 "运动"设置选项

参数说明如下。

- 位置（Position）：可以设置被设置对象在屏幕中的位置坐标。
- 缩放比例（Scale）：可调节被设置对象的缩放比例。
- 缩放宽度（Scale Width）：在不选择"等比缩放"（Uniform Scale）选项的情况下可操作，只缩放宽度。
- 旋转（Rotation）：可以设置被设置对象在屏幕中的旋转角度。
- 定位点（Anchor Point）：可以设置被设置对象的旋转或移动控制点。
- 抗闪烁过滤（Anti-flicker Filter）：可以设置被设置对象的闪光点。

2.2.2 设置动画的基本原理

Premiere Pro CS6设置动画的基本原理就是：基于关键帧的概念，对目标的运动、缩放、旋转，以及特效等属性进行动画设定。

所谓关键帧的概念，就是在不同的时间点对操作的对象属性进行变化，而时间点之间的变化则由计算机自动完成。例如，要制作一幅图像从左上角飞入视频中央并逐渐放大的简单动画，具体方法如下。

01 首先调整图像最初的位置，并在"特效控制台"面板的"位置"和"缩放比例"属性中打上关键帧标记 ，如图2-27所示。

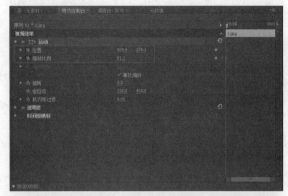

图2-27 在"特效控制台"设置关键帧及其效果显示

02 移动时间标记 ，在下一帧处设置图像的位置，如图2-28所示。

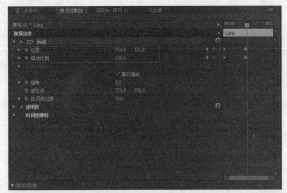

图 2-28 为下一帧图像设置关键帧

2.2.3 课堂范例——制作飞入动画效果

源文件路径	素材\第2章\2.2.3课堂范例——制作飞入动画效果
视频路径	视频\第2章\2.2.3课堂范例——制作飞入动画效果.mp4
难易程度	★★

01 启动Premiere Pro CS6，新建项目，新建序列，导入素材，如图 2-29所示。

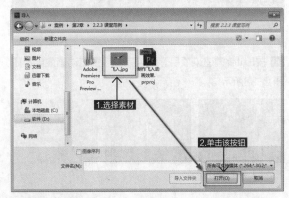

图 2-29 导入素材

02 在"项目"面板中选择"飞入.jpg"素材，将其拖入"视频1"轨道中。拖动素材，设置持续时间为3秒，如图 2-30所示。

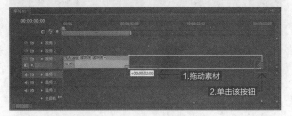

图 2-30 将素材拖动延长

提示

素材的持续时间长度取决于软件的默认设置，不同的默认设置会使导入的素材长短不一，也可以右键单击素材，在弹出的快捷菜单中选择"速度/持续时间"命令进行修改。

03 用"选择工具"单击"飞入.jpg"素材，打开"特效控制台"面板将"位置"参数调至如图 2-31所示的那样，并单击"切换动画"按钮设置关键帧，然后设置"缩放比例"参数为7.8。效果如图 2-32所示。

图 2-31 在"特效控制台"面板中设置参数

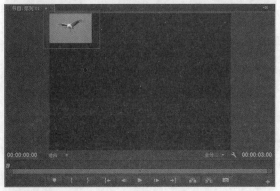

图 2-32 效果显示

41

04 在"时间轴"面板中，移动时间标记 到下一秒位置，如图2-33所示。

图2-33 移动时间标记

05 在"节目"监视器窗口中双击"飞入.jpg"素材，按鼠标左键将其拖动至中心位置，如图2-34所示。在"特效控制台"面板中为"缩放比例"属性设置关键帧，如图2-35所示。

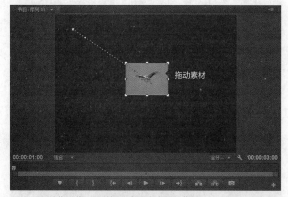

图2-34 调节"节目"监视器窗口中素材的位置

图2-35 为"缩放比例"属性设置关键帧

06 在"时间轴"面板中，继续移动时间标记 到下一秒位置，如图2-36所示。

图2-36 移动时间标记

07 在"节目"监视器窗口中双击选中"飞入.jpg"素材，鼠标拉动控制点将其放大到完全布满监视器窗口，如图2-37所示。

图2-37 在"节目"监视器窗口中调节素材大小

08 按Enter键渲染项目，渲染完成后预览动画效果，如图2-38所示。

图2-38 效果预览图

2.3 如何为视频添加切换特效

接下来将为读者进一步演练在Premiere Pro CS6中如何为视频添加不同的切换特效，为了解析方便清晰，下面将导入一些静态图像素材做讲解。

2.3.1 创建项目文件和导入素材

01 在Premiere Pro CS6欢迎界面中单击"新建项目"或在运行Premiere Pro CS6的过程中执行"文件"/"新建"/"项目"命令，在弹出的"新建项目"对话框中创建项目文件，选择项目文件保存的路径，输入文件名称"视频切换特效演练"，如图 2-39所示。单击"确定"按钮。

图 2-39 "新建项目"对话框

02 在"新建项目"对话框中设置好文件参数后，单击"确定"按钮。在弹出的"新建序列"对话框中选择如图 2-40所示的预设。单击"确定"按钮，进入Premiere Pro CS6界面。

图 2-40 "新建序列"对话框

03 执行"文件"/"导入"命令，在弹出的"导入"对话框中选中文件夹所有素材图片，单击"打开"按钮，如图 2-41所示。

图 2-41 "导入"对话框

04 导入的图片素材将自动列到"项目"窗口中，如图 2-42所示。

图 2-42 "项目"窗口

2.3.2 剪辑素材

01 将导入的图片素材全选拖入视频轨道，如图 2-43所示。

图 2-43 将素材拖入视频轨道

02 在"节目"监视器窗口中，按顺序依次调整图片素材在窗口中的显示大小。具体的操作方法为鼠标左键双击"节目"监视器窗口中的素材，然后拉动控制点进行大小和位置的调节，使其布满监视器窗口，如图 2-44 所示。

图 2-44 在"节目"监视器窗口中调节素材

2.3.3 添加切换

01 在"效果"面板中，将"视频切换"文件夹中的"3D运动"特效组下的"向上折叠"特效拖入"视频1"轨道的"1.jpg"和"2.jpg"素材之间，如图 2-45 所示。

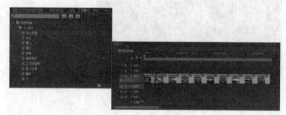

图 2-45 将特效添加到素材之间

02 在"效果"面板中，将"视频切换"文件夹中的"伸展"特效组下的"伸展进入"特效拖入"视频1"轨道的"2.jpg"和"3.jpg"素材之间。

03 在"效果"面板中，将"视频切换"文件夹中的"划像"特效组下的"菱形划像"特效拖入"视频1"轨道的"3.jpg"和"4.jpg"素材之间。

04 在"效果"面板中，将"视频切换"文件夹中的"卷页"特效组下的"页面剥落"特效拖入"视频1"轨道的"4.jpg"和"5.jpg"素材之间。

05 在"效果"面板中，将"视频切换"文件夹中的"叠化"特效组下的"抖动溶解"特效拖入"视频1"轨道的"5.jpg"和"6.jpg"素材之间。

06 在"效果"面板中，将"视频切换"文件夹中的"擦除"特效组下的"双侧平推门"特效拖入"视频1"轨道的"6.jpg"和"7.jpg"素材之间。

07 在"效果"面板中，将"视频切换"文件夹中的"映射"特效组下的"通道映射"特效拖入"视频1"轨道的"7.jpg"和"8.jpg"素材之间。在弹出的"通道映射设置"对话框中进行如图 2-46所示的设置，单击"确定"按钮。

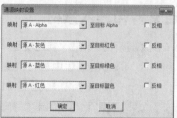

图 2-46 "通道映射设置"对话框

08 在"效果"面板中，将"视频切换"文件夹中的"滑动"特效组下的"漩涡"特效拖入"视频1"轨道的"8.jpg"和"9.jpg"素材之间。

09 在"效果"面板中，将"视频切换"文件夹中的"特殊效果"特效组下的"映射红蓝通道"特效拖入"视频1"轨道的"9.jpg"和"10.jpg"素材之间。

10 在"效果"面板中，将"视频切换"文件夹中的"缩放"特效组下的"缩放"特效拖入"视频1"轨道的"10.jpg"素材之后。

11 按上述步骤全部设置好之后，将"时间轴"面板中的时间标记移到00：00：00：00处，按空格键，即可在"节目"监视器窗口中播放预览最终效果。

12 最后执行"文件"/"保存"命令或按快捷键Ctrl+S保存项目文件，或输出影片。

相关链接

输出影片详细操作参照本书第9章9.5节。

2.4 切换特效类型详解

本节将为读者详细介绍在Premiere Pro CS6中提供的多种转场特效。

2.4.1 3D运动特效技术详解

"3D运动"（3D Motion）特效技术的应用能使场

景画面更具有层次感，产生从二维空间到三维空间的视觉效果。本节将为读者介绍Premiere Pro CS6中"3D运动"切换特效组下的10个特效。

1. 向上折叠

"向上折叠"切换特效是将素材A像折纸一样向上翻折，越折越小，进而切换到素材B。在"效果控件"面板中，选择"反向"复选项可以修改翻折的方向。效果如图 2-47所示。

图 2-47 向上折叠

2. 帘式

"帘式"切换特效是将素材A从中心分开，产生一种像拉窗帘一样的效果，进而显示出素材B。效果如图2-48所示。

图 2-48 帘式

3. 摆入

"摆入"切换特效是素材B以屏幕的某一边为轴，旋转着从后方进入屏幕，然后将素材A遮盖住。在"效果控件"面板中，可以设置两个素材的边框宽度和边框颜色。效果如图 2-49所示。

图 2-49 摆入

4. 摆出

"摆出"切换特效也是素材B以屏幕的某一边为轴，不同于"摆入"特效的是，素材此时是旋转着从前方进入屏幕，然后将素材A遮盖住。在"效果控件"面板中，同样可以设置两个素材的边框宽度和边框颜色，效果如图 2-50所示。

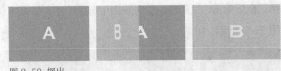

图 2-50 摆出

5. 旋转

"旋转"切换特效是素材B以屏幕中心为轴进行旋转，从而将素材A遮盖住。在"效果控件"面板中，可以设置两个素材的边框宽度和颜色。效果如图 2-51所示。

图 2-51 旋转

6. 旋转离开

"旋转离开"切换特效也是素材B以屏幕中心为轴进行旋转，从而将素材A遮盖住。与"旋转"特效不同的是，"旋转离开"切换特效中的素材B在旋转时会产生透明效果。效果如图 2-52所示。

图 2-52 旋转离开

7. 立方体旋转

"立方体旋转"切换特效是将两个素材作为立方体的两面，以旋转的方式实现前后场景的切换。"立方体旋转"切换特效可以选择从左至右、从上至下、从右至左或从下至上的过渡效果。效果如图 2-53所示。

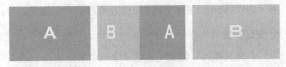

图 2-53 立方体旋转

8. 筋斗过渡

"筋斗过渡"切换特效是素材A以屏幕中心为轴，边旋转边变小，进而显示出素材B。在"效果控件"面板中，拖动滑块将增加素材边框宽度，若想更改边框颜色，鼠标单击边框颜色后的色块即可选择颜色。效果如图 2-54所示。

图 2-54 筋斗过渡

9. 翻转

"翻转"切换特效是将两个素材当作一张纸的正反两面，产生一种翻转纸张的效果来实现两个场景之间的切换。效果如图 2-55所示。

图 2-55 翻转

10. 门

"门"切换特效是将素材B呈一扇门一样由外向里关闭的状态遮盖住素材A，显示出来关门一样的效果。在"效果控件"面板中可以设置边框宽度、边框颜色以及转场方向等。效果如图 2-56所示。

图 2-56 门

2.4.2 伸展特效技术详解

"伸展"特效主要是是通过素材的变形来实现场景的切换，本节将为读者介绍Premiere Pro CS6中"伸展"切换特效组下的4个具有拉伸效果的视频切换特效。

1. 交叉伸展

"交叉伸展"切换特效可以使一个素材从一个边伸展进入，另一个素材从另一边收缩消失。伸展的方向是可以调整的。效果如图 2-57所示。

图 2-57 交叉伸展

2. 伸展

"伸展"切换效果是素材B从屏幕的一边伸展开来，将素材A逐渐遮盖住的效果。效果如图 2-58所示。

图 2-58 伸展

3. 伸展覆盖

"伸展覆盖"切换效果是素材B在画面中心线处放大伸展进入画面并逐渐覆盖素材A的效果。效果如图 2-59所示。

图 2-59 伸展覆盖

4. 伸展进入

"伸展进入"切换特效是素材B横向拉伸后进入屏幕并结合了叠化效果，逐渐遮盖住素材A的效果。效果如图 2-60所示。

图 2-60 伸展进入

2.4.3 划像特效技术详解

本节将为读者介绍Premiere Pro CS6中"划像"特效组下的7个切换特效。

1. 划像交叉

"划像交叉"切换效果是素材B以十字形在画面中心出现，然后由小变大并逐渐遮盖住素材A的效果。效果如图 2-61所示。

图 2-61 划像交叉

2. 划像形状

"划像形状"切换特效是素材B以菱形在画面中心出现，然后由小变大并逐渐遮盖住素材A的效果。在"效果控件"面板中，划像的形状还可以设置为椭圆，圆形的个数也可以设置为多个。效果如图2-62所示。

图 2-62 划像形状

3. 圆划像

"圆划线"切换特效是素材B以圆形在画面中心出现，然后由小变大并逐渐遮盖住素材A的效果。效果如图2-63所示。

图 2-63 圆划像

4. 星形划像

"星形划像"切换特效是素材B以五角星形在画面中心出现，然后由小变大并逐渐遮盖住素材A的效果。效果如图2-64所示。

图 2-64 星形划像

5. 点划像

"点划像"切换特效是素材B以X形状在画面中心出现，然后由大变小并逐渐遮盖素材A的效果。效果如图2-65所示。

图 2-65 点划像

6. 盒形划像

"盒形划像"切换特效是素材B以矩形在画面中心出现，然后由小变大并逐渐遮盖住素材A的效果。如有要求，也可以设置为收缩。效果如图2-66所示。

图 2-66 盒形划像

7. 菱形划像

"菱形划像"切换特效是素材B以菱形在画面中心出现，然后由小变大并逐渐遮盖素材A的效果。效果如图2-67所示。

图 2-67 菱形划像

2.4.4 卷页特效技术详解

"卷页"特效组的切换特效就是模仿翻开书页，打开下一页画面的动作。本节将为读者介绍Premiere Pro CS6中"卷页"特效组中包含的5种视频切换特效。

1. 中心剥落

"中心剥落"切换特效是将素材A从中心分割成四个部分并向四角卷起，最后露出后面的第二场景的效果。效果如图2-68所示。

图 2-68 中心剥落

2. 剥开背面

"剥开背面"切换特效是将素材A从中心分割成四块并依次向对角卷起，最后露出素材B的效果，如图2-69所示。

图 2-69 剥开背面

3. 卷走

"卷走"切换特效是将素材A像卷画一样从画面一

侧卷到另一侧，直至显示出第二个场景的效果。效果如图2-70所示。

图 2-70 卷走

4. 翻页

"翻页"切换特效是将素材A从一角卷起，卷起后的背面会显示出素材A，从而露出素材B的效果。效果如图 2-71所示。

图 2-71 翻页

5. 页面剥落

"页面剥落"切换特效将素材A像翻页一样从一角卷起，显示出素材B的效果。效果如图2-72所示。

图 2-72 页面剥落

2.4.5 叠化特效技术详解

1. 交叉叠化（标准）

"交叉叠化"切换特效是在素材A淡出的同时，素材B淡入的效果。效果如图2-73所示。

图 2-73 交叉叠化

2. 抖动溶解

"抖动溶解"切换特效是在素材A以细小颗粒状逐渐淡出画面的同时，素材B以细小的颗粒状逐渐淡入画面的效果。效果如图2-74所示。

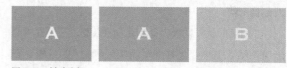

图 2-74 抖动溶解

3. 白场过渡

"白场过渡"切换特效是素材A逐渐淡化到白色场景，然后从白色场景淡化到素材B的效果。效果如图2-75所示。

图 2-75 白场过渡

4. 胶片溶解

"胶片溶解"切换效果是使素材A产生胶片朦胧的效果并转换至素材B的效果。效果如图 2-76所示。

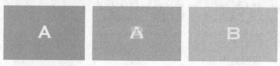

图 2-76 胶片溶解

5. 附加叠化

"附加叠化"切换特效是素材A以闪白方式淡出画面，然后素材B以闪白方式淡入的效果。效果如图2-77所示。

图 2-77 附加叠化

6. 随机反相

"随机反相"切换特效是素材A以随机块的形式反转色彩，在反转后的画面中，素材B也以随机块的形式逐渐显示，直到完全覆盖素材A的效果。效果如图2-78所示。

图 2-78 随机反相

7. 非附加叠化

"非附加叠化"切换特效是素材B出现覆盖于素材A之上，然后素材A逐渐消失的效果。效果如图 2-79 所示。

图 2-79 非附加叠化

8. 黑场过渡

"黑场过渡"切换特效是素材A逐渐淡化到黑色场景，然后从黑色场景淡化到素材B的效果。效果如图 2-80所示。

图 2-80 黑场过渡

2.4.6 擦除特效技术详解

"擦除"特效是通过两个场景的相互擦除来实现场景转换的。

1. 双侧平推门

"双侧平推门"切换特效是素材A像两扇门一样被拉开，逐渐显示出素材B的效果。效果如图 2-81所示。

图 2-81 双侧平推门

2. 带状擦除

"带状擦除"切换特效是素材B在水平方向以条状形式进入画面，逐渐覆盖素材A的效果。效果如图 2-82所示。

图 2-82 带状擦除

3. 径向划变

"径向划变"切换特效是素材B从素材A的一角扫入画面，并逐渐覆盖的效果。效果如图 2-83所示。

图 2-83 径向划变

4. 插入

"插入"切换特效是素材B以矩形的形式从素材A的一角斜插进画面，并逐渐覆盖素材A的效果。效果如图 2-84所示。

图 2-84 插入

5. 擦除

"擦除"切换特效是素材B从画面的一边进入，并向另一边逐渐推移将素材A擦除的效果。效果如图 2-85所示。

图 2-85 擦除

6. 时钟式划变

"时钟式划变"切换特效是素材B以时钟放置方式逐渐覆盖素材A的效果。效果如图 2-86所示。

图 2-86 时钟式划变

7. 棋盘

"棋盘"切换特效是素材B分成若干个小方块以棋盘的方式出现，并逐渐布满整个画面，从而遮盖住素材A的效果。效果如图 2-87所示。

图 2-87 棋盘

8. 棋盘划变

"棋盘划变"切换特效是素材B以方格形式逐渐将素材A擦除的效果。效果如图2-88所示。

图 2-88 棋盘划变

9. 楔形划变

"楔形划变"切换特效是素材B在屏幕中心以扇形展开的方式逐渐覆盖素材A的效果。效果如图 2-89所示。

图 2-89 楔形划变

10. 水波块

"水波块"切换特效是素材B以块状从画面一角按"Z"字形逐行扫入画面，并逐渐覆盖素材A的效果，如图 2-90所示。

图 2-90 水波块

11. 油漆飞溅

"油漆飞溅"切换特效是素材B以墨点形状飞溅到画面上并逐渐覆盖素材A的效果。效果如图2-91所示。

图 2-91 油漆飞溅

12. 渐变擦除

"渐变擦除"切换特效是用一张灰度图像制作渐变切换。选择该切换效果插入时，会弹出一个"擦除设置"对话框，在对话框中用户可以自行选择文件夹的任意图像，并相应地进行柔和度的调节。在渐变转换中，素材B充满灰度图像的黑色区域，然后通过每一个灰度级开始显现进行转换，直到白色区域变得完全透明。效果如图 2-92所示。

图 2-92 渐变擦除

13. 百叶窗

"百叶窗"切换特效是素材B以百叶窗的形式逐渐显示并覆盖素材A的效果。效果如图2-93所示。

图 2-93 百叶窗

14. 螺旋框

"螺旋框"切换特效是素材B以螺旋块状旋转显示并逐渐覆盖素材A的效果。效果如图 2-94所示。

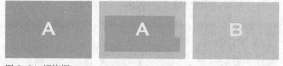

图 2-94 螺旋框

15. 随机块

"随机块"切换特效是素材B以随机块状的形式出现在画面中并逐渐覆盖素材A的效果。效果如图 2-95所示。

图 2-95 随机块

16. 随机擦除

"随机擦除"切换特效是素材B以小方块的形式从素材A的一边随机扫走素材A的效果。效果如图 2-96 所示。

图 2-96 随机擦除

17. 风车

"风车"切换特效是素材B以风车的形式逐渐旋转显示并覆盖素材A的效果。效果如图 2-97所示。

图 2-97 风车

2.4.7 映射特效技术详解

"映射"切换特效主要是通过混色原理和通道叠加来实现两个场景之间的转换的。本节将为读者介绍Premiere Pro CS6中"映射"特效组包含的两种以映射方式过渡的视频切换特效。

1. 明亮度映射

"明亮度映射"切换特效是素材A的亮度映射到素材B，然后显示出素材B的效果。效果如图 2-98所示。

图 2-98 明亮度映射

2. 通道映射

"通道映射"切换特效是在两个场景中选择不同的颜色通道并映射到输出画面上的效果。选择该项切换效果会弹出"通道映射设置"对话框，如图 2-99所示。在这里用户可以自行设置素材场景之间的相互映射效果，这里是素材A的蓝色通道映射到素材B的红色通道，素材B的绿色通道映射到素材A的绿色通道，素材A的红色通道映射到素材B的蓝色通道。效果如图 2-100所示。

图 2-99 "通道映射设置"对话框

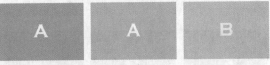

图 2-100 通道映射

2.4.8 滑动特效技术详解

"滑动"特效是用场景的滑动来转换到相邻场景的。本节将为读者介绍在Premiere Pro CS6中包含的12种以场景滑动方式切换场景的视频切换特效。

1. 中心合并

"中心合并"切换特效是使素材A从正中心裂成四块并向中央合并，最终显示出素材B的效果。效果如图2-101所示。

图 2-101 中心合并

2. 中心拆分

"中心拆分"切换特效是使将素材A分成四块，逐渐从画面的四个角滑动出去，从而显示出素材B的效果。效果如图 2-102所示。

图 2-102 中心拆分

3. 互换

"互换"切换特效是将素材B从后方翻转到素材A前，从而覆盖住素材A的效果。效果如图2-103所示。

图 2-103 互换

4. 多旋转

"多旋转"切换特效是素材B以多个方块，由小变大，旋转着进入画面，从而覆盖住素材A的效果，如图2-104所示。

图 2-104 多旋转

5. 带状滑动

"带状滑动"切换特效是素材B以条状形式从两侧滑入画面，直至覆盖住素材A的效果。效果如图 2-105所示。

图 2-105 带状滑动

6. 拆分

"拆分"切换特效是将素材A分成两块并从两侧滑出，从而显示出素材B的效果。效果如图 2-106所示。

图 2-106 拆分

7. 推

"推"切换特效是素材B从画面的一侧将素材A推出画面的效果。效果如图2-107所示。

图 2-107 推的效果

8. 斜线滑动

"斜线滑动"切换特效是素材B以斜条纹的形式从素材A的一角滑入画面，直至完全覆盖素材A的效果。效果如图 2-108所示。

图 2-108 斜线滑动

9. 滑动

"滑动"切换特效是素材B从画面的一侧滑入画面，从而覆盖住素材A的效果。效果如图 2-109所示。

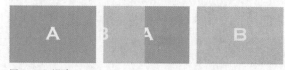

图 2-109 滑动

10. 滑动带

"滑动带"切换特效是素材B以百叶窗的形式通过很多竖直线条的翻转覆盖住素材A的效果。效果如图 2-110所示。

图 2-110 滑动带

11. 滑动框

"滑动框"切换特效是素材B以矩形框的形式从画面一侧滑入画面，从而覆盖住素材A的效果。效果如图2-111所示。

图 2-111 滑动框

12. 漩涡

"漩涡"切换特效是使素材B打破为若干方块从素材A中旋转而出的效果。效果如图2-112所示。

图 2-112 漩涡

2.4.9 特殊效果特效技术详解

"特殊效果"特效组中的切换效果是各种切换效果的混合体。本节将为读者介绍Premiere Pro CS6中"特殊效果"特效组包含的3种视频切换特效。

1. 映射红蓝通道

"映射红蓝通道"切换特效是将素材A中的红蓝通道映射混合到素材B中。效果如图 2-113所示。

图 2-113 映射红蓝通道

2. 纹理

"纹理"切换特效是将素材A作为纹理贴图映射给素材B，然后覆盖素材A的效果。效果如图 2-114所示。

图 2-114 纹理

3. 置换

"置换"切换特效是用素材B的RGB通道替换给素材A的效果。效果如图 2-115所示。

图 2-115 置换

2.4.10 缩放特效技术详解

"缩放"特效组中的转场都是以场景的缩放来实现场景之间的转换的。本节将为读者介绍Premiere Pro CS6中"缩放"特效组中包括的4种视频切换特效。

1. 交叉缩放

"交叉缩放"切换特效是先将素材A放大到最大，然后切换到最大化的素材B，最后将素材B缩放到合适大小的效果。效果如图 2-116所示。

图 2-116 交叉缩放

2. 缩放

"缩放"切换特效是素材B从素材A的中心处放大至覆盖素材A的效果。效果如图 2-117所示。

图 2-117 缩放

3. 缩放拖尾

"缩放拖尾"切换特效是素材A缩小并同时产生拖尾的消失效果。效果如图 2-118所示。

图 2-118 缩放拖尾

4. 缩放框

"缩放框"切换效果是素材B分为多个方块从素材A中放大出现的效果。效果如图 2-119所示。

图 2-119 缩放框

2.4.11 课堂范例——让文字逐个显示

源文件路径	素材\第2章\2.4.11课堂范例——让文字逐个显示
视频路径	视频\第2章\2.4.11课堂范例——让文字逐个显示.mp4
难易程度	★ ★ ★

01 启动Premiere Pro CS6，新建项目，新建序列，导入素材，如图 2-120所示。

图 2-120 导入素材

02 在"项目"面板中选择素材"01.jpg"并单击鼠标右键，在打开的菜单中选择"速度/持续时间"，如图 2-121所示。弹出"素材速度/持续时间"对话框，将"持续时间"改为2秒，如图 2-122所示。设置好后单击"确定"按钮。

图 2-121 设置"速度/持续时间"

03 使用同样的方法将素材"02.jpg"的持续时间改为4秒，将素材"文字01.tif"的持续时间改为6秒，将素材"文字02.tif"的持续时间改为4秒，如图 2-123所示。

图 2-122 设置"持续时间"　图 2-123 设置其他素材参数

04 将素材"01.jpg"和"02.jpg"依次添加到"视频1"轨道中；将素材"文字01.tif"添加到"视频2"轨道中；将素材"文字02.tif"添加到"视频3"轨道中，如图2-124所示。

图 2-124 将素材拖到时间轨道中

05 选择素材，移动时间标记 ▦ 到"01.jpg"素材位置，在"节目"监视器窗口中双击素材，用鼠标拉动控制点将图片调整到合适大小。用同样的方法，对素材"02.jpg""文字01.tif""文字02.tif"的位置和大小进行调整。效果如图 2-125所示。

图 2-125 调整素材大小及位置效果图

06 在"效果"面板中选择"视频切换"/"叠化"/"抖动溶解"切换特效，将该特效添加到素材"01.jpg"和"02.jpg"之间，如图2-126所示。

图 2-126 添加"抖动溶解"特效到素材之间

07 在"效果"面板中选择"插入"切换特效，将该特效添加到"文字01.tif"和"文字02.tif"的前端，如图2-127所示。

图 2-127 添加"插入"特效到素材之间

08 选中"插入"效果，然后打开"特效控制台"面板，设置切换效果的起始位置为"从北东到南西"，持续时间设为2秒，勾选"显示实际来源"复选框，如图 2-128 所示。用同样的方法设置"文字02.tif"素材上的切换效果和参数。

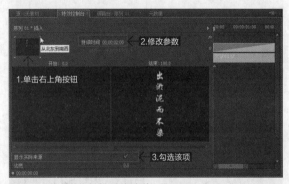

图 2-128 "特效控制台"面板参数设置

09 至此所有素材和特效添加完毕，序列效果如图 2-129 所示。

图 2-129 最终视频的序列效果

10 按Enter键渲染项目，渲染完成后预览动画效果，如图 2-130所示。

图 2-130 效果预览图

2.5 使用Premiere Pro CS6创建新元素

Premiere Pro CS6除了可以使用导入的素材制作动画外，还可以建立一些新元素。这些元素同样可以作为动画制作的素材。下面将为读者详细讲解如何在Premiere Pro CS6中创建新元素。

2.5.1 通用倒计时片头

"通用倒计时片头"（Universal Counting Leader）通常用于影片开始前的倒计时准备。Premiere Pro CS6为用户提供了现成的"通用倒计时片头"，用户可以非常简便地创建一个标准的倒计时素材，并可以随时在Premiere Pro CS6中对其进行修改，效果如图2-131所示。

图 2-131 "通用倒计时"片头效果

创建倒计时素材的方法如下。

01 在"项目"窗口中单击"新建分项"按钮▣或在空白处单击鼠标右键，在弹出的菜单中执行"新建分项"/"倒计时向导"命令，弹出"新建通用倒计时片头"对话框，如图 2-132所示。在该对话框中设置"通用倒计时片头"的大小、时间基准、像素纵横比和音频采样率。

02 在"新建通用倒计时片头"对话框中设置完成后，单击对话框中的"确定"按钮，将弹出"通用倒计时设置"对话框，用户可以自行设置倒计时片头画面的各项颜色，如图 2-133所示。

图 2-132 "新建通用倒计时片头"对话框　　图 2-133 "通用倒计时设置"对话框

各选项参数说明如下。

- 擦除色（Wipe Color）：播放倒计时影片时，指示线会不停地围绕圆心转动，在指示线转动方向之后的颜色为指定的擦除颜色。
- 背景颜色（Background Color）：指示线转动方向之前的颜色为指定的背景颜色。
- 线条颜色（Line Color）：固定十字及转动的指示线颜色由该选项设定。
- 目标颜色（Target Color）：指定圆形的准星的颜色。
- 数字颜色（Number Color）：倒计时影片8、7、6、5、4等数字的颜色。
- 倒数2秒提示音（Cue Blip on 2）：在显示"2"的时候发声。
- 在每秒都响提示音（Cue Blip at All Second Starts）：在每一秒钟开始时发声。

设置完毕后，单击"确定"按钮，Premiere Pro CS6自动将该段倒计时影片加入"项目"窗口，如图 2-134所示。

用户可在"项目"窗口或"时间轴"窗口中双击倒计时素材，随时打开"通用倒计时"对话框进行修改。

图 2-134 自动加入"项目"窗口

2.5.2 彩条与黑场视频

1. 彩条

创建彩条素材的方法如下。

01 在项目窗口中单击"新建分项"按钮或在空白处单击鼠标右键，在弹出的菜单中执行"色条和色调"命令，类似于创建"通用倒计时片头"，将弹出一个"新建彩条"对话框，可以对彩条的大小、时间基准、像素纵横比和音频采样率进行设置，如图 2-135所示。

02 设置完成之后，单击"确定"按钮，Premiere Pro CS6自动将该段彩条影片加入"项目"窗口中，如图 2-136所示。

图 2-135 "新建彩条"对话框　　图 2-136 自动加入"项目"窗口

用户可在"项目"窗口或"时间轴"窗口中双击彩条素材，在其"特效控制台"窗口中可以对素材做进一步修改、调整。

2. 黑场

在Premiere Pro CS6中还可以在影片中创建一段黑场视频，创建的方法如下。

01 在项目窗口中单击"新建分项"按钮或在空白处单击鼠标右键，在弹出的菜单中执行"黑场视频"命令，将弹出"新建黑场视频"对话框，如图 2-137所示。

02 设置好之后单击"确定"按钮，Premiere Pro CS6自动将该段黑场视频加入"项目"窗口中，如图 2-138所示。

 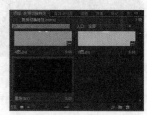

图 2-137 "新建黑场视频"　　图 2-138 自动加入"项目"窗口
对话框

2.5.3 彩色蒙版

Premiere Pro CS6还可以为影片创建一个颜色蒙版，用户可以将颜色蒙版当作背景，也可以利用"特效控制台"窗口中的"透明度"参数来设定与其相关的色彩透明度。

创建颜色蒙版的方法如下。

01 在"项目"窗口中单击"新建分项"按钮或在空白处单击鼠标右键，在弹出的菜单中执行"彩色蒙板"命令，弹出"新建彩色蒙板"对话框，如图 2-139所示。

02 在"新建彩色蒙板"对话框中设置完成之后，单击"确定"按钮，弹出"颜色拾取"对话框，如图 2-140所示。

图 2-139 "新建彩色蒙板"对话框

图 2-140 "颜色拾取"对话框

03 在"颜色拾取"对话框中选取颜色蒙版所要使用的颜色，单击"确定"按钮，在弹出的"选择名称"对话框中可以为建立的颜色蒙版命名，如图 2-141所示。然后单击"确定"按钮，Premiere Pro CS6自动将该段彩色蒙版加入"项目"窗口中。

图 2-141 "选择名称"对话框

用户可在"项目"窗口或"时间轴"窗口中双击彩色蒙版，随时打开"颜色拾取"对话框进行修改。

2.5.4 透明视频

在Premiere Pro CS6中，可以创建一个透明的视频层，它能够被用于应用特效到一系列的影片剪辑中而无需重复地复制和粘贴属性。只要应用一个特效到透明视频轨道上，特效结果将自动出现在下面的所有视频轨道中。

创建透明视频的方法如下。

01 在"项目"窗口中单击"新建分项"按钮 或在空白处单击鼠标右键，在弹出的菜单中执行"透明视频"命令，弹出"新建透明视频"对话框，如图 2-142所示。

02 在"新建透明视频"对话框中设置完毕后，单击"确

定"按钮，Premiere Pro CS6自动将该段透明视频加入"项目"窗口中。

图 2-142 "新建透明视频"对话框

2.5.5 课堂范例——倒计时片头的制作

源文件路径	素材\第2章\2.5.5课堂范例——倒计时片头的制作
视 频 路 径	视频\第2章\2.5.5课堂范例——倒计时片头的制作.mp4
难易程度	★★★★

01 启动Premiere Pro CS6，新建项目，新建序列，导入素材，如图 2-143所示。

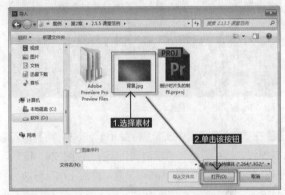

图 2-143 导入素材

02 执行"编辑"/"首选项"/"常规"命令，弹出"首选项"对话框，设置"静帧图像默认持续时间"参数为25帧，单击"确定"按钮，完成设置，如图 2-144所示。

图 2-144 在"首选项"对话框内设置参数

03 执行"文件"/"新建"/"色条和色调"命令,弹出"新建彩条"对话框,单击"确定"按钮,如图 2-145 所示,在"项目"面板中创建了"彩条"素材。

图 2-145 "新建彩条"对话框

04 将"项目"面板中的"彩条"素材拖到"视频1"轨道中,如图2-146所示。

图 2-146 将"彩条"素材拖入视频轨道

05 在"项目"面板中选择"背景.jpg"素材,将其拖入到视频轨道中,设置持续时间为8秒,如图 2-147所示。在"特效控制台"面板中设置"缩放比例"参数为110。

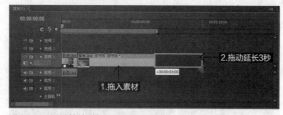

图 2-147 设置持续时间

06 执行"文件"/"新建"/"字幕"命令,弹出"新建字幕"对话框,单击"确定"按钮,如图2-148所示。

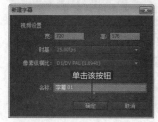

图 2-148 "新建字幕"对话框

07 弹出"字幕编辑器"对话框,在其中输入数字"8",设置其颜色RGB参数为"52;7;7",其他参数设置参照图2-149。完成设置后,单击右上角的"关闭"按钮来关闭对话框。

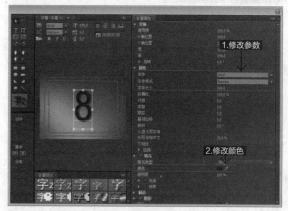

图 2-149 在"字幕编辑器"对话框中设置参数

08 选择"项目"面板中的"字幕01",单击鼠标右键,执行"复制"/"粘贴"命令,如图 2-150所示。

图 2-150 对素材执行"复制/粘贴"命令

提示

也可以直接使用快捷键Ctrl+C、Ctrl+V来进行复制粘贴。

09 继续选中素材,将上述操作重复6次,得到如图2-151所示的结果。

10 双击"项目"面板中的一个"字幕01"素材,弹出"字幕编辑器"对话框,将数字"8"改为数字"7",其他参数设置保持不变,单击右上角"关闭"按钮,完成设置,如图2-152所示。

图 2-151 复制素材

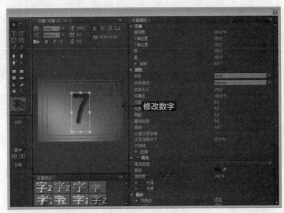

图 2-152 将数字"8"改为数字"7"

11 用与上述步骤同样的方法，将剩下的6个"字幕01"素材分别改为"6""5""4""3""2""1"，最终结果如图 2-153所示。

图 2-153 改变剩下字幕的数字

12 在"项目"面板中，按从8到1的倒序点选所有字幕素材，统一拖入"视频2"轨道中，如图 2-154所示。

图 2-154 选中所有字幕素材拖入视频轨道

13 用"选择工具"单击"时间轴"窗口中的首个"字幕01"素材，移动光标至其最左端，当光标变成边缘图标后，按住鼠标左键并向右拖动，减少10帧，如图 2-155所示，释放鼠标即可切割素材。

图 2-155 切割素材

14 用同样的方法，将最后一个字幕素材向右拖动增加10帧，如图 2-156所示。

图 2-156 拉长素材

15 选择时间轴中的所有字幕素材，向左移动至对齐下层的图像素材，如图 2-157所示。

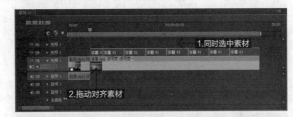

图 2-157 移动对齐素材

16 打开"效果"面板，展开"视频切换"文件夹，选择"擦除"文件夹下的"时钟式划变"特效。按住鼠标左键，将"时钟式划变"特效拖到第一个字幕素材和第二个字幕素材之间，释放鼠标即可为素材添加特效，如图 2-158所示。

图 2-158 将"时钟式划变"特效添加到素材之间

17 双击时间轴中的第一个"时钟式划变"特效，在"特效控制台"面板中设置持续时间为00：00：00：20（即20帧），按Enter键完成设置，如图 2-159所示。

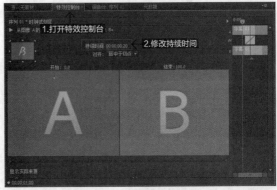

图 2-159 更改"持续时间"

18 用同样的方法，将"时钟式划变"特效添加到时间轴上的其他所有字幕素材之间，并将所有"时钟式划变"特效的持续时间设置为20帧，结果如图2-160所示。

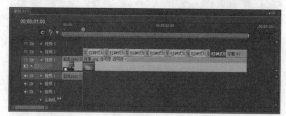

图2-160 为其他字幕素材添加特效

19 选择时间轴中的"时钟式划变"特效，进入"特效控制台"面板，设置"边宽"参数为1，单击"边色"选项旁的吸管按钮 ，吸取字体颜色 ，如图2-161所示。其他的特效也用同样的方法进行修改。

图2-161 参数设置

20 按Enter键渲染项目，渲染完成后预览倒计时片头的效果，如图2-162所示。

图2-162 效果预览图

2.6 综合训练——制作宠物电子相册

　　本训练将结合本章重点内容，使用不同的切换特效和动画，制作出一个精美的宠物电子相册。

源文件路径	素材\第2章\2.6综合训练——制作宠物电子相册
视频路径	视频\第2章\2.6综合训练——制作宠物电子相册.mp4
难易程度	★★★★

01 启动Premiere Pro CS6，新建项目并设置名称为"宠物相册"，保存到指定的文件夹，单击"确定"按钮，如图2-163所示。

图2-163 "新建项目"对话框

02 弹出"新建序列"对话框，选择合适的序列预设，单击"确定"按钮，如图2-164所示。

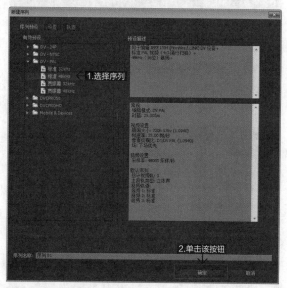

图2-164 "新建序列"对话框

03 执行"文件"/"导入"命令，弹出"导入"对话框，选择素材，单击"打开"按钮将素材导入项目，如图 2-165 所示。

图 2-165 导入素材

04 导入的素材自动排列在"项目"面板中，选中"001.jpg"到"012.jpg"这12个图像素材，按住鼠标左键将其拖入"视频2"轨道中，如图 2-166 所示。

图 2-166 将素材拖入视频轨道

05 用"选择工具"选中"视频2"轨道中的所有图像素材，右键打开菜单执行"速度/持续时间"命令，如图 2-167 所示。

06 在弹出的"素材速度/持续时间"面板中，将"持续时间"设置为00：00：03：00，并且勾选"波纹编辑，移动后面的素材"选项，如图 2-168 所示。设置完成后，点击"确定"按钮。

图 2-167 执行"速度/持续时间"命令

图 2-168 "素材速度/持续时间"对话框

07 在"时间轴"面板中拖动时间标记，将其移动到"001.jpg"素材位置，双击"节目"监视器窗口内素材，如图 2-169 所示。鼠标拖动控制点调节图像大小，使其在窗口中显示合适大小，如图 2-170 所示。用同样的方法将时间轴上的其他素材调节至合适大小。

图 2-169 双击"节目"监视器窗口内素材

图 2-170 调整到合适大小

08 在"项目"面板中选择"背景.jpg"素材，按住鼠标左键将其拖入"视频1"轨道中。用"选择工具"单击"背景.jpg"素材，当光标变成边缘图标后，按住鼠标左键并向右拖动，移动到与"视频2"轨道素材相同长度处，如图 2-171 所示，释放鼠标即可拉长素材。

图 2-171 拖动拉长素材

09 将"001.jpg"素材选中，在"节目"监视器窗口中拖动控制点将素材图像调节至图 2-172 所示的大小位置。

10 使时间标记█回到 00：00：00：00 位置后，打开"特效控制台"面板，单击"位置"参数前的"切换动画"按钮█设置关键帧，如图 2-173 所示。

图 2-175 设置关键帧

图 2-172 调整素材图像

图 2-173 设置关键帧

11 将时间标记█移动到 00:00:01:00 位置，将"节目"监视器窗口中的素材图像拖动至中心位置，如图 2-174 所示。单击"特效控制台"面板中"缩放比例"参数前的"切换动画"按钮█设置关键帧，如图 2-175 所示。

图 2-174 拖动图像素材到中心位置

12 将时间标记█移动到 00：00：02：00 位置，在"节目"监视器窗口将素材图片拉到完全铺满窗口，如图 2-176 所示。单击"特效控制台"面板中"缩放比例"参数前的"切换动画"按钮█设置关键帧，如图 2-177 所示。

图 2-176 使素材图像铺满窗口

图 2-177 设置关键帧

13 打开"效果"面板，打开"视频切换"文件夹，在文件夹中选择"伸展"特效组下的"交叉伸展"特效拖动到"视频2"轨道中的"002jpg"和"003jpg"素材之间，如图 2-178 所示。

图 2-178 将"交叉伸展"特效添加到素材之间

14 用同样的方法,分别在之后相邻的两个图像素材之间添加"盒形划像""翻页""胶片溶解""径向划变""随机块""风车""缩放""多旋转""圆划像"切换特效,如图 2-179 所示。

图 2-179 为所有素材添加切换特效

15 将时间标记 移动到 00:00:34:20 位置,打开"特效控制台"面板,单击"缩放比例"参数前的"切换动画"按钮 设置关键帧。将时间标记 向右拖动到 00:00:35:10 位置,在"特效控制台"面板中将"缩放比例"参数设置为 0。最终效果如图 2-180 所示。

图 2-180 缩放效果

16 按 Enter 键渲染项目,渲染完成后预览插入特效后的效果,如图 2-181 所示。

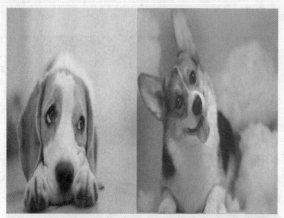

图 2-181 效果预览图

2.7 课后习题

◆ **习题1：** 制作一个植物电子相册

源文件路径	素材\第2章\2.7课后习题
视频路径	无
难易程度	★ ★ ★

本习题主要使用"效果"面板中的"视频切换"特效，制作一个电子相册。

01 新建一个项目文件。

02 导入文件夹中的素材。

03 将素材拖入时间轴面板进行编辑。

04 打开"效果"面板添加切换特效。

◆ **习题2：为视频制作一个倒计时片头**

源文件路径	素材\第2章\2.7课后习题
视频路径	无
难易程度	★ ★ ★

本习题读者可以参考本章2.5节，学习为素材视频添加一个倒计时片头。

01 新建一个项目文件。

02 导入文件夹中的素材。

03 将素材拖入时间轴面板进行编辑。

04 在"项目"窗口中单击"新建分项"选择一种片头模式进行制作。

心得笔记

本章视频时长
29 分钟

第 3 章

视频特效技术

对于一个剪辑人员来说，掌握视频特效是非常有必要的。本章将以大量实例讲解在影片中添加视频特效的方法和技巧，帮助读者熟练掌握Premiere Pro CS6的各种视频特效的设置方法和技能。

本章学习目标

- 了解视频特效的概念
- 了解视频特效的不同类型
- 掌握视频特效的添加应用
- 掌握关键帧的应用

本章重点内容

- 视频特效的添加与移除
- 熟悉视频特效类型
- 使用关键帧控制效果
- 熟练掌握效果操作

扫 码 看 课 件　　扫 码 看 视 频

3.1 关于视频特效

Premiere Pro CS6为用户提供了大量的视频特效，应用这些特效可以令枯燥乏味的视频作品瞬间充满生趣，同时这些丰富的美术效果能使图像画面更加美观。Premiere Pro CS6的视频特效与关键帧轨道同步工作，这样可以修改时间线上某一点的效果设置。用户只需要指定效果的开始设置、移动到另一个关键帧处，以及设置结束效果。在创建预览时Premiere Pro CS6会完成其他事情，即编辑帧之间的连接，使整个视频效果连贯起来，从而创建出随时间变化的流畅效果。

3.1.1 视频特效的添加

在Premiere Pro CS6中为素材添加视频特效很简单，只需打开"效果"面板中的"视频特效"文件夹，会显示一个特效列表。在其中单击一个视频特效，并拖动到"时间轴"窗口中的素材上即可。

3.1.2 视频特效的移除

1. 移除所有特效

在Premiere Pro CS6中，只需执行一个命令即可对选定的剪辑清除所有效果。

在"时间轴"窗口中，鼠标右键单击需要移除效果的素材，在弹出的菜单中执行"移除效果"命令，如图3-1所示。

图 3-1 执行"移除效果"命令

在弹出的"移除效果"对话框中选择需要移除的视频效果，单击"确定"按钮即可，如图3-2所示。

2. 移除单个特效

在需要移除效果的素材对应的"特效控制台"中，

鼠标右键点击要删除的效果，在弹出的菜单中执行"清除"命令即可，如图 3-3所示。或者选中要删除的效果，按Del键也可以将效果移除。

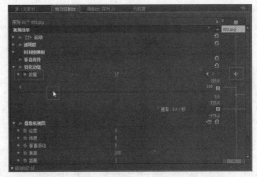

图 3-2 "移除效果"对话框   图 3-3 "清除"命令

3.1.3 关键帧应用

1. 关于关键帧

要想使添加的效果随时间的推移而改变，可以使用关键帧技术。当创建一个关键帧后，就可以指定一个效果属性在确切的时间点上的值。当为多个关键帧赋予不同的值时，Premiere Pro CS6会自动计算关键帧之间的值，这个处理过程称为"插补"。对于大多数标准效果，都可以在素材的整个时间长度中设置关键帧。

2. 插入关键帧

为了设置动画效果属性，必须激活属性的关键帧，任何支持关键帧的效果属性都包括"切换动画"按钮，单击该按钮可插入一个关键帧。插入关键帧（即激活关键帧）后，即可添加和调整素材所需要的参数，如图3-4所示。

图 3-4 插入关键帧后调整参数

3. 删除关键帧

如果要重新设置一个关键帧，或者要直接删除一个存在的关键帧，那么单击激活的关键帧的"切换动画"按钮 ，就会弹出一个图3-5所示的对话框，单击"确定"按钮，即可将该关键帧删除。

图 3-5 删除关键帧

3.1.4 使用"特效控制台"窗口控制特效

给"时间轴"窗口中的素材添加特效之后，可以打开"特效控制台"窗口来设置特效的各项属性。

具体操作方法为：给素材添加特效后，选中"时间轴"窗口中的素材，打开"特效控制台"窗口就可以看到所添加的特效，如图 3-6所示。在这里就可以对特效的各项属性进行设置，从而达到想要的效果。

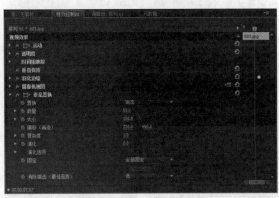

图 3-6 打开"特效控制台"窗口对属性进行设置

3.1.5 课堂范例——为视频素材添加视频特效

源文件路径	素材\第3章\3.1.5课堂范例——为视频素材添加视频特效
视 频 路 径	视频\第3章\3.1.5课堂范例——为视频素材添加视频特效.mp4
难 易 程 度	★ ★

01 打开项目文件，打开"效果"面板，单击"视频特

效"文件夹以展开该文件夹，如图 3-7所示。

02 选择"图像控制"文件夹，选择"黑白"效果，如图3-8所示。

图 3-7 展开"视频特效"文件夹 图 3-8 选择"黑白"效果

03 将选中的"黑白"效果拖到时间轴中的素材上，如图3-9所示。

图 3-9 添加视频效果到素材上

04 预览素材效果，如图 3-10所示。

图 3-10 添加视频特效的前后对比效果

3.2 变换（Transform）特效技术详解

本节将为读者介绍Premiere Pro CS6中"变换"特效组中包含的7种视频特效。

3.2.1 垂直保持（Vertical Hold）

"垂直保持"特效可以使某个画面产生向上滚动的效果。效果如图3-11所示。

图3-11 垂直保持

3.2.2 垂直翻转（Vertical Flip）

"垂直翻转"特效可以使画面沿水平中心翻转180°。效果如图3-12所示。

图3-12 垂直翻转

3.2.3 摄像机视图（Camera View）

"摄像机视图"特效是模仿摄像机的视角范围，用来表现不同角度拍摄的效果。效果如图3-13所示。

图3-13 摄像机视图

添加"摄像机视图"特效，打开其"特效控制台"面板，如图3-14所示。

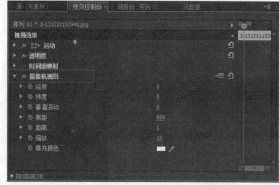

图3-14 "摄像机视图"参数

特效参数说明如下。

- 经度：在三维的Z轴上旋转素材。
- 纬度：沿X轴旋转。
- 垂直滚动：平面旋转素材。
- 焦距：设置"摄像机"的焦距。
- 距离：设置素材的远近距离。
- 缩放：放大、缩小素材。
- 填充颜色：选择素材旋转后留下空白处的填充颜色。

3.2.4 水平保持（Horizontal Hold）

"水平保持"可以使画面产生在竖直方向倾斜的效果，图像的偏移程度可以通过设置"偏移"选项的数值来实现。效果如图3-15所示。

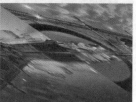

图3-15 水平保持

3.2.5 水平翻转（Horizontal Flip）

"水平翻转"特效是将画面沿竖直中心翻转180°的效果。效果如图3-16所示。

图 3-16 水平翻转

3.2.6 羽化边缘（Edge Feather）

"羽化边缘"特效是在画面周围产生像素化的效果，可以通过设置"数量"选项的数值来控制边缘羽化的程度。效果如图 3-17 所示。

"特效控制台"特效参数说明如下。

● 数量：设置羽化值。

图 3-17 羽化边缘

3.2.7 裁剪（Crop）

"裁剪"特效用于对素材进行裁切边缘，修改素材的尺寸。效果如图 3-18 所示。

图 3-18 裁剪

图 3-19 "裁剪"参数

添加"裁剪"特效，打开其"特效控制台"面板，如图 3-19 所示。

特效参数说明如下。

● 左侧、顶部、右侧和底部：设置裁切素材的四个边。
● 缩放：如果选中该复选框，四边所框选的区域将会放大，框越小素材放大比例越大。

3.2.8 课堂范例——争相开放的花朵

源文件路径	素材\第3章\3.2.8课堂范例——争相开放的花朵
视频路径	视频\第3章\3.2.8课堂范例——争相开放的花朵.mp4
难易程度	★ ★ ★

01 启动 Premiere Pro CS6，新建项目，新建序列。

02 执行"文件"/"导入"命令，在弹出的"导入"对话框中选择需要的素材，单击"打开"按钮，导入素材，如图 3-20 所示。

图 3-20 导入素材

03 在"项目"面板中选择"花开.mov"素材，并将其拖到"视频1"轨道中，如图 3-21 所示。

图 3-21 将素材拖入视频轨道

04 打开"效果"面板，展开"视频特效"文件夹，选择"图像控制"文件夹下的"颜色平衡（RGB）"特效，如图 3-22 所示。

05 将该特效拖到视频轨道中的"花开.mov"素材上，打开"特效控制台"面板，设置"颜色平衡"中的"红色"参数为76，如图 3-23 所示。

图 3-22 选择特效

图 3-23 设置效果参数

06 在视频轨道中，鼠标左键选择"花开.mov"素材，按Alt键拖曳复制一个新的"花开.mov"素材到"视频2"轨道中，如图 3-24所示。

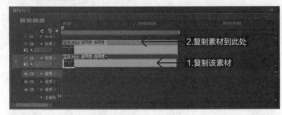

图 3-24 复制素材

07 进入"效果"面板，打开"变换"文件夹，选择该文件夹下的"水平翻转"效果，将其拖到"视频2"轨道中的"花开.mov"素材上，如图 3-25所示。

图 3-25 添加"水平翻转"特效

08 打开"效果控制台"面板，设置"位置"参数为150、450，设置"缩放比例"参数为35，如图 3-26所示。

图 3-26 设置参数

09 按Enter键渲染项目，渲染完成后预览最终效果，如图 3-27所示。

图 3-27 效果预览图

3.3 图像控制（Image Control）特效技术详解

本节将为读者介绍Premiere Pro CS6中"图像控制"特效组中包含的5种视频特效。

3.3.1 灰度系数（Gamma）校正

"灰度系数校正"特效是在不改变图像高亮区域和低亮区域的情况下使图像变亮或者变暗的效果。效果如图 3-28所示。

"特效控制台"特效参数说明如下。

● 灰度系数：通过拖曳滑块调节图像的Gamma值，可调节的数值范围为1~28。

图 3-28 灰度系数校正

3.3.2 色彩传递（Color Pass）

"色彩传递"特效是使图像中被选中色彩区域的颜色保持不变，没选中的色彩区域转换为灰色显示的效果。效果如图3-29所示。

图3-29 色彩传递

3.3.3 颜色平衡（RGB）

"颜色平衡"特效是按RGB值来调整视频的颜色，校正或者改变图像色彩的效果，效果如图3-30所示。

图3-30 颜色平衡

添加"颜色平衡"特效，打开其"特效控制台"面板，如图3-31所示。

图3-31 "颜色平衡"参数

特效参数说明如下。

- 红色：拖动滑块调整图像中的红色通道贡献值。
- 绿色：拖动滑块调整图像中的绿色通道贡献值。
- 蓝色：拖动滑块调整图像中的蓝色通道贡献值。

3.3.4 颜色替换（Color Replace）

"颜色替换"特效是在不改变灰度的情况下，将选中的色彩以及与之有一定相似度的色彩都用一种新的颜色代替的效果。效果如图3-32所示。

图3-32 颜色替换

添加"颜色替换"特效，打开其"特效控制台"面板，如图3-33所示。

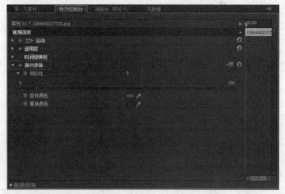

图3-33 "颜色替换"参数

特效参数说明如下。

- 相似性：可以增大或减小被替换颜色的范围。当滑块在最左边时，不进行颜色替换；当滑块在最右边时，整个画面都将被替换颜色。
- 目标颜色：在弹出的"颜色拾取"对话框中调配一种颜色，作为被替换的目标色，或者直接用目标色吸管，在"节目"监视器窗口中单击选取需要被替换的目标色。
- 替换颜色：在弹出的"颜色拾取"对话框中调配一种颜色，作为替换色，或者直接用替换色吸管，在"节目"监视器窗口中单击选取需要的替换色。

3.3.5 黑白（Black & White）

"黑白"特效是将彩色图像直接转换成灰度图像的效果。效果如图3-34所示。

图 3-34 黑白

3.4 Cineon转换（Cineon Converter）特效技术详解

"实用"文件夹中的"Cineon转换"特效用于对图像的色相、亮度等进行快速调整，同时限制素材的高光。该特效可以让制作的输出视频限制在广播级限定的范围内。效果如图 3-35所示。

图 3-35 Cineon转换

添加"Cineon转换"特效，打开其"特效控制台"面板，如图 3-36所示。

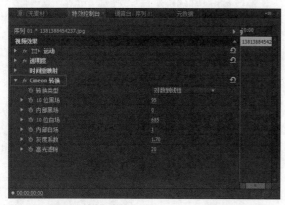

图 3-36 "Cineon转换"参数

特效参数说明如下。

- 转换类型：可在右侧下拉列表中选择素材的转换类型。
- 10位黑场：调整图像中的黑色比例。

- 内部黑场：调整整个素材的黑色比例。
- 10位白场：调整图像中的白色比例。
- 内部白场：调整整个素材的白色比例。
- 灰度系数：通过拖曳滑块调节图像的Gamma值，可调节的数值范围为0.1~5.0。
- 高光滤除：调整该参数降低素材的亮度。

3.5 扭曲（Distort）特效技术详解

本节将为读者介绍Premiere Pro CS6中"扭曲"特效组中包含的11种视频特效。

3.5.1 偏移（Offset）

"偏移"特效是产生半透明图像，然后与原图像产生错位的效果。效果如图 3-37所示。

图 3-37 偏移

添加"偏移"特效，打开其"特效控制台"面板，如图 3-38所示。

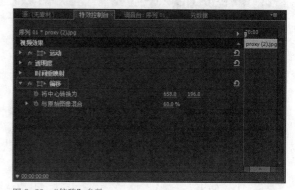

图 3-38 "偏移"参数

特效参数说明如下。

- 将中心转换为：设置偏移的位置。
- 与原始图像混合：设置偏移的程度，值越大效果越明显。

3.5.2 变换（Transform）

"变换"特效是对图像的位置、缩放、透明度、倾斜度等进行综合设置的效果。效果如图3-39所示。

图3-39 变换

添加"变换"特效，打开其"特效控制台"面板，如图3-40所示。

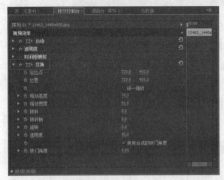

图3-40 "变换"参数

特效参数说明如下。

- 定位点：设置定位点值，素材将向反方向或倾斜方向移动。
- 位置：设置素材在界面中的位置。
- 统一缩放：选中该复选框，"宽度比例"将不能进行设置，"高度比例"也变成"比例"设置选项，这样设置"比例"参数时将只能成比例缩放素材。
- 缩放高度：设置素材高度。
- 缩放宽度：设置素材宽度。
- 倾斜：设置素材倾斜值。
- 倾斜轴：设置素材倾斜的角度。
- 旋转：设置素材旋转角度。
- 透明度：设置素材的透明度。
- 使用合成的快门角度：选中该复选框，透明将以百分比显示。

3.5.3 弯曲（Bend）

"弯曲"特效是使素材画面在水平或者竖直方向上产生弯曲变形的效果，可以根据不同的尺寸和速率产生多个不同的波浪形状。效果如图3-41所示。

图3-41 弯曲

添加"弯曲"特效，打开其"特效控制台"面板，如图3-42所示。

图3-42 "弯曲"参数

特效参数说明如下。

- 水平强度：调整水平方向素材弯曲的程度。
- 水平速率：调整水平方向素材弯曲的大小比例。
- 水平宽度：调整水平方向素材弯曲的宽度。
- 垂直强度：调整竖直方向素材弯曲的程度。
- 垂直速率：调整竖直方向素材弯曲的大小比例。
- 垂直宽度：调整竖直方向素材弯曲的宽度。

3.5.4 放大（Magnify）

"放大"特效是放大图像中指定区域，并可以调整部分透明度的效果。效果如图3-43所示。

图3-43 放大

添加"放大"特效，打开其"特效控制台"面板，如图3-44所示。

图3-44 "放大"参数

特效参数说明如下。

- 形状：选择被放大区域的形状，圆形或方形。
- 居中：设定放大区域的中心点。
- 放大率：设定放大区域的大小。
- 链接：选择放大区域的模式。
- 无：选择该选项后，放大的区域大小设置与放大区域中放大为原素材的倍数将没有联动性。
- 达到放大率的大小：将该选项选中，在调整"调整图层大小"的同时将成比例地缩放放大区域的大小（"大小"参数）。
- 达到放大率的大小和羽化：选中该选项，在调整"调整图层大小"和"羽化"的同时，将成比例地缩放放大区域的大小（"大小"参数），并羽化图像。
- 大小：调整放大区域的大小。
- 羽化：羽化放大区域边缘。
- 透明度：设置放大区域透明度。
- 缩放：选择缩放放大区域时放大区域的图像样式。
- 混合模式：选择放大区域与原图颜色混合的模式。
- 调整图层大小：只有在"链接"选项中选中"无"时，才能选中该复选框。

3.5.5 旋转扭曲（Twirl Distort）

"旋转扭曲"特效是使素材围绕它的中心旋转，并形成一个漩涡的效果。效果如图3-45所示。

添加"旋转扭曲"特效，打开其"特效控制台"面板，如图3-46所示。

图3-45 旋转扭曲

图3-46 "旋转扭曲"参数

特效参数说明如下。

- 角度：设置漩涡的旋转角度。
- 旋转扭曲半径：设置素材旋转面积。
- 旋转扭曲中心：设置素材漩涡的中心点位置。

3.5.6 波形弯曲（Wave Warp）

"波形弯曲"特效是使素材变形为波浪的形状，效果如图3-47所示。

图3-47 波形弯曲

添加"波形弯曲"特效，打开其"特效控制台"面板，如图3-48所示。

图3-48 "波形弯曲"参数

特效参数说明如下。

- 波形类型：选择显示波形的类型模式。
- 波形高度：设置波形的高度。
- 波形宽度：设置波形的宽度。
- 方向：设置波形的旋转角度。
- 波形速度：调整该项，波形将根据时间范围自动调整速率。
- 固定：选择波形面积模式。
- 相位：设置波形角度。
- 消除锯齿（最佳品质）：选择波形特效的质量。

3.5.7 球面化（Spherize）

"球面化"特效是使画面中产生球面变形的效果。效果如图 3-49 所示。

图 3-49 球面化

添加"球面化"特效，打开其"特效控制台"面板，如图 3-50 所示。

图 3-50 "球面化"参数

特效参数说明如下。

- 半径：设置球形的半径值。
- 球面中心：设置球形的中心点位置。

3.5.8 紊乱置换（Turbulent Displace）

"紊乱置换"特效是使素材图像产生多种不规则形状的畸形变化的效果。效果如图 3-51 所示。

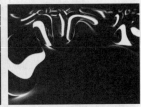

图 3-51 紊乱置换

添加"紊乱置换"特效，打开其"特效控制台"面板，如图 3-52 所示。

图 3-52 "紊乱置换"参数

特效参数说明如下。

- 置换：选择素材变形的模式。

  湍流、凸起和扭转。

  湍流较平滑、凸起较平滑和扭转较平滑。

  垂直置换、水平置换在水平或竖直方向改变素材。

  交叉置换，将水平置换和垂直置换同时运用到素材上。
- 数量：设置素材畸变的程度。
- 大小：设置素材产生畸变的面积大小。
- 偏移（湍流）：调整素材畸变的中心位置。
- 复杂度：增大数值可增大素材的畸变复合。
- 演化：继续调整畸变的变化。
- 演化选项：设置效果的畸变进化值。
- 循环演化：选中该复选框激活"循环演进"选项。
- 循环（演化）：设定圆周运动的数量，在素材重复之前，不规则碎片形成循环。在被允许的时间内，确定碎片数量的圆周运动时间或速度。
- 随机植入：设置参数产生素材的随机畸变。
- 固定：在其下拉列表中选择一个模式，设置图像的边缘。
- 调整图层大小：选中该复选框，允许被扭曲的图像超出原素材的大小。
- 消除锯齿（最佳品质）：选择图像反锯齿的程度。

3.5.9 边角固定（Corner Pin）

"边角固定"特效是通过设置参数重新定位图像的4个顶点位置，从而使图像产生变形，例如伸展、收缩、歪斜和扭曲，模拟透视或模仿支点在图层一边的运动。效果如图3-53所示。

图3-53 边角固定

添加"边角固定"特效，打开其"特效控制台"面板，如图3-54所示。

图3-54 "边角固定"参数

特效参数说明如下。

- 左上：调整素材左上角的位置。
- 右上：调整素材右上角的位置。
- 左下：调整素材左下角的位置。
- 右下：调整素材右下角的位置。

3.5.10 镜像（Mirror）

"镜像"特效是使图像沿指定角度的射线进行反射，从而形成镜像的效果。反射角度决定哪一边被反射到什么位置，可以随时间改变镜像轴线和角度。效果如图3-55所示。

图3-55 镜像

添加"镜像"特效，打开其"特效控制台"面板，如图3-56所示。

图3-56 "镜像"参数

特效参数说明如下。

- 反射中心：设置映射（倒影）的中心。
- 反射角度：设置映射的角度。

3.5.11 镜头扭曲（Lens Distortion）

"镜头扭曲"特效是将图像的四个角进行弯折，从而出现镜头扭曲的效果。效果如图3-57所示。

图3-57 镜头扭曲

添加"镜头扭曲"特效，打开其"特效控制台"面板，如图3-58所示。

图3-58 "镜头扭曲"参数

特效参数说明如下。

- 弯曲：设置素材的弯曲程度。0以上的数值缩小素材，0以下的数值放大素材。

- 垂直偏移：设置弯曲中心点竖直方向上的位置。
- 水平偏移：设置弯曲中心点水平方向上的位置。
- 垂直棱镜效果：设置素材上、下两边棱角的弧度。
- 水平棱镜效果：设置素材左、右两边棱角的弧度。
- 填充颜色：选择素材旋转后留下空白处的填充颜色。

3.6 时间（Time）特效技术详解

本节将为读者介绍Premiere Pro CS6中"时间"特效组中包含的2种视频特效。

3.6.1 抽帧（Posterize Time）

"抽帧"特效可以对动态素材实现快动作、慢动作、倒放、静帧等效果，即为动态素材指定一个帧速率，使得素材以跳帧播放并产生动画效果。

3.6.2 重影（Echo）

"重影"特效混合一个素材中很多不同的时间帧，其用处很多，例如创造从一个简单的视觉回声到飞奔的动态效果。

添加"重影"特效，打开其"特效控制台"面板，如图3-59所示。

图3-59 "重影"参数

特效参数说明如下。

- 回显时间（秒）：设置回声在素材内产生效果的时间点。
- 重影数量：设置产生回声（影子）的数量。
- 起始强度：设置素材的亮度。

- 衰减：设置产生回声（影子）的透明度。
- 重影运算符：确定回声与素材之间混合的模式。

3.7 杂波与颗粒（Noise & Grain）特效技术详解

本节将为读者介绍Premiere Pro CS6中"杂波与颗粒"特效组中包含的6种视频特效。

3.7.1 中值（Median）

"中值"特效是将图像中的像素都用它周围像素的RGB平均值来代替，减少图像上的杂色和噪点的效果。效果如图3-60所示。

图3-60 中值

添加"中值"特效，打开其"特效控制台"面板，如图3-61所示。

图3-61 "中值"参数

特效参数说明如下。

- 半径：调整素材的光泽程度，值越大，光泽度越小。
- 在Alpha通道上操作：当被添加特效的素材具有Alpha通道时，选中该复选框，在设置"半径"时将只针对素材的Alpha通道进行操作。

3.7.2 杂波（Noise）

"杂波"特效是在画面中添加模拟噪点的效果。效果如图3-62所示。

图 3-62 杂波

添加"杂波"特效，打开其"特效控制台"面板，如图 3-63所示。

图 3-63 "杂波"参数

特效参数说明如下。

- 杂波数量：调整在图像上增加杂点的量。
- 杂波类型：选中"使用杂波"复选框，在图像中增加彩色杂点。
- 剪切：取消选中"剪切结果值"复选框，则在"节目"监视器窗口中将不显示图像。

3.7.3 杂波Alpha（Noise Alpha）

"杂波Alpha"特效是在图像的Alpha通道中生成杂色的效果。效果如图 3-64所示。

图 3-64 杂波Alpha

添加"杂波Alpha"特效，打开其"特效控制台"面板，如图 3-65所示。

图 3-65 "杂波Alpha"参数

特效参数说明如下。

- 杂波：选择素材杂波的类型。
- 数量：设置素材杂点数的总和。
- 原始Alpha：选择一个设置素材透明通道的类型。
- 添加：为素材的透明和不透明区域加入阈值。
- 钳子：只在素材的不透明区域添加阈值。
- 缩放：将该选项选中，原素材将不会显示，只有为素材添加足够多的阈值，素材才会显示。
- 边缘：选中该选项将只为素材透明部分的边缘添加阈值。
- 溢出：选择一种模式，确定效果如何映射至灰度范围之外。
- 随机植入：只有在"杂波"下拉列表中选择"统一随机"或"随机方块"选项，该选项才能被激活。
- 杂波选项（动画）：设置阈值的循环动画。
- 循环杂波：将该复选框选中激活下方的"循环（圆周运动）"选项。
- 循环（演化）：设置素材中阈值的循环运动数量。

3.7.4 杂波HLS（Noise HLS）

"杂波HLS"特效是在素材中生成杂色效果后，对杂色噪点的色彩、亮度、颗粒大小、饱和度和杂点的方向角度进行设置。效果如图 3-66所示。

图 3-66 杂波HLS

添加"杂波HLS"特效，打开其"特效控制台"面板，如图 3-67所示。

图3-67 "杂波HLS"参数

特效参数说明如下。

- 杂波：选择添加杂点的类型。
- 色相：设置素材中杂点的色彩值比例。
- 明度：设置该参数，控制杂点中灰色的颜色值。
- 饱和度：该参数将调整添加杂点的饱和度。
- 颗粒大小：设置素材中添加杂点后颗粒的大小。
- 杂波相位：设置杂点的方向角度。

3.7.5 灰尘与划痕（Dust & Scratches）

"灰尘与划痕"特效是在图像上生成类似灰尘的杂色噪点效果。效果如图3-68所示。

图3-68 灰尘与划痕

"特效控制台"特效参数说明如下。

- 半径：设置该参数，减小图像中的颜色值。
- 阈值：控制减小颜色值的数量。
- 在Alpha通道上操作：当被添加特效的素材具有Alpha通道时，选中该复选框，将在设置"半径"时只针对素材的Alpha通道进行操作。

3.7.6 自动杂波HLS（Noise HLS Auto）

"自动杂波HLS"特效与"杂色HLS"特效相似，只是单独具有一个"杂色动画速度"选项，通过设置该选项可以使不同杂色噪点以不同速度运动。效果如图3-69所示。

图3-69 自动杂波HLS

添加"自动杂波HLS"特效，打开其"特效控制台"面板，如图3-70所示。

图3-70 "自动杂波HLS"参数

特效参数说明如下。

- 杂波：选择添加杂点的类型。
- 统一：选中该选项，添加杂点将比较稀疏。
- 方形：选中该选项，添加的杂点将会随意分配。
- 颗粒：选中该选项，添加的杂点将展现可用的像颗粒一样的形状。
- 色相：设置该参数，控制杂点数量。
- 明度：设置该参数，控制杂点中灰色的颜色值。
- 饱和度：该参数将调整添加杂点的饱和度。
- 颗粒大小：设置素材中添加杂点后的颗粒大小。
- 杂波动画速度：设置该参数，调整杂点运动的速率。值越大杂点运动的速率越快。

3.7.7 课堂范例——被干扰的电视画面

源文件路径	素材\第3章\3.7.7课堂范例——被干扰的电视画面
视频路径	视频\第3章\3.7.7课堂范例——被干扰的电视画面.mp4
难易程度	★★

01 启动Premiere Pro CS6，新建项目，新建序列。

02 执行"文件"/"导入"命令，在弹出的"导入"对话框中选择需要的素材，单击"打开"按钮，导入素材，如图 3-71所示。

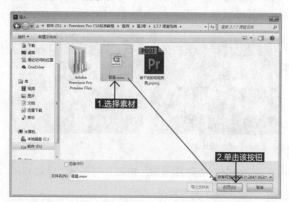

图 3-71 导入素材

03 在"项目"面板中选择"背景.mov"素材，将它拖到"视频1"轨道中，如图 3-72所示。

图 3-72 将素材拖入视频轨道

04 打开"效果"面板，展开"视频特效"文件夹，选择"杂波与颗粒"文件夹下的"杂波"特效，并将该特效添加到"视频1"轨道上的"背景.mov"素材上，如图 3-73所示。

图 3-73 为素材添加"杂波"特效

05 将时间标记 移动到00：00：03：09处，打开"背景.mov"素材的"特效控制台"面板，如图 3-74所示，设置"杂波"特效的"杂波数量"参数为0，并单击该参数左侧的"切换动画"按钮 设置关键帧。在"节目"监视器窗口中预览效果，如图 3-75所示。

图 3-74 设置参数

图 3-75 "节目"监视器效果

06 将时间标记 移动到00：00：04：00处，如图 3-76所示，在"特效控制台"面板中设置"杂波数量"参数为77。在"节目"监视器窗口中预览效果，如图 3-77所示。

图 3-76 设置参数

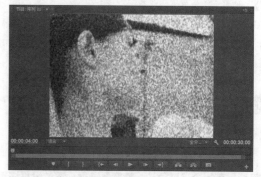

图 3-77 "节目"监视器效果

07 用同样的方法，参照表3-1改变时间点，并在"特效控制台"面板中根据对应的时间点设置"杂波数量"参数值。

表3-1 时间点及对应"杂波数量"参数值

时间点	杂波参数
00: 00: 05: 08	0
00: 00: 06: 00	85
00: 00: 07: 19	0
00: 00: 09: 00	0
00: 00: 12: 20	55
00: 00: 14: 10	40
00: 00: 17: 05	0

08 按Enter键渲染项目，渲染完成后预览最终效果，如途3-78所示。

图 3-78 效果预览图

3.8 模糊与锐化（Blur & Sharpen）特效技术详解

本节将为读者介绍Premiere Pro CS6中"模糊与锐化"特效组中包含的10种视频特效。

3.8.1 快速模糊（Fast Blur）

"快速模糊"特效可以指定模糊图像的强度和模糊方向，渲染速度非常快。效果如图 3-79所示。

图 3-79 快速模糊

添加"快速模糊"特效，打开其"特效控制台"面板，如图 3-80所示。

图 3-80 "快速模糊"参数

特效参数说明如下。

● 模糊量：设置模糊值的大小。

● 模糊方向：选择模糊方向是水平、竖直或双向。

● 重复边缘像素：设置图像边缘是否变成透明。

3.8.2 摄像机模糊（Camera Blur）

"摄像机模糊"特效是产生一种模拟相机缩放或旋转而造成的柔化模糊效果。效果如图 3-81所示。

"特效控制台"特效参数说明如下。

● 模糊百分比：设置模糊的程度。

图 3-81 摄像机模糊

3.8.3 方向模糊（Directional Blur）

"方向模糊"特效是对图像执行一个有方向性的模糊，为素材制造运动效果。效果如图 3-82所示。

图 3-82 方向模糊

"特效控制台"特效参数说明如下。

- 方向：设置模糊角度。
- 模糊长度：设置模糊的长度。

3.8.4 残像（Ghosting）

"残像"特效是将当前播放的帧画面透明地覆盖到前一帧画面上，从而产生一种重影的效果。该效果适用于动态效果的素材，使运动的物体产生一系列紧随的影子。效果如图 3-83所示。

图 3-83 残像

3.8.5 消除锯齿（Antialias）

"消除锯齿"特效可以软化图像，消除图像的锯齿，使图像中的色彩像素的边缘看上去更加柔和。效果如图 3-84所示。

图 3-84 消除锯齿

3.8.6 混合模糊（Compound Blur）

"混合模糊"特效可以模糊一个对象，也可以模糊多个重叠对象，使其达到组合模糊的效果。效果如图 3-85所示。

图 3-85 混合模糊

添加"混合模糊"特效，打开其"特效控制台"面板，如图 3-86所示。

图 3-86 "混合模糊"参数

特效参数说明如下。

- 模糊图层：选择需要模糊的视频轨道。
- 最大模糊：设置模糊值。
- 伸展图层以适配：当两个重叠图像大小不等时，选中该复选框可以拉伸放大较小的图像。
- 反相模糊：反方向模糊图像。

3.8.7 通道模糊（Channel Blur）

"通道模糊"特效是对素材图像的红、绿、蓝和Alpha通道分别进行模糊的效果，该效果可以指定模糊的方向是水平、竖直，还是双向。使用这个效果可以创建辉光效果或控制一个图层的边缘附近变得不透明。效果如图 3-87 所示。

图 3-87 通道模糊

添加"通道模糊"特效，打开其"特效控制台"面板，如图 3-88 所示。

特效参数说明如下。

- 红色模糊度：设置图像的红色通道模糊值。
- 绿色模糊度：设置图像的绿色通道模糊值。
- 蓝色模糊度：设置图像的蓝色通道模糊值。
- Alpha模糊度：设置图像的透明通道模糊值。
- 边缘特性：设置图像边缘是否变成透明。
- 模糊方向：设置模糊的方向是水平、竖直，还是双向。

图 3-88 "通道模糊"参数

3.8.8 锐化（Sharpen）

"锐化"特效是通过增大相邻像素间的对比度使图像变得更加清晰的效果。效果如图 3-89 所示。

"特效控制台"特效参数说明如下。

- 锐化数量：设置锐化强度。

3.8.9 非锐化遮罩（Unsharp Mask）

"非锐化遮罩"特效可以使图像中的颜色边缘差别更明显。效果如图 3-90 所示。

图 3-89 锐化

图 3-90 非锐化遮罩

添加"非锐化遮罩"特效，打开其"特效控制台"面板，如图 3-91 所示。

图 3-91 "非锐化遮罩"参数

特效参数说明如下。

- 数量：设置颜色边缘差别值的大小。
- 半径：设置颜色边缘产生差别的范围。
- 阈值：设置颜色边缘之间允许的差别范围，值越小效果越明显。

3.8.10 高斯模糊（Gaussian Blur）

"高斯模糊"特效是使图像产生不同程度的虚化效果，模糊和柔化图像并能消除杂波。效果如图 3-92 所示。

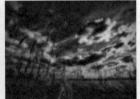

图 3-92 高斯模糊

添加"高斯模糊"特效，打开其"特效控制台"面板，如图3-93所示。

特效参数说明如下。

● 模糊度：设置模糊值大小。

● 模糊方向：选择模糊方向是水平、竖直或双向。

图3-93 "高斯模糊"参数

3.8.11 课堂范例——飞驰的汽车

源文件路径	素材\第3章\3.8.11课堂范例——飞驰的汽车
视频路径	视频\第3章\3.8.11课堂范例——飞驰的汽车.mp4
难易程度	★★

01 启动Premiere Pro CS6，新建项目，新建序列。

02 执行"文件"/"导入"命令，在弹出的"导入"对话框中选择需要的素材，单击"打开"按钮，导入素材，如图3-94所示。

图3-94 导入素材

03 在"项目"面板中选择"GT1.psd"和"GT2.jpg"素材，将它们分别拖到"视频2"和"视频1"轨道中，如图3-95所示。

图3-95 将素材分别拖入视频轨道

04 选中"视频2"轨道上的"GT1.psd"素材，打开其"特效控制台"面板，设置"运动"属性下的"缩放比例"参数为113，如图3-96所示。

图3-96 设置参数

05 打开"效果"面板，展开"视频特效"文件夹，选择"模糊与锐化"文件夹下的"方向模糊"特效，并将该特效添加到"视频1"轨道上的"GT2.jpg"素材上，如图3-97所示。

图3-97 为素材添加"方向模糊"特效

06 打开"GT2.jpg"素材的"特效控制台"面板，设置"方向模糊"特效中的"方向"参数为109，设置"模糊长度"参数为52，如图3-98所示。

07 展开该"特效控制台"面板的"运动"属性，设置素材"位置"参数为371、286，设置"缩放比例"参数为116，如图3-99所示。

图3-98 设置参数

图 3-99 设置参数

08 预览素材效果，如图 3-100所示。

图 3-100 效果预览图

3.9 生成（Generate）特效技术详解

本节将为读者介绍Premiere Pro CS6中"生成"特效组中包含的12种视频特效。

3.9.1 书写（Write-on）

"书写"特效是在图像上创建类似画笔书写的关键帧动画。效果如图 3-101所示。

图 3-101 书写

添加"书写"特效，打开其"特效控制台"面板，如图 3-102所示。

图 3-102 "书写"参数

特效参数说明如下。

- 画笔位置：设置笔刷位置开始的地方。
- 颜色、画笔大小、画笔硬度和画笔透明度：调整笔画外形。
- 描边长度（秒）：设置运动中笔画的长度。设置该参数值为0时，笔将无限延长。
- 画笔间距（秒）：设置笔画运动时的间隔时速。
- 绘画时间属性：设置笔画每一段或整段应用的效果。
- 没有：默认设置。
- 透明度：选择该选项，将不透明度应用到笔画上。
- 颜色：选择该选项，将颜色应用到笔画上。
- 画笔时间属性：确定特性（大小和硬度）是否被应用到每个笔画片段或整个的笔画上。
- 上色样式：确定笔是否应用最初的层或一个透明的层。

3.9.2 吸色管填充（Eyedropper Fill）

"吸色管填充"特效是通过提取采样点的颜色来填充整个画面，从而得到整体画面的偏色效果。效果如图 3-103所示。

图 3-103 吸色管填充

添加"吸色管填充"特效，打开其"特效控制台"面板，如图 3-104所示。

图 3-104 "吸色管填充"参数

特效参数说明如下。

- 取样点：设置取样颜色点的位置。
- 取样半径：以取样点为中心设置取样的范围。
- 平均像素颜色：选择取样颜色范围的模式。
- 保持原始Alpha：选中该复选框，如果原素材有透明通道将被保留。
- 与原始图像混合：设置特效产生的颜色与原素材混合值。

3.9.3 四色渐变（4-Color Gradient）

"四色渐变"特效是通过设置4种相互渐变的颜色来填充图像的效果。效果如图 3-105所示。

图 3-105 四色渐变

添加"四色渐变"特效，打开其"特效控制台"面板，如图 3-106所示。

图 3-106 "四色渐变"参数

特效参数说明如下。

- 位置和颜色：设置4种颜色的位置和颜色值。
- 混合：中和4个颜色值。
- 抖动：设置该参数，减小颜色的像素值。
- 透明度：设置4个颜色的Alpha值。
- 混合模式：选择颜色与图层之间混合的一种模式。

3.9.4 圆（Circle）

"圆"特效是在图像上创建一个自定义的圆形或圆环图案的效果。效果如图 3-107所示。

图 3-107 圆

添加"圆"特效，打开其"特效控制台"面板，如图 3-108所示。

图 3-108 "圆"参数

特效参数说明如下。

- 居中：调整圆中心的位置。
- 半径：调整圆的半径，从而改变圆的大小。
- 边缘：选择下拉列表中的选项，在其下的参数中可以设置相应的属性。
- 无：产生一个固态实心圆。
- 边缘半径：选择该项产生一个内环（同心圆），在下面的参数设置中可以调整内环（同心圆）的大小。
- 厚度：选择该选项产生内环（同心圆），并可以在其下面相应的参数设置中设置内环（同心圆）的大小。

- 厚度*半径：选择该选项同样会产生一个内环（同心圆），调整"半径"参数就可以设置内环（同心圆）的大小。
- 厚度和羽化*半径：选择该选项同样会产生一个内环（同心圆），调整"半径"，大小和羽化将成比例改变。
- 厚度：调整该参数改变内环（同心圆）大小，当在"边缘"下拉列表中选择"边缘半径"选项后，该选项将变为"边缘半径"。
- 羽化：设置其下方的参数可以羽化圆。
- 羽化外部边缘：羽化圆边缘。
- 羽化内部边缘：在"边缘"下拉列表中除了选择"无"选项，选择其他选项都将激活该选项。此时设置该参数将羽化内环的边缘。
- 反相圆形：选中该复选框，圆将反相填充。
- 颜色：为圆选择颜色。
- 透明度：设置圆的透明度。
- 混合模式：选择一种模式将在方格与原素材之间产生混合效果。

3.9.5 棋盘（Checkerboard）

"棋盘"特效是在图像上创建一种棋盘格图案的效果。效果如图3-109所示。

图3-109 棋盘

添加"棋盘"特效，打开其"特效控制台"面板，如图3-110所示。

图3-110 "棋盘"参数

特效参数说明如下。

- 定位点：移动方格水平方向和竖直方向上的定位点（缩小或放大方格）。
- 从以下位置开始的大小：对方格的尺寸进行定义。
- 边角：如果在"从以下位置开始的大小"下拉列表中选择的是"边角指定"选项，将激活该选项，这样可以设置方格水平和竖直方向的定位点。
- 宽度：在"从以下位置开始的大小"下拉列表中选择"宽度滑块"和"宽度和高度滑块"选项，将激活该选项。
  当选择"宽度滑块"选项时，设置该参数方格将成比例地放大或缩小。
  当选择"宽度和高度滑块"选项时，设置该参数将只能对方格的宽度进行设置。
- 高：在"从以下位置开始的大小"中选择"宽度和高度滑块"选项，设置该参数，将调整方格的高度。
- 羽化：通过其下方的参数设置羽化、模糊方格的边缘。
- 颜色：为方格设置颜色。
- 透明度：设置方格的透明值。
- 混合模式：选择一种模式将在方格与原素材之间产生混合效果。

3.9.6 椭圆（Ellipse）

"椭圆"特效是在图像上创建一个椭圆形光圈图案的效果。效果如图3-111所示。

图3-111 椭圆

添加"椭圆"特效，打开其"特效控制台"面板，如图 3-112所示。

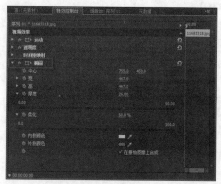

图 3-112　"椭圆"参数

特效参数说明如下。

- 中心：调整椭圆形中心的位置。
- 宽：调整椭圆形X轴的半径。
- 高：调整椭圆形Y轴的半径。
- 厚度：调整椭圆形内侧与外侧之间的距离，当值为0时，将生成一个圆形或椭圆形。
- 柔化：设置其下方的参数可以柔化椭圆形。
- 内侧颜色：设置椭圆环内侧的颜色。
- 外侧颜色：设置椭圆环外侧的颜色。
- 在原始图像上合成：设置产生的特效的透明度，使其可以与原素材混合。

3.9.7　油漆桶（Paint Bucket）

"油漆桶"特效是将图像上指定区域的颜色用另外一种颜色来代替的效果。效果如图 3-113所示。

图 3-113　油漆桶

添加"油漆桶"特效，打开其"特效控制台"面板，如图 3-114所示。

图 3-114　"油漆桶"参数

特效参数说明如下。

- 调填充点：选择效果填充图像的区域。
- 填充选取器：选择填充的模式。
- 颜色和Alpha：效果填充RGB和Alpha通道的颜色。
- 直接颜色：效果只填充"填充指向"所指定区域RGB的颜色。
- 透明度：效果只填充不透明的区域靠近的填充点。
- Alpha通道：效果填充整个图像的不透明区域，在Alpha通道中设定填充点。
- 宽容度：设置图像填充颜色的范围。
- 查看阈值：选中该复选框后，填充颜色范围将变成白色区域，其他将变成黑色。
- 描边：选择一个模式，设置填充的区域边缘。
- 羽化柔和度：设置填充边缘笔画的宽度。该选项只有在"描边"选项下选择"羽化"模式才显示。
- 反相填充：选中该复选框，效果将反相填充颜色显示。
- 颜色：选择填充颜色。
- 透明度：设置被填充区域的颜色。
- 混合模式：选择一种混合模式使填充颜色与原素材混合。

3.9.8　渐变（Ramp）

"渐变"特效是在图像上叠加一个双色渐变填充的蒙版的效果。效果如图 3-115所示。

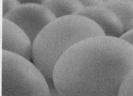

图 3-115　渐变

添加"渐变"特效，打开其"特效控制台"面板，如图 3-116 所示。

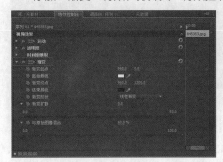

图 3-116 "渐变"参数

特效参数说明如下。

- 渐变起点：设置渐变颜色开始点的位置。
- 起始颜色：选择渐变开始点的颜色。
- 渐变终点：设置渐变颜色结束点的位置。
- 结束颜色：选择渐变结束点的颜色。
- 渐变形状：选择渐变的模式。
- 渐变扩散：设置渐变颜色的范围。
- 与原始图像混合：设置渐变的透明度，使其与原素材混合。

3.9.9 网格（Grid）

"网格"特效是在图像上创建自定义网格的效果。效果如图 3-117 所示。

图 3-117 网格

添加"网格"特效，打开其"特效控制台"面板，如图 3-118 所示。

图 3-118 "网格"参数

特效参数说明如下。

- 定位点：移动方格水平方向和竖直方向上的定位点（缩小或放大方格）。
- 从以下位置开始的大小：对方格的尺寸进行定义。
- 边角：设置中方格的大小。
- 宽度：在"从以下位置开始的大小"下拉列表中选择"宽度滑块"和"宽度和高度滑块"选项，将激活该选项。

  当选择"宽度滑块"选项激活该选项时，设置该参数方格将成比例地放大或缩小。

  当选择"宽度和高度滑块"选项时，设置该参数将只能对方格的宽度进行设置。

  高度：在"从以下位置开始的大小"中选择"宽度和高度滑块"选项，设置该参数，将调整方格的高度。
- 边框：调整方格的大小。
- 羽化：通过其下方的参数，设置羽化、模糊方格的边缘。
- 反相网格：将该复选框选中，方格将在显示相对应处的原素材图像。
- 颜色：为方格设置颜色。
- 透明度：设置方格的透明值。
- 混合模式：选择一种模式将在方格与原素材之间产生混合效果。

3.9.10 蜂巢图案（Cell Pattern）

"蜂巢图案"特效是在图像上产生一个"蜂巢"形状的效果。效果如图 3-119 所示。

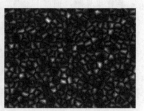

图 3-119 蜂巢图案

添加"蜂巢图案"特效，打开其"特效控制台"面板，如图 3-120 所示。

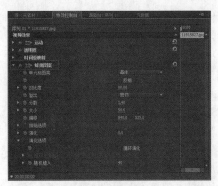

图 3-120 "蜂巢图案"参数

特效参数说明如下。

- 单元格图案：选择蜂巢类型图案的形式。
- 反相：选中该复选框，图案的颜色将反相显示。
- 对比度：设置该参数调整图案中圆形的对比度。
- 溢出：选择显示图案的方式。
- 修剪：选择该选项，由图案边缘构成大块的白色。
- 软钳：选择该选项，图案由一些由黑到白的渐变色图形构成。
- 折回：选择该选项，图案将显示轮廓连接组成"蜂巢"的形状。
- 分散：设置该参数可以改变构成图形边与边之间的角度。
- 大小：设置图案的大小。
- 偏移：设置图案的位置。
- 拼贴选项：设置拼贴的相关选项。
- 启用拼贴：选中该复选框，激活"水平蜂巢"和"垂直蜂巢"两个参数。
- 水平单元格：调整图案水平方向的图形数量。
- 垂直单元格：调整图案竖直方向的图形数量。
- 演化：调整图案中图形的旋转角度。
- 演化选项：该选项提供一个循环描绘效应，对图案进行控制。
- 循环演化：选择该复选框激活"循环（圆周运动）"选项。
- 循环（演化）：设置图案循环值。
- 随机植入：控制随机产生的独特图案。

3.9.11 镜头光晕（Lens Flare）

"镜头光晕"特效是通过模拟亮光透过摄像机镜头时的折射，从而产生镜头光斑效果。效果如图 3-121 所示。

图 3-121 镜头光晕

添加"镜头光晕"特效，打开其"特效控制台"面板，如图 3-122所示。

图 3-122 "镜头光晕"参数

特效参数说明如下。

- 光晕中心：调整光源的位置。
- 光晕亮度：设置光亮的强度。
- 镜头类型：在该下拉列表中有三种类型供用户选择。
- 与原始图像混合：设置光晕的透明度，使其与原素材混合。值越小，光晕效果越明显。

3.9.12 闪电（Lightning）

"闪电"特效是在图像上产生闪电和其他类似放电的效果，不用关键帧就可以自动产生动画。效果如图 3-123所示。

图 3-123 闪电

添加"闪电"特效，打开其"特效控制台"面板，如图 3-124所示。

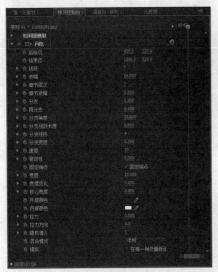

图 3-124 "闪电"参数

特效参数说明如下。

- 起始点：设置闪电开始点的位置。
- 结束点：设置闪电结束点的位置。
- 线段：设置该值，为闪电增加更多的分支。
- 波幅：设置闪电波动的百分比。
- 细节层次：设置该值，增加闪电的亮度。
- 细节波幅：设置该值，调整闪电弯曲度。
- 分支：在"线段"已设置的基础上为闪电增加分支。
- 再分支：描述整个闪电分支数量，使闪电像树的形状一样。
- 分支角度：调整为闪电分支之间角度的大小。
- 分支线段长度：调整为闪电增加分支后分支的长度。
- 分支线段：设置为闪电增加分支的长度。
- 分支宽度：设置为闪电增加分支的宽度。
- 速度：设置闪电运动的速率。
- 稳定性：设置该参数，决定闪电向前运动时开始点和结束点接近。数值越大跳跃越剧烈。
- 固定端点：决定闪电的结束点是否在一个固定的位置，如果没有将该复选框选中，结束点将相对自由地运动。
- 宽度：设置闪电的宽度。
- 宽度变化：设置主要的闪电宽度，不同闪电片段的宽度不同。宽度变化是随机的变化。
- 核心宽度：设置闪电内侧宽度。
- 外部颜色：设置闪电外侧的颜色。
- 内部颜色：设置闪电内侧的颜色。

- 拉力/拉力方向：设置闪电运动时的力量和方向。
- 随机植入：随机化已经指定闪电效果的开始点。
- 混合模式：设置闪电如何被添加到层中。
- 模拟：将复选框选中，在每帧中将再产生闪电，从而改变闪电的形状。选中该复选框可能增加渲染的时间。

3.9.13 课堂范例——阳光灿烂的日子

源文件路径	素材\第3章\3.9.13课堂范例——阳光灿烂的日子
视 频 路 径	视频\第3章\3.9.13课堂范例——阳光灿烂的日子.mp4
难 易 程 度	★★★

01 启动Premiere Pro CS6，新建项目，新建序列。

02 执行"文件"/"导入"命令，在弹出的"导入"对话框中选择需要的素材，单击"打开"按钮，导入素材，如图 3-125所示。

图 3-125 导入素材

03 在"项目"面板中选择 "女孩.jpg"素材，将它拖入"视频1"轨道中，如图 3-126所示。

图 3-126 将素材拖入视频轨道

04 在"时间线"面板中选中"女孩.jpg"素材，打开该素材"特效控制台"面板，按照图 3-127设置"位置"参数为356、284.7，设置"缩放比例"参数为128。在"节目"监视器中预览效果，如图 3-128所示。

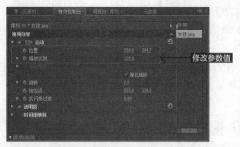

图 3-127 修改参数

图 3-128 "节目"监视器预览效果

05 打开"效果"面板，展开"视频特效"文件夹，选择"生成"文件夹下的"镜头光晕"特效，并将该特效添加到"视频1"轨道上的"女孩.jpg"素材上，如图3-129所示。

图 3-129 为素材添加"镜头光晕"特效

06 打开"女孩.jpg"素材的"特效控制台"面板，调整"镜头光晕"特效中"光晕中心"参数为480、102，设置"光晕亮度"为128，具体参数设置如图3-130所示。

图 3-130 参数设置

07 预览素材效果，如图3-131所示。

图 3-131 效果预览图

3.10 色彩校正（Color Corr-ection）特效技术详解

本节将为读者介绍Premiere Pro CS6中"色彩校正"特效组中包含的17种视频特效。

3.10.1 RGB曲线（RGB Curves）

"RGB曲线"特效是通过调整素材的红、绿、蓝通道和主通道的曲线来调节RGB色彩值的效果。效果如图3-132所示。

图 3-132 RGB曲线

添加"RGB曲线"特效，打开其"特效控制台"面板，如图 3-133所示。

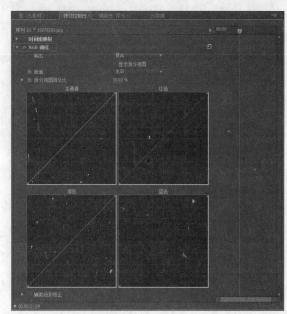

图 3-133 "RGB曲线"参数

图 3-134 RGB色彩校正

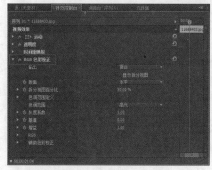

图 3-135 "RGB色彩校正"参数

特效参数说明如下。

- 输出：选择在"节目"监视器窗口中素材设置后显示的混合模式。
- 显示拆分视图：选中该复选框，在"节目"监视器窗口中图像的一部分将是原图像颜色。
- 版面：选择在"节目"监视器窗口中显示分割图像的模式（水平或竖直）。
- 拆分视图百分比：设置分割图像的比例。
- 主通道：改变曲线的形状时，素材也将改变亮度和所有颜色通道色调。曲线向下弯曲，整个素材的颜色将变暗，相反，如果曲线向上则素材颜色将变亮。
- 红色、绿色和蓝色：改变曲线的形状时，将改变素材红、绿、蓝色通道的亮度和色调。曲线向下弯曲，整个素材的颜色将变暗，相反，如果曲线向上则素材颜色将变亮。

3.10.2 RGB色彩校正（RGB Color Corrector）

"RGB色彩校正"特效可以通过修改RGB参数来改变颜色和亮度。效果如图 3-134所示。

添加"RGB色彩校正"特效，打开其"特效控制台"面板，如图 3-135所示。

特效参数说明如下。

- 输出：选择在"节目"监视器窗口中素材设置后显示的混合模式。
- 显示拆分视图：选中该复选框，在"节目"监视器窗口中图像的一部分图像将是原图像颜色。
- 版面：选择在"节目"监视器窗口中显示分割图像的模式（水平或竖直）。
- 拆分视图百分比：设置分割图像的比例。
- 色调范围定义：拖动滑块调整图像的灰度和白色。拖动三角滑块将调整图像区域。

  阴影阈值、阴影柔和度、高光阈值和高光柔和度：调整图像灰度和白色的程度，并柔化这些区域。

  色调范围：选择调整图像的范围——整个调整、只调整高光、只调整中间调或只调整阴影。
- 灰度系数：统一设置图像的RGB灰阶。
- 基值：该参数将与"增益"组合一起调整图像的白色。
- 增益：调整图像的白色，使其在图像中倍增，但会较小地影响到图像中的黑色。
- RGB：此选项分别设置素材中红、绿、蓝色、灰度、色差和增加颜色。
- 红色灰度系数、绿色灰度系数和蓝色灰度系数：设置红色的灰阶、绿色的灰阶和蓝色的灰阶，在不影响素材黑色和白色的情况下，调整红色、绿色和蓝色灰度。

  红/绿/蓝色基准：将固定的值加入到素材的红、绿和蓝色值中，调整素材的色调。与"增益"参数组合设置将增加素材的高光。

红/绿/蓝色增益：调整红、绿、蓝色的高光值。

- 辅助色彩校正：设置图像被改正的色彩范围。用户可以自定义颜色的色彩、饱和度和亮度。

中置：选择用户正在设置的颜色。

色相、饱和度、亮度：设置被改正色彩范围的色彩、饱和度和亮度。

柔化：设置该项柔化指定的区域。

边缘细画：设置该项淡化被指定的区域边缘。

反相限制颜色：调整改正除了以"辅助色彩校正"设定指定的色彩范围以外的所有颜色。

3.10.3 三路色彩校正（Three-Way Color Corrector）

"三路色彩校正"特效是通过调整阴影、中间调和高光来调节颜色的效果。效果如图3-136所示。

图3-136 三路色彩校正

添加"三路色彩校正"特效，打开其"特效控制台"面板，如图3-137所示。

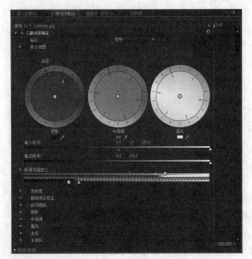

图3-137 "三路色彩校正"参数

特效参数说明如下。

- 输出：选择在"节目"监视器窗口中素材设置后显示的混合模式。
- 显示拆分视图：选中该复选框，在"节目"监视器窗口中图像的一部分将是原图像颜色。
- 版面：选择在"节目"监视器窗口中显示分割图像的模式。
- 拆分视图百分比：设置分割图像的比例。
- 阴影、中间调和高光：分别调整图像色调、灰度和亮度。
- 输入电平：拖动滑块把黑色点和白色点映射到输出参数。当滑块在中央时将输入调整图像的灰阶。
- 输出电平：设置滑块输出在"输入电平"中对应指定数值的黑色点和白色点。输出滑块在位置0时，图像输出白色变黑，当滑块在225时，图像将输出黑色变白。
- 色调范围定义：拖动下方滑块，调整图像的灰度和白色。拖动三角滑块羽化被调整的图像区域。

阴影阈值、阴影柔和度、高光阈值和高光柔和度：调整图像灰度和白色的程度，并柔化这些区域。

- 色调范围：选择调整图像的范围为整个调整、只调整高光、只调整中间调或只调整阴影。
- 饱和度：调整图像色彩饱和度。
- 辅助色彩校正：设置图像被改正的色彩范围。用户可以定义颜色的色彩、饱和度和亮度。

中置：选择用户正在设置的颜色。

色相、饱和度和亮度：设置被改正彩色范围的色彩、饱和度和亮度。

柔化：设置柔化指定的区域。

边缘细化：设置淡化被指定区域边缘。

反相限制颜色：调整改正除了以"辅助色彩校正"设定指定的彩色范围以外的所有颜色。

- 自动色阶：自动控制片段的亮度和对比度。

自动黑色阶：单击该按钮自动调整图像的黑色。

自动对比度：单击该按钮自动调整图像的黑色、白色的对比度。

自动白色阶：单击该按钮自动调整图像的白色。

黑色阶：为图像的黑色选择颜色。

灰色阶：为图像的灰色选择颜色。

白色阶：为图像的白色选择颜色。

- 高光、阴影、中间调和主色调角度：控制亮度、灰度和色调颜色角度。默认值为0，调整该值时将只能使左边色彩圆环的外围旋转。

- 高光、阴影、中间调和主平衡数量级：控制平衡色彩的数量。调整能适合的亮度、灰度和图像。
- 高光、阴影、中间调和主平衡增益：调整图像亮度值。
- 高光、阴影、中间调和主平衡角度：控制色彩平衡的角度。
- "主色阶"选项下的输入黑色阶、输入灰色阶和输入白色阶：调整图像的黑色、灰色和白色的输入程度。
- "主色阶"选项下的输出黑色阶、输出灰色阶和输出白色阶：调整输出黑色和白色的程度，为图像输入黑色、白色和灰色。

提示

如果使用过程中想调整另外两个色彩圆环的外圆，可以将鼠标指针移动到外圆上单击拖曳。

3.10.4 亮度与对比度（Brightness & Contrast）

"亮度与对比度"特效是调节图像的亮度和对比度的效果，该效果同时调整所有像素的亮部区域、暗部区域和中间色区域，但不能对单一通道进行调节。效果如图 3-138所示。

图 3-138 亮度与对比度

添加"亮度与对比度"特效，打开其"特效控制台"面板，如图 3-139所示。

图 3-139 "亮度与对比度"参数

特效参数说明如下。

- 亮度：正值表示增大亮度，负值表示降低亮度。

- 对比度：正值表示增大对比度，负值表示降低对比度。

3.10.5 亮度曲线（Brightness Curves）

"亮度曲线"特效是通过调整亮度值的曲线来调节图像的亮度值的效果。效果如图 3-140所示。

图 3-140 亮度曲线

添加"亮度曲线"特效，打开其"特效控制台"面板，如图 3-141所示。

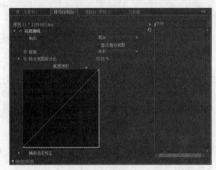

图 3-141 "亮度曲线"参数

特效参数说明如下。

- 亮度波形：改变曲线的形状，调整素材的亮度和对比度。方法是在方框中的线段上单击，添加一个锚点，然后拖曳添加的锚点就可以调整素材的亮度和对比度。

3.10.6 亮度校正（Brightness Corrector）

"亮度校正"特效可以调整素材的白色、灰度和亮度/对比度。用户可以设置通过"二次色彩校正"来控制改正图像的彩色范围。效果如图 3-142所示。

添加"亮度校正"特效，打开其"特效控制台"面板，如图 3-143所示。

图 3-142 亮度校正

图 3-143 "亮度校正"参数

特效参数说明如下。

- 输出：选择"节目"监视器窗口中素材设置后显示的混合模式。
- 显示拆分视图：选中该复选框，在"节目"监视器窗口中图像的部分将是原图像颜色。
- 版面：选择在"节目"监视器窗口中显示分割图像的模式。
- 拆分视图百分比：设置分割图像的比例。
- 色调范围定义：拖动滑块，调整图像的灰度和白色。拖动三角滑块羽化被调整的图像区域。
- 阴影阈值、阴影柔和度、高光阈值和高光柔和度：调整图像灰度和白色的程度，并柔化这些区域。
- 色调范围：选择调整图像的范围为整个调整、只调整高光、只调整中间调或只调整阴影。
- 亮度：调整图像的亮度。
- 对比度：调整图像的对比度。
- 对比度等级：用来辅助对比度调整图像对比级别。值越大，对比度也越大。
- 灰度系数Gamma：设置该参数在不影响图像中的黑色和白色情况下，调整图像的灰度。
- 基值：该参数将与"增益"组合一起调整图像的白色。
- 增益：调整图像的白色，使其在图像中倍增，但极少会影响到图像中的黑色。
- 辅助色彩校正：设置图像被改正的色彩范围。用户可以定义颜色的色彩、饱和度和亮度。

- 中置：选择用户正在设置的颜色。
- 色相、饱和度和亮度：设置被改正色彩范围的色彩、饱和度和亮度。
- 柔化：设置柔化指定的区域。
- 边缘细画：设置淡化被指定的区域边缘。

3.10.7 分色（Color Extract）

"分色"特效是仅保留图像中的一种色彩并将其他色彩变为灰度色的效果。效果如图 3-144所示。

图 3-144 分色

添加"分色"特效，打开其"特效控制台"面板，如图 3145所示。

图 3-145 "分色"参数

特效参数说明如下。

- 脱色量：设置改变颜色的程度。
- 要保留的颜色：选择图像中不需要改变的颜色。
- 宽容度：设置图像改变颜色的范围。
- 边缘柔度：设置羽化被指定的区域边缘。
- 匹配颜色：选择两种颜色的类似设置准则。

3.10.8 广播级颜色（Broadcast Colors）

"广播级颜色"特效是通过校正颜色和亮度来使视频能在电视机中精确播放的效果。

添加"广播级颜色"特效，打开其"特效控制台"

面板，如图3-146所示。

图3-146 "广播级颜色"参数

特效参数说明如下。

- 广播区域：设置素材是在使用NTSC或PAL制式的广播电视设备中显示。
- 如何确保颜色安全：在下拉列表中选择如何确保素材颜色安全的措施。
- 最大信号波幅（IRE）：设置素材可转播的最大信号幅度。

3.10.9 快速色彩校正（Fast Color Corrector）

"快速色彩校正"特效是通过调整图像的色相饱和度来控制素材的颜色。特效也可以调整图像黑色、灰度和白色，同时可用于简单的色彩校正预览。效果如图3-147所示。

图3-147 快速色彩校正

添加"快速色彩校正"特效，打开其"特效控制台"面板，如图3-148所示。

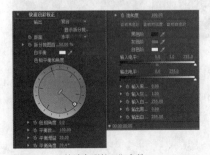

图3-148 "快速色彩校正"参数

特效参数说明如下。

- 输出：选择在"节目"监视器窗口中素材设置后显示的混合模式。
- 显示拆分视图：选中该复选框，在"节目"监视器窗口中图像的部分将是原图像颜色。
- 版面：选择在"节目"监视器窗口中显示分割图像的模式。
- 拆分视图百分比：设置分割图像的比例。
- 白平衡：分配图像中白色的平衡，单击吸管按钮，可以在界面中吸取任意颜色。也可以单击该选项中的颜色，在弹出的"色彩"对话框中选择颜色。
- 色相平衡和角度：在色彩圆环中可以调整图像的色彩、色彩平衡角度和色彩亮度。
- 色相角度：控制色相转动。调整该项，"色相平衡和角度"选项色彩圆环的外圈将会相应转动。
- 平衡数量级：控制平衡色彩、校正的数量。
- 平衡增益：调整图像亮度值。
- 平衡角度：控制色彩平衡角度。
- 饱和度：调整图像色彩的饱和度。
- 自动黑色阶：单击该按钮自动调整图像的黑色。
- 自动对比度：单击该按钮自动调整图像的黑色、白色的对比度。
- 自动白色阶：单击该按钮自动调整图像的白色。
- 黑色阶：为图像的黑色选择颜色。
- 灰色阶：为图像的灰色选择颜色。
- 白色阶：为图像的白色选择颜色。
- 输入电平：拖动滑块把黑色点和白色点映到输出参数。当滑块在中央时将输入调整图像的灰阶。
- 输出电平：设置滑块输出在"输入电平"中对应指定数值的黑色点和白色点。输出滑块在位置0时，图像输出白色变黑，当滑块在225时，图像将输出黑色变白。
- 输入黑色阶、输入灰色阶和输入白色阶：调整图像的黑色、灰色和白色的输入程度。
- 输出黑色阶和输出白色阶：调整输出黑色和白色的程度，为图像输入黑色、白色和灰色。

3.10.10 更改颜色（Change Color）

"更改颜色"特效是设置一个基本的颜色和类似数值选择范围来调整多种颜色的色彩、饱和度和亮度的效果。效果如图3-149所示。

图 3-149 更改颜色

添加"更改颜色"特效，打开其"特效控制台"面板，如图 3-150所示。

图 3-150 "更改颜色"参数

特效参数说明如下。

- 视图：在该素材中设置方向。
- 色相变换：设置图像的色调数量，并在到达一定程度后调整挑选的颜色色彩。
- 明度变换：设置亮度值的增大或减小。
- 饱和度变换：增大或减小图像的饱和度。
- 要更改的颜色：选择图像中要更改的颜色。
- 匹配宽容度：图像颜色校正之前，设置准许调整色彩匹配的范围。
- 匹配柔和度：设置图像色彩校正的柔和程度。
- 匹配颜色：选择两种颜色的类似设置准则。
- 反相色彩校正蒙版：选中该复选框，所有的颜色将会是反相显示颜色更改结果的。

3.10.11 染色（Tint）

"染色"特效是修改图像的颜色信息，使亮度值在两种颜色间为每一个像素效果确定一种混合效果。效果如图 3-151所示。

添加"染色"特效，打开其"特效控制台"面板，如图 3-152所示。

图 3-151 染色

图 3-152 "染色"参数

特效参数说明如下。

- 将黑色映射到：用于将图像中的黑色像素映射为指定的颜色。
- 将白色映射到：用于将图像中的白色像素映射为指定的颜色。
- 着色数量：用于控制图像色彩化程度，调节滑块来决定图像色彩变化的程度。

3.10.12 色彩均化（Equalize）

"色彩均化"特效是用于改变图像的像素值，产生一个亮度或色彩比较一致的图像。效果如图 3-153所示。

图 3-153 色彩均化

添加"色彩均化"特效，打开其"特效控制台"面板，如图 3-154所示。

图 3-154 "色彩均化"参数

特效参数说明如下。

- 色调均化：为图像选择一种设置模式。
- RGB：选择该选项，将平衡图像中的红、绿和蓝色。
- 亮度：选择该选项，亮度将以每个图像的亮度为基础平衡图像。
- Photoshop样式：选择该选项，将重新分配素材的亮度数值，以便图像更好地平衡。
- 色调均化量：调整分配亮度数值。

3.10.13 色彩平衡（Color Balance）

"色彩平衡"特效可以分别对不用颜色通道的阴影、中间调、高光范围进行调整，从而使图像颜色达到平衡。效果如图 3-155所示。

图 3-155 色彩平衡

添加"色彩平衡"特效，打开其"特效控制台"面板，如图 3-156所示。

图 3-156 "色彩平衡"参数

提示

改变素材的红色、绿色和蓝色颜色的数量。当每个滑块在0数值位置时表示没有变化；当数值为负值时素材指定的颜色减少；当数值为正值时素材指定的颜色将增加。当素材颜色增加时，选中"保留亮度"复选框，这样将控制维持图像的色调平衡。

3.10.14 色彩平衡HLS（Color Balance HLS）

"色彩平衡（HLS）"特效可以分别对不用颜色通道的色相、亮度、饱和度进行调整，从而使图像颜色达到平衡。效果如图 3-157所示。

图 3-157 色彩平衡HLS

添加"色彩平衡（HLS）"特效，打开其"特效控制台"面板，如图 3-158所示。

图 3-158 "色彩平衡（HLS）"参数

特效参数说明如下。

- 色相：控制图像的色调。
- 明度：控制图像的亮度。
- 饱和度：控制图像的饱和度。

3.10.15 视频限幅器（Video Limiter）

"视频限幅器"特效可以限制素材（视频）的亮度和颜色，使输出的视频在广播级限定范围以内。

添加"视频限幅器"特效，打开其"特效控制台"面板，如图3-159所示。

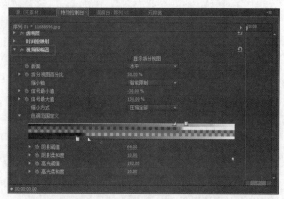

图3-159 "视频限幅器"参数

特效参数说明如下。

- 显示拆分视图：选中该复选框，在"节目"监视器窗口中图像的部分将是原图像颜色。
- 版面：选择在"节目"监视器窗口中显示分割图像的模式（水平或竖直）。
- 拆分视图百分比：设置分割图像的比例。
- 缩小轴：选择素材降低亮度的范围。
- 亮度最小值：设置图像中最黑暗的程度。
- 亮度最大值：设置图像中最亮的程度。
- 色度最小值：为图像设置最小的饱和度。
- 色度最大值：为图像设置最大的饱和度。
- 信号最小值：设置最小视频的亮度和饱和度。
- 信号最大值：设置最大视频的亮度和饱和度。
- 缩小方式：选择其下拉列表中的选项，可以指定降低的色调受保护的范围。
- 色调范围定义：设置图像被改正的色彩范围，用户可以自定义颜色的色彩、饱和度和亮度。

3.10.16 转换颜色（Change To Color）

"转换颜色"特效可以将图像的一种颜色更改为另一种颜色，并可以设置图像的色相、亮度和饱和度，如图3-160所示。

图3-160 转换颜色

添加"转换颜色"特效，打开其"特效控制台"面板，如图3-161所示。

图3-161 "转换颜色"参数

特效参数说明如下。

- 从：选择图像中更换的颜色。
- 到：选择将图像颜色更换的颜色。
- 更改：设置色调被影响的通道。
- 色相：选中该选项只影响图像的色相。
- 色相和明度：选中该选项将影响图像的色相和亮度。
- 色相和饱和度：选中该选项将影响图像的色相和饱和度。
- 色相、明度和饱和度：选中该选项将影响图像的色相、亮度和饱和度。
- 更改依据：设置色彩的变化。
- 颜色设置：选中该选项，将设定影响目标颜色像素的变化。
- 颜色变换：选中该选项，把被影响目标颜色的像素值用色调插值法改变颜色。
- 宽容度：设置图像改变颜色的范围。
- 柔和度：设置该参数可以软化更换颜色的边缘。
- 查看校正杂边：选中该复选框，图像的白色区域指出色彩变化将受到的影响；图像的黑色部分将保持不变；图像的灰色区域将受较小的色彩变化影响。

3.10.17 通道混合（Channel Mixer）

"通道混合"特效是通过将图像不同颜色通道进行混合以达到调整颜色的目的。效果如图3-162所示。

图3-162 通道混合

添加"通道混合"特效，打开其"特效控制台"面板，如图3-163所示。

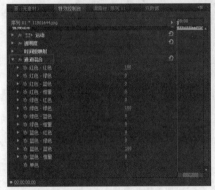

图3-163 "通道混合"参数

特效参数说明如下。

- （红色-红色）~（蓝色-恒量）：由一个颜色通道输出到目标颜色通道。数值越大输出颜色强度越高，对目标通道影响越大。负值在输出到目标通道前反转颜色通道。

- 单色：对所有输出通道应用相同的数值，产生包含灰阶的彩色图像。对于打算将其转换为灰度的图像，选择"单色"非常有用。如果先选择这个选项，然后又取消选择，就可以单独修改每个通道的混合，为图像创建一种手绘色调的影像。

3.10.18 课堂范例——突出的笑脸

源文件路径	素材\第3章\3.10.18课堂范例——突出的笑脸
视 频 路 径	视频\第3章\3.10.18课堂范例——突出的笑脸.mp4
难 易 程 度	★ ★ ★

01 启动Premiere Pro CS6，新建项目，新建序列。

02 执行"文件"/"导入"命令，在弹出的"导入"对话框中选择需要的素材，单击"打开"按钮，导入素材，如图3-164所示。

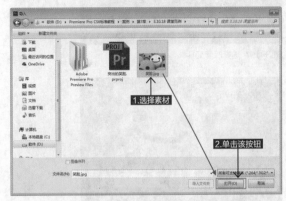

图3-164 导入素材

03 在"项目"面板中选择"笑脸.jpg"素材，将它拖到"视频1"轨道中，如图3-165所示。

图3-165 将素材拖入视频轨道

04 打开"效果"面板，展开"视频特效"文件夹，选择"色彩校正"文件夹下的"分色"特效，并将该特效添加到"视频1"轨道上的"笑脸.jpg"素材上，如图3-166所示。

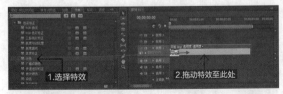

图3-166 为素材添加"分色"特效

05 打开"笑脸.jpg"素材的"特效控制台"面板，单击"分色"特效属性中"要保留的颜色"参数后面的吸管按钮，如图3-167所示。将光标移动到"节目"监视器窗口中，如图3-168所示，吸取当前颜色为保留色。

图 3-167 选择吸管工具

图 3-168 在"节目"监视器中吸取颜色

06 在"特效控制台"面板中参照图 3-169设置"脱色量"参数为100,设置"宽容度"参数为67。

图 3-169 设置参数

07 预览素材效果,如图 3-170所示。

图 3-170 效果预览图

3.11 "时间码"特效技术详解

"视频"文件夹中的特效主要用于模拟视频信号的电子变动,其中包含的"时间码"特效作用于录像机上,使显示装置能精确地找到素材(影片)场次和时间。"时间码"特效的设定让用户控制显示装置位置、大小和不透明度等。效果如图 3-171所示。

图 3-171 时间码

添加"时间码"特效,打开其"特效控制台"面板,如图 3-172所示。

图 3-172 "时间码"参数

特效参数说明如下。

- **由位置**:设置显示时间码的位置。
- **大小**:设置显示时间码的大小。
- **透明度**:设置显示时间码中文本的不透明度。
- **场符号**:选中该复选框为当前增加场记号,方便后期制作人员操作。
- **格式**:选择时间码显示模式。
- **时间码源**:选择显示时间码的来源。
- **素材**:显示时间码的来源为当前添加"时间码"特效的素材。
- **媒体**:选择该选项显示时间码来源媒体。
- **生成**:选择该选项,在视频被切断后将在第二段视频的开头重新生成一个新的显示第二段视频的时间码。
- **时间显示**:选择时间码效果用的时基。
- **偏移**:增加或减少时间码。
- **起始时间码**:设置开始显示时间码的时间。
- **标签文本**:为时间码标示字符CM1~CM9,这样方便后期制作人员操作。能很快知道当前视频是哪一部摄像机拍摄的视频。

3.12 调整（Adjust）特效技术详解

本节将为读者介绍Premiere Pro CS6中"调整"特效组中包含的9种视频特效。

3.12.1 卷积内核（Convolution Kernel）

"卷积内核"特效是根据数学卷积积分的运算来改变素材中每个像素的值，从而调整图像的亮度和清晰度的效果。

添加"卷积内核"特效，打开其"特效控制台"面板，如图3-173所示。

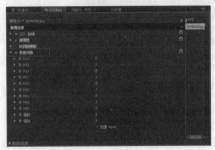

图3-173 "卷积内核"参数

特效参数说明如下。

- 偏移：设置该数值，将会加到计算的结果中。
- 缩放：设置该数值，在积分操作中包含的像素亮度总和将除以此数值。

3.12.2 基本信号控制（ProcAmp）

"基本信号控制"特效可以分别调整影片的亮度、对比度、色相和饱和度。效果如图3-174所示。

图3-174 基本信号控制

添加"基本信号控制"特效，打开其"特效控制台"面板，如图3-175所示。

图3-175 "基本信号控制"参数

特效参数说明如下。

- 亮度：控制图像的亮度。
- 对比度：控制图像的对比度。
- 色相：控制图像的色相。
- 饱和度：控制图像颜色的饱和度。
- 拆分屏幕：该参数被激活后，可以调整范围，对比调节前后的效果。
- 拆分百分比：设置调节前后的效果范围显示的比例。

3.12.3 提取（Extract）

"提取"特效是从素材中吸取颜色，并将其转换成黑白色的效果。效果如图3-176所示。

图3-176 提取

添加"提取"特效，打开其"特效控制台"面板，如图3-177所示。

图3-177 "提取"参数

特效参数说明如下。

- 输入黑色阶/白色阶：在该对话框中柱状图用于显示在当

前画面中每个亮度值上的像素数量，拖曳其下的两个滑块，可以设置将被转为白色或黑色的像素范围。

- 柔和度：拖动滑块在被转换为白色的像素中加入灰色。
- 反相：选中该选项可以反转图像效果。

3.12.4 照明效果（Lighting Effects）

"照明效果"特效可以为用户在素材中最多添加5个灯光照明效果。其中可以设置"灯光"的光线类型、方向、强度、颜色和中心点的位置。"灯光效果"特效为素材添加材质或图案产生特别的照明效果，以达到3D立体一样的表面效果，效果如图3-178所示。

图 3-178 照明效果

添加"照明效果"特效，打开其"特效控制台"面板，如图3-179所示。

图 3-179 "照明效果"参数

3.12.5 自动对比度（Auto Contrast）

"自动对比度"特效可以快速校正素材颜色的对比度。效果如图3-180所示。

图 3-180 自动对比度

添加"自动对比度"特效，打开其"特效控制台"面板，如图3-181所示。

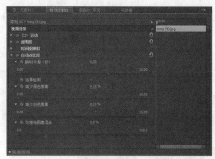

图 3-181 "自动对比度"参数

特效参数说明如下。

- 瞬时平滑：设置决定校正图像中需要调整颜色数量的范围。
- 场景检测：设置了"瞬时平滑"后，将激活该复选框，忽略场景更改。
- 减少黑色/白色像素：增加或减少图像的黑色/白色。
- 与原始图像混合：设置上述参数设置的效果与原素材混合的程度。

3.12.6 自动色阶（Auto Levels）

"自动色阶"特效可以快速校正素材颜色的对比度，它将素材的红、绿、蓝3个通道的色阶分布扩展至全色阶范围。这种操作可以增加色彩对比度，但可能会引起图像偏色。效果如图3-182所示。

图 3-182 自动色阶

添加"自动色阶"特效，打开其"特效控制台"面板，如图 3-183所示。

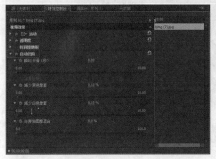

图 3-183 "自动色阶"参数

特效参数说明如下。

- 瞬时平滑：设置决定校正图像中需要调整颜色数量的范围。
- 场景检测：设置了"瞬时平滑"后，将激活该复选框，忽略场景更改。
- 减少黑色/白色像素：增加或减少图像的黑色/白色。
- 与原始图像混合：设置上述参数设置的效果与原素材混合的程度。

3.12.7 自动颜色（Auto Color）

"自动颜色"特效可以快速校正素材的颜色，除了增加颜色对比度以外，还将对一部分高光和暗调区域进行亮度合并。最重要的是，它把处在128级亮度的颜色纠正为128级灰色。正因为这个对齐灰色的特点，使它既有可能修正偏色，也有可能引起偏色。效果如图 3-184所示。

图 3-184 自动颜色

添加"自动颜色"特效，打开其"特效控制台"面板，如图 3-185所示。

图 3-185 "自动颜色"参数

特效参数说明如下。

- 瞬时平滑：设置决定校正图像中需要调整颜色数量的范围。
- 减少黑色/白色像素：增加或减少图像的黑色/白色。
- 与原始图像混合：设置上述参数设置的效果与原素材混合的程度。

3.12.8 色阶（Levels）

"色阶"特效是调整图像色阶的效果。效果如图 3-186所示。

图 3-186 色阶

添加"色阶"特效，打开其"特效控制台"面板，如图 3-187所示。

图 3-187 "色阶"参数

特效参数说明如下。

- RGB通道：在该下拉列表中，可以选择调节片段的红、绿、蓝通道，以及统一的RGB通道。
- 输入色阶：当前画面帧的输入灰度显示为柱状图。柱状图的横向X轴代表了亮度数值，从左边的最暗（0）到右边的最亮（255）；纵向Y轴代表了在某一亮度数值上总的像素数量。将柱状图下的黑三角形滑块向右拖曳，使影片变暗，向左拖曳白色滑块增大亮度；拖动灰色滑块可以控制中间色调。
- 输出色阶：使用"输出色阶"输出水平栏下的滑块可以减小片段的对比度。向右拖曳黑色滑块可以减小片段中的黑色数值；向左拖曳白色滑块可以减小片段中的亮度数值。

单击面板中该特效右侧"设置"按钮 ，弹出"色阶设置"对话框，方便更直观调整，如图3-188所示。

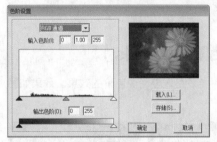

图3-188 "色阶设置"对话框

3.12.9 阴影/高光（Shadow/High-light）

"阴影/高光"特效是处理图像逆光的效果。效果如图3-189所示。

图3-189 阴影/高光

添加"阴影/高光"特效，打开其"特效控制台"面板，如图3-190所示。

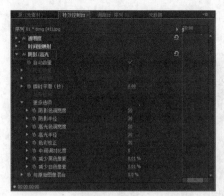

图3-190 "阴影/高光"参数

特效参数说明如下。

- 自动数量：如果将该选项选中，则将会放弃对"阴影数量"和"高光数量"参数的控制。
- 阴影数量：调整图像的亮度。
- 高光数量：调整图像高光区域的亮度。
- 瞬时平滑（秒）：只有选中了"自动数量"复选框，该参数才被激活。
- 场景检测：设置了"瞬时平滑"后，将激活该复选框。
- 更多选项：调整下拉参数，使效果更适用于图像。
- 阴影色调宽度/阴影半径：设置图像最亮区域可以调整的范围。
- 高光色调宽度/高光半径：设置效果区域的大小在图像中使用。
- 色彩校正：设置"色彩校正"效果适用于被调整的图像和最亮区域的程度。
- 中间调对比度：设置对比度效果适用于图像中心的程度。当同时发生在图像的较暗处和图像的高光区域时将增强中心的对比。
- 减少黑色/白色像素：增加或减少图像的黑色/白色。
- 与原始图像混合：设置上述参数设置的效果与原素材混合的程度。

3.13 过渡（Transition）特效技术详解

本节将为读者介绍Premiere Pro CS6中"过渡"特效组中包含的5种视频特效。

3.13.1 块溶解（Block Dissolve）

"块溶解"特效是在图像中生成随机块，然后使素材消失在随机块中的效果。效果如图3-191所示。

图3-191 块溶解

添加"块溶解"特效，打开其"特效控制台"面板，如图3-192所示。

图3-192 "块溶解"参数

特效参数说明如下。

- 过渡完成：设置素材的溶解程度。
- 块宽度：设置溶解块的宽度。
- 块高度：设置溶解块的高度。
- 羽化：羽化溶解块。
- 柔化边缘：柔化溶解块的边缘。

3.13.2 径向擦除（Radial Wipe）

"径向擦除"特效是以指定的一个点为中心，然后以"顺时针"或"逆时针"的方式逐渐旋转擦除图像的效果。效果如图3-193所示。

图3-193 径向擦除

添加"径向擦除"特效，打开其"特效控制台"面板，如图3-194所示。

图3-194 "径向擦除"参数

特效参数说明如下。

- 过渡完成：设置素材过渡的程度。
- 起始角度：设置素材擦除的开始角度。
- 擦除中心：设置素材擦除中心的位置。
- 擦除：选择擦除的旋转方向。
- 羽化：羽化擦除的边缘。

3.13.3 渐变擦除（Gradient Wipe）

"渐变擦除"特效是基于亮度值对两个素材进行渐变切换的效果。效果如图3-195所示。

图3-195 渐变擦除

添加"渐变擦除"特效，打开其"特效控制台"面板，如图3-196所示。

图3-196 "渐变擦除"参数

特效参数说明如下。

- 过渡完成：设置素材过渡的程度。
- 过渡柔和度：设置过渡边缘柔化程度。
- 渐变图层：选择被当作过渡效果素材所在的视频轨道。
- 渐变位置：选择过渡素材如何被放置在原素材中。
- 反相渐变：选中复选框，过渡层和原素材的位置将互换。

3.13.4 百叶窗（Venetian Blinds）

"百叶窗"特效是用类似百叶窗的条纹蒙版逐渐遮挡住原素材并显示出新素材的效果。效果如图 3-197所示。

图 3-197 百叶窗

添加"百叶窗"特效，打开其"特效控制台"面板，如图 3-198所示。

图 3-198 "百叶窗"参数

特效参数说明如下。

- 过渡完成：设置素材过渡的程度。
- 方向：设置素材擦除的角度。
- 宽度：设置百叶窗的高度。
- 羽化：设置百叶窗边缘羽化程度。

3.13.5 线性擦除（Linear Wipe）

"线性擦除"特效是通过线条滑动的方式来擦除原素材，同时显示出下方新素材的效果。效果如图 3-199所示。

图 3-199 线性擦除

添加"线性擦除"特效，打开其"特效控制台"面板，如图 3-200所示。

图 3-200 "线性擦除"参数

特效参数说明如下。

- 过渡完成：设置素材过渡的程度。
- 擦除角度：设置素材擦除的角度。
- 羽化：羽化擦除的边缘。

3.14 透视（Perspective）特效技术详解

本节将为读者介绍Premiere Pro CS6中"透视"特效组中包含的5种视频特效。

3.14.1 基本3D（Basic 3D）

"基本3D"特效是将图像放置在一个虚拟的3D空间中并给该图像创建旋转和倾斜的效果。效果如图 3-201所示。

图 3-201 基本3D

添加"基本3D"特效，打开其"特效控制台"面板，如图3-202所示。

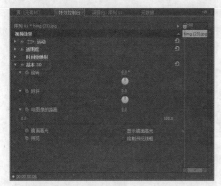

图3-202 "基本3D"参数

特效参数说明如下。

- 旋转：设置该参数将水平旋转素材，当旋转角度为180°时，将会看到素材的背面，这就成了正面的镜像。
- 倾斜：控制竖直旋转。
- 与图像的距离：设置该参数，调整素材距"节目"监视器的位置，值越大距离越远。
- 镜面高光：为素材添加反光效果。
- 预览：绘制一个三维空间的结构大纲。

3.14.2 径向阴影（Radial Shadow）

"径向阴影"特效是为素材产生一个阴影，并可以通过原素材的Alpha通道影响阴影的颜色。

添加"径向阴影"特效，打开其"特效控制台"面板，如图3-203所示。

图3-203 "径向阴影"参数

特效参数说明如下。

- 阴影颜色：选择阴影的颜色。
- 透明度：设置阴影的透明度。

- 光源：设置光源移动阴影的位置。
- 投影距离：设置该参数，调整阴影与原素材之间的距离。
- 柔和度：柔化阴影边缘。
- 渲染：选择产生阴影的类型。
- 规则的：选择该选项，产生一个以颜色和不透明为基础数值的阴影。
- 玻璃边缘：选择该选项，产生一个以颜色和原素材不透明为基础的彩色阴影，如果原素材已经具有了阴影，那此时素材产生的阴影将使用原素材与前一个阴影颜色的中和值。
- 颜色影响：原素材在阴影中色彩数值的合计。如果一个素材没有透明像素，色彩将不会受到影响，而且阴影彩色数值决定阴影的颜色。
- 仅阴影：选中该复选框，在"节目"监视器中将只会显示阴影。
- 调整图层大小：选中该复选框，阴影可以超出原素材的界限。如果不勾选，阴影将只能在原素材的界限内显示。

3.14.3 投影（Drop Shadow）

"投影"特效是为图像创建阴影的效果。

添加"投影"特效，打开其"特效控制台"面板，如图3-204所示。

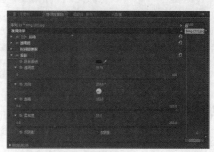

图3-204 "投影"参数

特效参数说明如下。

- 阴影颜色：选择阴影的颜色。
- 透明度：设置阴影的透明度。
- 方向：以原素材为准设置阴影的方向。
- 距离：以原素材为准设置阴影与原素材之间的距离。
- 柔和度：柔化阴影边缘。
- 仅阴影：选中该复选框，在"节目"监视器中将只显示阴影。

3.14.4 斜边角（Bevel Edges）

"斜边角"特效是在图像四周产生立体斜边的效果。效果如图3-205所示。

图3-205 斜边角

添加"斜边角"特效，打开其"特效控制台"面板，如图3-206所示。

图3-206 "斜边角"参数

特效参数说明如下。

- 边缘厚度：设置素材边缘凸起的高度。
- 照明角度：设置光线照射的角度。
- 照明颜色：选择光线的颜色。
- 照明强度：设置光线照到素材的强度。

3.14.5 斜面Alpha（Bevel Alpha）

"斜面Alpha"特效可以使图像的Alpha通道倾斜，使二维图像看起来具有三维的立体效果。

添加"斜面Alpha"特效，打开其"特效控制台"面板，如图3-207所示。

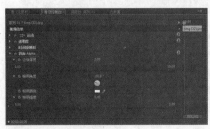

图3-207 "斜面Alpha"参数

特效参数说明如下。

- 边缘厚度：设置素材边缘凸起的高度。
- 照明角度：设置光线照射的角度。
- 照明颜色：选择光线的颜色。
- 照明强度：设置光线照到素材的强度。

3.15 通道（Channel）特效技术详解

本节将为读者介绍Premiere Pro CS6中"通道"特效组中包含的7种视频特效。

3.15.1 反转（Invert）

"反转"特效是将图像中的颜色反转成相应的互补色的效果。效果如图3-208所示。

图3-208 反转

"特效控制台"特效参数说明如下。

- 通道：选择要进行反相的颜色通道。
- 与原始图像混合：设置反转的透明度，使其与原素材混合。值越小，反转效果越明显。

3.15.2 固态合成（Solid Composite）

"固态合成"特效可以调整原素材颜色与下方重叠素材的颜色混合。

添加"固态合成"特效，打开其"特效控制台"面板，如图3-209所示。

图3-209 "固态合成"参数

特效参数说明如下。

- 源透明度：设置原素材的透明度。
- 颜色：选择需要设置的颜色。
- 透明度：设置原素材视频轨道下方视频轨道中素材的透明度。
- 混合模式：选择原素材与下方重叠素材混合的模式。

3.15.3 复合算法（Compound Arithmetic）

"复合算法"特效是使用数学运算的方式创建图层的组合效果。效果如图 3-210 所示。

图 3-210 复合算法

添加"复合算法"特效，打开其"特效控制台"面板，如图 3-211 所示。

图 3-211 "复合算法"参数

特效参数说明如下。

- 二级源图层：选择混合素材所在的视频轨道。
- 操作符：选择两个素材混合模式。
- 在通道上操作：选择对混合素材进行操作的通道。
- 溢出特性：选择两个素材混合后颜色允许的范围。
- 伸展二级源以适配：当原素材与混合素材大小不同时，不选中该复选框，混合素材与原素材将无法对齐重合。
- 与原始图像混合：设置混合素材的透明度。

3.15.4 混合（Blend）

"混合"特效是将两个重叠素材颜色相互组合在一起的效果。效果如图 3-212 所示。

图 3-212 混合

添加"混合"特效，打开其"特效控制台"面板，如图 3-213 所示。

图 3-213 "混合"参数

特效参数说明如下。

- 与图层混合：选择重叠对象所在的视频轨道。
- 模式：选择两个素材混合哪一部分。
- 与原始图像混合：设置所选素材与原素材混合值，值越小效果越明显。
- 如果图层大小不同：如果两个对象大小不同，选择"伸展以配置"选项在最终效果中将放大显示"与图层混合"选项中被选中视频轨道的素材。

3.15.5 算法（Arithmetic）

"算法"特效是在不同的操作模式下通过设置红、绿和蓝色值计算得出颜色。效果如图 3-214 所示。

图 3-214 算法

添加"算法"特效，打开其"特效控制台"面板，如图 3-215所示。

图 3-215 "算法"参数

特效参数说明如下。

- 操作符：选择一种计算颜色的方式。
- "与""或"和"异或"：指定数值逻辑性计算的方式。
- "添加""减去"和"差值"：基于数学的颜色值进行函数计算。
- "最小"和"最大"：可以使颜色值更小或更好得到计算，并指定颜色值设定它。
- "上面的块"和"正片叠底"：选择则会比较好或少于指定的颜色值。
- "下面的块"：隐藏指定颜色值以下的颜色，显示指定颜色值以上的颜色。
- "切片"：产生的颜色比较黑暗。
- "滤色"：产生的颜色较淡。
- 红/绿/蓝色值：设置图片所要进行操作的红/绿/蓝色值。
- 剪切：裁剪计算得出的数值，创造超过有效范围的色彩数值。

3.15.6 计算（Calculations）

"计算"特效是通过混合指定的通道和各种混合模式的设置来调整图像颜色的效果。效果如图 3-216所示。

图 3-216 计算效果

添加"计算"特效，打开其"特效控制台"面板，如图 3-217所示。

图 3-217 "计算"参数

特效参数说明如下。

- 输入：设置原素材显示。
- 输入通道：选择需要显示的通道。
- RGBA：正常输入所有通道。
- 灰白：呈灰色显示原来的RGBA图像的亮度。
- 红/绿/蓝/Alpha：选择对应的通道，显示对应通道。
- 反相输入：将在"输入通道"中选择的通道反相显示。
- 二级源：设置与原素材混合的素材。
- 二级图层：选择与原素材混合素材所在的视频轨道。
- 二级图层通道：选择与原素材混合素材显示的通道。其下方选项的作用与"输入"设置框中的"输入通道"相同。
- 二级图层透明度：设置与原素材混合素材的透明度。
- 反相二级图层：与"输入"中的"反相输入"作用相同，只是这里指的是与原素材混合的素材。
- 伸展二级图层以适配：当与原素材混合素材大于、小于原素材，选中该复选框显示最终效果时将放大混合素材。
- 混合模式：该选项被作为原素材与"二级源"设置素材的混合模式。
- 保留透明度：确保被影响素材的透明度不被修改。

3.15.7 设置遮罩（Set Matte）

"设置遮罩"特效是通过用当前层的Alpha通道取代指定层的Alpha通道，从而创建移动蒙版的效果，如图 3-218所示。

图 3-218 设置遮罩

图 3-220 Alpha辉光

添加"设置遮罩"特效，打开其"特效控制台"面板，如图 3-219所示。

图 3-219 "设置遮罩"参数

图 3-221 "Alpha辉光"参数

特效参数说明如下。

- 从图层获取遮罩：选择蒙版层所在的视频轨道。
- 用于遮罩：为蒙版选择一个模式。
- 反相遮罩：翻转显示蒙版的透明度。
- 伸展遮罩以适配：当原素材与蒙版层中的素材尺寸不等时，蒙版层中的素材显示改变的尺寸，与原素材相同。
- 将遮罩与原始图像合成：原素材与蒙版混合。
- 预先进行遮罩图层正片叠底：选中将软化蒙版层素材的边缘。

特效参数说明如下。

- 发光：控制颜色从Alpha通道扩散边缘的大小。
- 亮度：控制颜色扩散的不透明度。
- 起始颜色：为辉光内部选一种颜色。
- 结束颜色：为辉光外部选一种颜色。
- 使用结束颜色：选中该复选框将应用"结束颜色"所选的颜色。
- 淡出：选中该复选框将从"起始颜色"渐变到"结束颜色"。

3.16 风格化（Stylize）特效技术详解

本节将为读者介绍Premiere Pro CS6中"风格化"特效组中包含的13种视频特效。

3.16.1 Alpha辉光（Alpha Glow）

"Alpha辉光"特效是在图像的Alpha通道中生成向外发光的效果。效果如图 3-220所示。

添加"Alpha辉光"特效，打开其"特效控制台"面板，如图 3-221所示。

3.16.2 复制（Replicate）

"复制"特效是将屏幕分成好几块，并在每一块中都显示整个素材图像，通过拖动滑块设置每行或每列的分块数量。效果如图 3-222所示。

"特效控制台"特效参数说明如下。

- 计数：设置每行或每列所复制的分块数量。

图 3-222 复制

3.16.3 彩色浮雕（Color Emboss）

"彩色浮雕"特效可以锐化图像中物体的边缘并修改图像颜色，这个效果会从一个指定的角度使边缘变亮。效果如图3-223所示。

图 3-223 彩色浮雕

添加"彩色浮雕"特效，打开其"特效控制台"面板，如图3-224所示。

图 3-224 "彩色浮雕"参数

特效参数说明如下。

- 方向：调整"彩色浮雕"的方向。
- 凸现：设置浮雕压制的明显高度，实际上是设定浮雕边缘最大加亮的宽度。
- 对比度：设置图像内容的边缘锐利程度。就如增大参数，加亮区变得更明显。
- 与原始图像混合：设置该参数，值越小上述参数设置的效果越明显。

3.16.4 曝光过度（Solarize）

"曝光过度"特效是产生一个正片与负片之间的混合，类似相机曝光过度的效果。效果如图3-225所示。

"特效控制台"特效参数说明如下。

- 阈值：设置曝光程度，值越大效果越显著。

图 3-225 曝光过度

3.16.5 材质（Texturize）

"材质"特效是使素材产生具有其他素材纹理的效果。效果如图3-226所示。

图 3-226 材质效果

添加"材质"特效，打开其"特效控制台"面板，如图3-227所示。

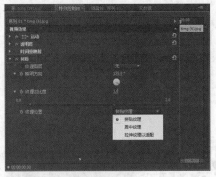

图 3-227 "材质"参数

特效参数说明如下。

- 纹理图层：选择与素材混合的视频轨道。
- 照明方向：设置光线的角度。
- 纹理对比度：设置纹理显示的强度。
- 纹理位置：选择一个模式，确定产生的效果如何应用。

3.16.6 查找边缘（Find Edges）

"查找边缘"特效可以查找对比度高的区域并用线条对其边缘进行勾勒。效果如图3-228所示。

图 3-228 查找边缘

添加"查找边缘"特效，打开其"特效控制台"面板，如图 3-229 所示。

图 3-229 "查找边缘"参数

特效参数说明如下。

- 反相：当没有选中该复选框时，边缘为出现在白色背景上的线。当选中该复选框时，边缘为出现在黑色背景上的明亮线。
- 与原始图像混合：设置该参数，值越小上述设置的效果越明显。

3.16.7 浮雕（Emboss）

"浮雕"特效可以锐化图像中物体的边缘，同时改变图像的原始颜色。效果如图 3-230 所示。

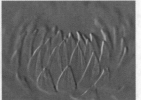

图 3-230 浮雕效果

添加"浮雕"特效，打开其"特效控制台"面板，如图 3-231 所示。

图 3-231 "浮雕"参数

特效参数说明如下。

- 方向：调整"浮雕"的方向。
- 凸现：设置浮雕压制的明显高度，实际上设定浮雕边缘最大加亮的宽度。
- 对比度：设置图像内容的边缘锐利程度，就如增大参数值，加亮区变得更明显。
- 与原始图像混合：设置该参数，值越小上述设置的效果越明显。

3.16.8 笔触（Brush Strokes）

"笔触"特效是应用粗糙线条绘制图像边缘的效果。效果如图 3-232 所示。

图 3-232 笔触效果

添加"笔触"特效，打开其"特效控制台"面板，如图 3-233 所示。

图 3-233 "笔触"参数

特效参数说明如下。

- 描绘角度：设置笔画的角度。
- 画笔大小：设置图像刷子的大小。
- 描绘长度：设置笔刷的长度。
- 描绘浓度：在笔触的密度交叠处理刷子笔画，产生有趣的视觉效果。
- 描绘随机性：设置值越大，越多的笔画以刷子和笔画设定改变。
- 表面上色：选择一种刷子的方式。
- 在原始图像上色：表示笔触直接在原图像上进行书写。
- 在透明区域上色：选择该选项，笔画将在透明层上显示。
- 在白色区域上色/在黑色区域上色：在白色的或黑色的背景上显示笔画。
- 与原始图像混合：设置该参数，值越小上述设置的效果越明显。

3.16.9 色调分离（Posterize）

"色调分离"特效可以调节每个通道的色调级（或亮度值）数量，并将这些像素映射到最接近的匹配色调上，转换颜色色谱为有限数量的颜色色谱，并且会拓展片段像素的颜色，使其匹配有限数量的颜色色谱。效果如图3-234所示。

"特效控制台"特效参数说明如下。

- 色阶：用于调节图像中颜色变化区域的大小和数量。取值范围为2~32，数值越小，效果越明显。

图3-234 色调分离

3.16.10 边缘粗糙（Roughen Edges）

"边缘粗糙"特效是使素材在边缘产生一些粗糙化碎片的效果。效果如图3-235所示。

图3-235 边缘粗糙效果

添加"边缘粗糙"特效，打开其"特效控制台"面板，如图3-236所示。

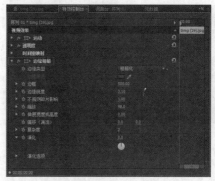

图3-236 "边缘粗糙"参数

特效参数说明如下。

- 边缘类型：选择一个效果应用到原素材的边缘上。
- 边缘颜色：为原素材使用边缘颜色。
- 边框：设置"边缘颜色"在素材边缘上的大小。
- 边缘锐度：设置素材边缘软化度，值越小软化度越大。
- 不规则碎片影响：设置素材产生的碎片。
- 缩放：设置产生碎片的大小。
- 伸展宽度或高度：计算碎片在素材中产生的高度和宽度。
- 偏移（湍流）：设置产生的碎片在素材中的位置。
- 复杂度：设置碎片边缘的粗糙度。
- 演化：设置碎片产生的方向（角度）。
- 演化选项：使用下列的设置产生一个平滑的循环周期运动。
- 循环演化：选中该复选框激活下方的"循环（演化）"选项。
- 循环（演化）：设置碎片的周期运动。
- 随机植入：设置碎片产生的数量。

3.16.11 闪光灯（Strobe Light）

"闪光灯"特效是在指定时间的帧画面中创建闪烁的效果。效果如图3-237所示。

图3-237 闪光灯

添加"闪光灯"特效，打开其"特效控制台"面板，如图3-238所示。

图3-238 "闪光灯"参数

特效参数说明如下。

- 明暗闪动颜色：选择明暗闪动的颜色。
- 与原始图像混合：设置选择的颜色与素材的混合度（即颜色的透明度）。
- 明暗闪动持续时间（秒）：设置颜色在播放中持续的时间。
- 明暗闪动间隔时间（秒）：设置颜色在播放中出现的间隔时间。
- 随机明暗闪动概率：设置颜色在播放中出现闪动的速率。
- 闪光：选择颜色在素材上操作的位置。
- 仅对颜色操作：选择该选项后，将只在所有的颜色中运算。
- 使图层透明：选择该选项使播放过程中产生效果时，原素材将变成透明的。
- 闪光运算符：为颜色与素材选择一个混合模式。
- 随机植入：设置在播放中出现"闪光"的频率。

3.16.12 阈值（Threshold）

"阈值"特效是调整阈值以使图像变成黑白模式的效果。效果如图3-239所示。

"特效控制台"特效参数说明如下。

- 色阶：调整黑色在图像中所占的比例。

图3-239 阈值

3.16.13 马赛克（Mosaic）

"马赛克"特效是在画面上生成马赛克的效果，效果如图3-240所示。

图3-240 马赛克

添加"马赛克"特效，打开其"特效控制台"面板，如图3-241所示。

图3-241 "马赛克"参数

特效参数说明如下。

- 水平块：设置马赛克宽度。
- 垂直块：设置马赛克高度。
- 锐化颜色：选中该复选框，锐化图像素材。

3.17 综合训练——黑客帝国文字雨

文字雨，就是使文字产生下雨般的运动效果，本训练将结合本章重点内容，制作"文字雨"视频效果。

源文件路径	素材\第3章\3.17综合训练——黑客帝国文字雨
视频路径	视频\第3章\3.17综合训练——黑客帝国文字雨.mp4
难易程度	★★★★

01 启动Premiere Pro CS6，新建项目并设置名称"黑客帝国文字雨"，将其保存到指定的文件夹中，单击"确定"按钮，如图 3-242所示。

02 弹出"新建序列"对话框，选择合适的序列预设，单击"确定"按钮，如图 3-243所示。

图 3-242 "新建项目"对话框

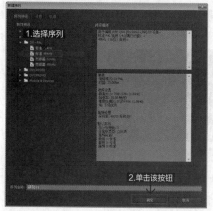

图 3-243 "新建序列"对话框

03 执行"字幕"/"新建字幕"/"默认静态字幕"命令，弹出"新建字幕"对话框，单击"确定"按钮，如图 3-244所示。

04 弹出"字幕"编辑器面板，单击"滚动/游动选项"按钮■，弹出"滚动/游动选项"对话框，选择"滚动"单选项，勾选"结束于屏幕外"复选项，单击"确定"按钮，如图 3-245所示。

图 3-244 "新建字幕"对话框

图 3-245 "滚动/游动选项"对话框

05 单击"垂直文字工具"按钮■，在"字幕"编辑器面板中绘制一个大的文本框，输入文字。按照图 3-246设置相应字体、字体大小、行距、间距等参数，其中文字颜色RGB参数为48、111、69。

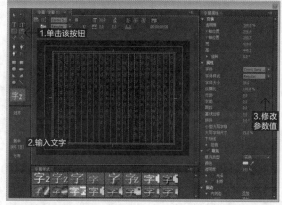

图 3-246 "字幕"编辑器面板

06 关闭"字幕"编辑器面板，在"项目"面板中选择"字幕01"素材，将其拖入"视频1"轨道，如图 3-247所示。

图 3-247 将字幕素材拖入视频轨道

07 打开"效果"面板，选择"视频特效"文件夹，选择"时间"文件夹中的"重影"特效，如图 3-248所示。

图 3-248 添加"重影"特效

08 添加该特效到"字幕01"素材中,打开"特效控制台"面板,设置"回显时间(秒)"参数为0.1,"重影数量"参数为4,"起始强度"参数为1,"衰减"参数为0.8,如图 3-249所示。

图 3-249 "特效控制台"面板

09 执行"文件"/"新建"/"序列"命令,如图 3-250所示。

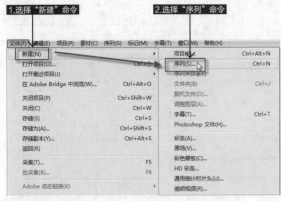

图 3-250 新建序列

10 弹出"新建序列"对话框,单击"确定"按钮,如图 3-251所示。创建第二个序列。

图 3-251 "新建序列"对话框

11 在"项目"面板中选择"序列01",将其拖到"序列02"的视频轨道中,如图 3-252所示。

图 3-252 将"序列01"拖到"序列02"视频轨道中

12 选择"序列01"素材,执行"素材"/"速度/持续时间"命令,如图 3-253所示。

13 弹出"素材速度"/"持续时间"对话框,勾选"倒放速度"复选项,单击"确定"按钮,完成设置,如图 3-254所示。

图 3-253 执行"速度/持续时间"命令　　图 3-254 对话框设置

14 按Enter键渲染项目,渲染完成后预览最终效果,如图 3-255所示。

图 3-255 效果预览图

3.18 课后习题

◆习题1：制作边缘腐化的图片

源文件路径	素材\第3章\3.18课后习题
视频路径	无
难易程度	★★★

　　本习题主要使用"效果"面板中的"视频特效"功能，为图片制造出边缘腐化的效果。

01 新建一个项目文件。

02 导入素材文件。

03 将素材拖入时间轴面板进行编辑。

04 打开"效果"面板为素材添加"边缘粗糙"特效。

◆习题2：制作漩涡画面效果

源文件路径	素材\第3章\3.18课后习题
视频路径	无
难易程度	★★★

　　本习题主要使用"效果"面板中的"视频特效"功能，制作出漩涡画面效果。

01 新建一个项目文件。

02 导入素材文件。

03 将素材拖入时间轴面板进行编辑。

04 打开"效果"面板为素材添加"旋转扭曲"特效。

05 在不同的时间点为素材设置关键帧，并相应改变"角度"和"旋转扭曲半径"的参数值。

心得笔记

本章视频时长
19 分钟

第 4 章

抠像与叠加

抠像技术在影视后期处理中应用广泛，通过该项技术的后期处理，可以使不同的影片素材产生完美的画面合成效果。

叠加技术则可以将多个不同的素材混合在一起，从而产生各种特别的效果。本章将学习在Premiere Pro CS6中对影片素材进行抠像和视频叠加的设置方法和技能，熟练掌握这两种技术对于剪辑人员来说也是非常重要的。

本章学习目标

■ 了解抠像技术

■ 了解视频叠加技术

■ 掌握抠像特效技术的应用

■ 应用键控抠像

本章重点内容

■ 抠像特效技术应用

■ 叠加特效技术应用

■ 熟悉各项特效的实际操作

■ 键控抠像的应用

扫 码 看 课 件　　扫 码 看 视 频

4.1 认识抠像与视频叠加

抠像是通过虚拟的方式对背景进行特殊透明叠加的一种技术，是影视合成中常用的背景透明化方法，它通过对指定区域的颜色进行去除，使其透明来完成和其他素材的合成效果。

叠加方式与抠像技术是紧密相连的，叠加类特效主要用于处理抠像效果、对素材进行动态跟踪和叠加各种不同的素材，是影视编辑与制作中常用的视频特效。

4.1.1 认识抠像

在用Premiere Pro CS6进行影片的后期合成时，经常需要将不同的对象融入到同一个画面当中去，这时抠像特效的运用就显得很有必要了。在Premiere Pro CS6中不仅可以对动态的视频进行抠像，还可以对静止的图片素材进行抠像。

用户在进行抠像叠加合成画面时，至少需要在抠像层和背景层上下两个轨道上安置素材，并且抠像层要在背景层之上。这样，在为对象设置抠像效果后，才可以透出底下的背景层，如图4-1所示。

图4-1 抠像层与背景层

选择好抠像素材后，在"效果"窗口中"视频特效"一栏的"键控"文件夹中可以自行选择多种不同的抠像特效，如图4-2所示。

图4-2 抠像特效

4.1.2 视频叠加

视频叠加是指后期进行影片编辑时，若需要两个（或多个）画面融为一体同时出现，则把上层视频轨素材处理成淡入淡出的效果，从而使它在下层视频轨道的素材画面中产生忽隐忽现的效果。

在Premiere Pro CS6中"视频特效"的"键控"文件夹里提供了多种特效，可以轻松实现素材叠加的效果。叠加的画面效果如图4-3所示。

图4-3 画面叠加效果

4.1.3 课堂范例——利用颜色进行抠像

源文件路径	素材\第4章\4.1.3课堂范例——利用颜色进行抠像
视频路径	视频\第4章\4.1.3课堂范例——利用颜色进行抠像.mp4
难易程度	★★

01 启动Premiere Pro CS6，新建项目，新建序列。

02 执行"文件"/"导入"命令，在弹出的"导入"对话框中选择需要的素材，单击"打开"按钮，导入素材，如图4-4所示。

图4-4 导入素材

03 在"项目"面板中选择"草原.jpg"和"Lion.jpg"素材，将它们分别拖入"视频1"和"视频2"轨道，如图4-5所示。

图4-5 将素材拖入视频轨道

04 选择视频轨道上的"草原.jpg"素材，打开"特效控制台"面板，在"运动"属性一栏中设置素材图像的位置参数为349、271，设置缩放比例参数为115，如图4-6所示。

图4-6 参数设置

05 打开"效果"面板，打开"视频特效"文件夹，选择"键控"文件夹中的"颜色键"特效，并将该特效添加到"视频2"轨道的"Lion.jpg"素材中，如图4-7所示。

图4-7 添加特效到素材中

06 打开"特效控制台"面板，单击"主要颜色"参数后的吸管按钮，如图4-8所示。

图4-8 单击"吸管"按钮

07 在"节目"监视器窗口的图像背景处单击鼠标左键，如图4-9所示，将背景颜色定义为抠像颜色。

图4-9 吸取颜色

08 在"特效控制台"面板中设置"运动"属性和"颜色键"特效参数，具体数值设置如图4-10所示。

图4-10 参数数值设置

09 预览最终效果，如图4-11所示。

图4-11 最终效果

4.2 抠像特效技术详解

Premiere Pro CS6中为用户提供了15种实用方便的抠像特效技术，利用这些抠像技术可以轻易地去除掉影片中的背景。下面将为读者详细介绍这15种抠像特效技术。

4.2.1 16点无用信号遮罩

"16点无用信号遮罩"特效是在画面四周添加16个控制点，且可以任意调整控制点的位置。效果如图4-12所示。

图4-12 "16点无用信号遮罩"前后效果

添加"16点无用信号遮罩"特效，打开其"特效控制台"面板，如图4-13所示。

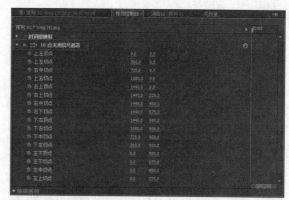

图4-13 "特效控制台"参数

参数说明如下。

● 切点：调整对应各点的遮罩角度。

4.2.2 4点无用信号遮罩

"4点无用信号遮罩"特效是在画面四周仅有4个控制点，通过随意移动这4个控制点的位置来遮罩画面。

4.2.3 8点无用信号遮罩

"8点无用信号遮罩"特效是在画面四周有8个控制点，通过随意移动这8个控制点的位置来遮罩画面。

4.2.4 Alpha调整

"Alpha调整"特效可以为包含Alpha通道的导入图像创建透明效果。效果如图4-14所示。

图4-14 "Alpha调整"前后效果

图4-14 "Alpha调整"前后效果（续）

提示

Alpha通道是指一张图片的透明和半透明度。Premiere Pro CS6能够读取来自Photoshop和3D图形软件等程序中的Alpha通道，还能够将Adobe Illustrator文件中的不透明区域转换成Alpha通道。

添加"Alpha调整"特效，打开其"特效控制台"面板，如图4-15所示。

图4-15 "特效控制台"参数

参数说明如下。

- 透明度：数值越小，图像越透明。
- 忽略Alpha：勾选该选项Premiere Pro CS6会忽略Alpha通道。
- 反相Alpha：勾选该选项会对Alpha通道进行反转。
- 仅蒙版：勾选该选项，将只显示Alpha通道的蒙版，而不显示其中的图像。

4.2.5 RGB差异键

"RGB差异键"特效可以将素材中指定的某种颜色移除。效果如图4-16所示。

图4-16 "RGB差异键"前后效果

添加"RGB差异键"特效，打开其"特效控制台"面板，如图4-17所示。

图 4-17 "特效控制台"参数

参数说明如下。

- 颜色：用于吸取素材画面中被键出的颜色。
- 相似性：单击并左右拖动，增大或减小将变成透明的颜色范围。
- 平滑：用于设置图像的平滑度，从右侧的下拉列表中可以选择无、低、高三种程度。
- 仅蒙版：设置是否显示素材的Alpha通道。
- 投影：勾选该选项为图像添加投影。

4.2.6 亮度键

"亮度键"特效可以去除素材中较暗的图像区域，在键出图像灰度值的同时保持它的色彩值，使用"阈值"和"屏蔽度"可以微调效果。效果如图 4-18所示。

图 4-18 "亮度键"前后效果

添加"亮度键"特效，打开其"特效控制台"面板，如图 4-19所示。

图 4-19 "特效控制台"参数

参数说明如下。

- 阈值：单击并向右拖动，增大被去除的暗色值范围。
- 屏蔽度：用于设置素材的屏蔽程度，数值越大，图像越透明。

4.2.7 图像遮罩键

"图像遮罩键"特效用于静态图像中，尤其是图形中，来创建透明效果。与遮罩黑色部分对应的图像区域是透明的，与遮罩白色区域对应的图像区域不透明，灰色区域创建混合效果。

在使用"图像遮罩键"特效时，需要在"特效控制台"面板的特效属性中单击设置按钮 ，为其指定一张遮罩图像，这张图像将决定最终显示效果。还可以使用素材的Alpha通道或亮度来创建复合效果。

添加"图像遮罩键"特效，打开其"特效控制台"面板，如图 4-20所示。

图 4-20 "特效控制台"参数

参数说明如下。

- 合成使用：指定创建复合效果的遮罩方式，从右侧的下拉列表中可以选择遮罩Alpha和遮罩Luma。
- 反向：勾选该选项可以使遮罩反向。

4.2.8 差异遮罩

"差异遮罩"特效可以去除两个素材中相匹配的图像区域。是否使用"差异遮罩"特效取决于项目中使用何种素材，如果项目中的背景是静态的，而且位于运动素材之上，就需要使用"差异遮罩"特效将图像区域从静态素材中去掉。效果如图 4-21所示。

图 4-21 "差异遮罩" 前后效果

添加 "差异遮罩" 特效，打开其 "特效控制台" 面板，如图 4-22所示。

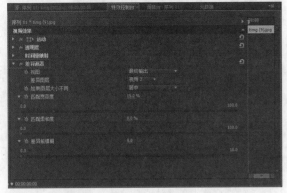

图 4-22 "特效控制台" 参数

参数说明如下。

- 视图：用于设置显示视图的模式，从右侧下拉列表中可以选择最终输出、仅限源和仅限遮罩三种模式。
- 差异图层：用于指定以哪个视频轨道中的素材作为差异图层。
- 如果图层大小不同：用于设置图层是否居中或者伸缩以适合。
- 匹配宽容度：设置素材层的容差值，使之与另一素材相匹配。
- 匹配柔和度：用于设置素材的柔和程度。
- 差异前模糊：用于设置素材的模糊程度，值越大，素材越模糊。

4.2.9 极致键

"极致键" 特效可以使用指定颜色或相似颜色调整图像的容差值来显示图像透明度，也可以使用它来修改图像的色彩显示。效果如图 4-23所示。

图 4-23 "极致键" 前后效果

添加 "极致键" 特效，打开其 "特效控制台" 面板，如图 4-24所示。

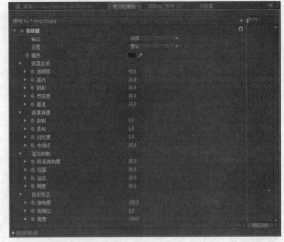

图 4-24 "特效控制台" 参数

4.2.10 移除遮罩

"移除遮罩" 特效可以由Alpha通道创建透明区域，而这种Alpha通道是在红色、绿色、蓝色和Alpha共同作用下产生的。通常，"移除遮罩" 特效用来去除黑色或者白色背景，尤其对于处理纯白或者纯黑背景的图像非常有用。

添加 "移除遮罩" 特效，打开其 "特效控制台" 面板，如图 4-25所示。

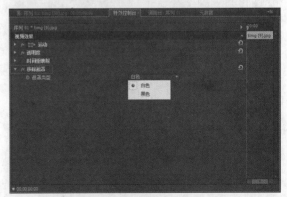

图 4-25 "特效控制台" 参数

参数说明如下。

- 遮罩类型：用于指定遮罩的类型，从右侧下拉列表中可以选择白色或黑色两种类型。

4.2.11 色度键

"色度键"特效能够去除特定颜色或某一个颜色范围。这种抠像通常在作品制作前使用，这样可以在一个彩色背景上制作视频作品，使用吸管工具单击图像的背景区域来选择想要去除的颜色。效果如图 4-26 所示。

图 4-26 "色度键"前后效果

添加"色度键"特效，打开其"特效控制台"面板，如图 4-27 所示。

图 4-27 "特效控制台"参数

参数说明如下。

- 颜色：用于吸取被键出的颜色。
- 相似性：单击并左右拖动，增大或减小将变成透明的颜色范围。
- 混合：用于调节两个素材之间的混合程度。
- 阈值：单击并向右拖动，使素材中保留更多的阴影区域，向左拖动使阴影区域减小。
- 屏蔽度：单击并向右拖动使素材中阴影区域变暗，向左拖动则变亮。
- 平滑：用于设置锯齿消除程度，通过混合像素颜色来平滑边缘。从右侧的下拉列表中可以选择无、低和高三种消除锯齿程度。
- 仅遮罩：勾选该选项显示素材的Alpha通道。

4.2.12 蓝屏键

"蓝屏键"特效是广播电视中经常会用到的抠像方式，该特效可以去除蓝色背景。效果如图 4-28 所示。

图 4-28 "蓝屏键"前后效果

添加"蓝屏键"特效，打开其"特效控制台"面板，如图 4-29 所示。

图 4-29　"特效控制台"参数

参数说明如下。

- 阈值：向左拖动会去除更多的绿色和蓝色区域。
- 屏蔽度：用于微调键控的效果，数值越大，图像越不透明。
- 平滑：用于设置锯齿消除程度，通过混合像素颜色来平滑边缘。从右侧的下拉列表中可以选择无、低和高三种消除锯齿程度。
- 仅蒙版：勾选该选项显示素材的Alpha通道。

4.2.13　轨道遮罩键

"轨道遮罩键"特效可以创建移动或滑动蒙版效果。通常，蒙版设置在运动屏幕的黑白图像上，与蒙版上黑色相对应的图像区域为透明区域，与白色相对应的图像区域不透明，灰色区域创建混合效果，即呈半透明状。

添加"轨道遮罩键"特效，打开其"特效控制台"面板，如图 4-30 所示。

图 4-30　"特效控制台"参数

参数说明如下。

- 遮罩：从右侧的下拉列表中可以为素材指定一个遮罩。
- 合成方式：指定应用遮罩的方式，从右侧的下拉列表中可以选择Alpha遮罩和Luma遮罩。

- 反向：勾选该选项使遮罩反向。

4.2.14　非红色键

"非红色键"特效同"蓝屏键"特效一样，也可以去除蓝色和绿色背景，不过是同时完成。它包括两个混合滑块，可以混合两个轨道素材。效果如图 4-31 所示。

图 4-31　"非红色键"前后效果

添加"非红色键"特效，打开其"特效控制台"面板，如图 4-32 所示。

图 4-32　"特效控制台"参数

参数说明如下。

- 阈值：向左拖动会去除更多的绿色和蓝色区域。
- 屏蔽度：用于微调键控的屏蔽程度。
- 去边：可以从右侧下拉列表中选择无、绿色和蓝色三种去边效果。
- 平滑：用于设置锯齿消除程度，通过混合像素颜色来平滑边缘。从右侧的下拉列表中可以选择无、低和高三种消除锯齿程度。
- 仅蒙版：勾选该选项显示素材的Alpha通道。

4.2.15　颜色键

"颜色键"特效可以去掉素材图像中所指定颜色的像素，这种特效只会影响素材的Alpha通道。效果如图 4-33所示。

图 4-33 "颜色键"前后效果

　　添加"颜色键"特效，打开其"特效控制台"面板，如图 4-34 所示。

图 4-34 "特效控制台"参数

　　参数说明如下。

- 主要颜色：用于吸取需要被键出的颜色。
- 颜色宽容度：用于设置素材的容差度，容差度越大，被键出的颜色区域越透明。
- 薄化边缘：用于设置键出边缘的细化程度，数值越小边缘越粗糙。
- 羽化边缘：用于设置键出边缘的柔化程度，数值越大，边缘越柔和。

4.2.16 课堂范例——替换画面前景

源文件路径	素材\第4章\4.2.16课堂范例——替换画面前景
视频路径	视频\第4章\4.2.16课堂范例——替换画面前景.mp4
难易程度	★ ★ ★

01 启动Premiere Pro CS6，新建项目，新建序列。

02 执行"文件"/"导入"命令，在弹出的"导入"对话框中，选择需要的素材单击"打开"按钮，导入素材，如图 4-35 所示。

图 4-35 导入素材

03 在"项目"面板中选择"01.jpg"和"02.jpg"素材，将它们分别拖入"视频1"和"视频2"轨道，如图 4-36 所示。

图 4-36 将素材拖入视频轨道

04 在"特效控制台"面板中分别设置"01.jpg"和"02.jpg"素材的"缩放比例"参数为126、128，如图 4-37 所示。

图 4-37 素材的参数设置

05 打开"效果"面板，打开"视频特效"文件夹，选择"键控"文件夹中的"8点无用信号遮罩"特效，并将该特效添加到"视频2"轨道的"02.jpg"素材中，如图

4-38所示。

图 4-38 为"02.jpg"素材添加特效

06 打开"特效控制台"面板，调整"8点无用信号遮罩"特效的各切点位置参数，如图 4-39所示。在"节目"监视器窗口中可预览对应切点的调整效果，如图 4-40所示。

图 4-39 "特效控制台"参数

图 4-40 调整效果预览

07 在"键控"文件夹中选择"颜色键"特效，并将该特效添加到"视频2"轨道的"02.jpg"素材中，如图 4-41所示。

图 4-41 添加"颜色键"特效

08 打开"特效控制台"面板，单击"主要颜色"参数后的吸管按钮。移动光标至"节目"监视器窗口的"02.jpg"图像背景处进行吸色，如图 4-42所示。将背景颜色定义为抠像颜色。

图 4-42 吸取颜色

09 在"特效控制台"面板将"颜色宽容度"参数调至97，如图 4-43所示。

图 4-43 调整参数

10 预览最终效果，如图 4-44所示。

图 4-44 最终效果

4.3 综合训练——为主持人添加背景

本训练将通过为"前景"素材添加"蓝屏键"视频特效，对其进行抠像操作。

源文件路径	素材\第4章\4.3综合训练——为主持人添加背景
视频路径	视频\第4章\4.3综合训练——为主持人添加背景.mp4
难易程度	★★★

01 启动Premiere Pro CS6，新建项目并设置名称为"为主持人添加背景"，将其保存到指定的文件夹中，单击"确定"按钮，如图4-45所示。

图4-45 "新建项目"对话框

02 弹出"新建序列"对话框，选择合适的序列预设，单击"确定"按钮，如图4-46所示。

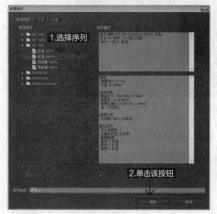

图4-45 "新建项目"对话框

03 执行"文件"/"导入"命令，在弹出的"导入"对话框中选择需要的素材，单击"打开"按钮，导入素材，如图4-47所示。

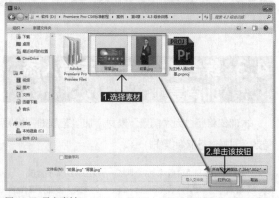

图4-47 导入素材

04 在"项目"面板中选择"背景.jpg"和"前景.jpg"素材，将它们分别拖入"视频1"和"视频2"轨道，如图4-48所示。

图4-48 将素材拖入视频轨道

05 在"特效控制台"面板中分别调整"背景.jpg"和"前景.jpg"素材的"位置"及"缩放比例"属性，具体参数设置如图4-49所示。

图4-49 素材的参数设置

06 打开"效果"面板，打开"视频特效"文件夹，选择"键控"文件夹中的"蓝屏键"特效，并将该特效添加到"视频2"轨道的"前景.jpg"素材中，如图4-50所示。

图4-50 添加"蓝屏键"特效

07 在"节目"监视器窗口中可以预览到添加了"蓝屏键"特效后的默认参数抠像效果，如图4-51所示。

图 4-51 默认参数效果

08 在"特效控制台"面板中设置"蓝屏键"特效的"阈值"参数为70，设置"屏蔽度"参数为59，"平滑"属性选择"高"，如图 4-52所示。

修改参数值

图 4-52 参数设置

09 预览最终效果，如图 4-53所示。

图 4-53 最终效果

4.4 课后习题

◆**习题1：通过素材的色度进行抠像**

源文件路径	素材\第4章\4.4课后习题
视 频 路 径	无
难 易 程 度	★ ★ ★

本习题通过为素材添加"色度键"特效，对其进行抠像操作。

01 新建一个项目文件。

02 导入素材文件。

03 将素材拖入时间轴面板中进行编辑。

04 打开"效果"面板，打开"视频特效"文件夹，选择"键控"文件夹中的"色度键"特效添加给素材。

05 在"特效控制台"面板中对参数进行设置。

◆**习题2：画面亮度抠像效果**

源文件路径	素材\第4章\4.4课后习题
视频路径	无
难易程度	★ ★

　　本习题通过应用"亮度键"特效对画面进行抠像操作。

01 新建一个项目文件。

02 导入素材文件。

03 将素材拖入时间轴面板中进行编辑。

04 打开"效果"面板，打开"视频特效"文件夹，选择

05 "键控"文件夹中的"亮度键"特效添加给素材。

在"特效控制台"面板中对参数进行设置。

心得笔记

本章视频时长
58 分钟

第 5 章

字幕特效

使用文字效果是影视编辑处理软件中的一项基本功能，字幕处理除可以帮助影片更完整地展现相关内容信息外，还可以起到美化画面、表现创意的作用。Premiere Pro CS6的内置字幕设计为用户提供了丰富多样的字幕特性，本章将以大量实例为读者讲解如何在影片中添加字幕以及运用字幕特技的技巧。

本章学习目标

■ 认识字幕窗口工具

■ 了解各种字幕样式

■ 掌握创建字幕素材

■ 了解运动设置与动画实现

本章重点内容

■ 字幕素材的创建

■ 字幕样式应用

■ 字幕素材的运动设置

■ 创建字幕动画效果

扫码看课件　　扫码看视频

5.1 Premiere Pro CS6字幕窗口工具简介

本节将为读者介绍Premiere Pro CS6中的字幕窗口工具栏。

5.1.1 如何创建字幕

1. 通过文件菜单创建字幕

在Premiere Pro CS6操作界面中，执行"文件"/"新建"/"字幕"命令，在弹出的"新建字幕"对话框中可以设置字幕的宽、高、时间基准、像素纵横比以及新建字幕的名称。设置好参数之后，单击"确定"按钮即可创建字幕，如图5-1所示。

图5-1 通过文件菜单创建字幕

2. 通过字幕菜单创建字幕

在打开或新建一个项目文件后，执行"字幕"/"新建字幕"命令，可以在弹出的命令菜单中选择需要创建的字幕类型，如图5-2所示。

图5-2 通过字幕菜单创建字幕

3. 在项目面板中创建字幕

打开或新建一个项目文件之后，在"项目"面板中点击下方"新建分项"按钮■，或直接在空白处单击鼠标右键，在弹出的命令菜单中选择"字幕"命令，即可打开"新建字幕"对话框，创建需要的字幕文件，如图5-3所示。

图5-3 在"项目"面板中创建字幕

5.1.2 认识字幕窗口

执行创建字幕命令后，在打开的"新建字幕"对话框中设置好相应属性和名称，单击"确定"按钮，即可打开"字幕"编辑窗口，如图5-4所示。位于左侧的是字幕工具栏，其中包括了生成、编辑文字与图形的工具。要使用工具做单个操作，在工具栏中单击该工具；要使用一个工具做多次操作，在工具栏中双击该工具。工具栏如图5-5所示。

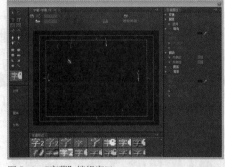 

图5-4 "字幕"编辑窗口　　图5-5 字幕工具栏

工具说明如下。

- **选择工具**：用于选择一个图形或文字块。按住Shift键使用选择工具可以选择多个图形，直接拖动图形手柄改变图形区域和大小。对于Bezier曲线图形来说，还可以使用选择工具编辑节点。
- **旋转工具**：旋转对象。
- **输入工具**：创建并编辑文字。
- **区域文字工具**：创建段落文本。段落文本工具与普通文字工具的不同在于，它建立文本的时候，首先要限定一个范围框，调整文本属性，范围框不会受到影响。
- **垂直区域文字工具**：创建竖排段落文字。
- **路径文字**：使用该工具可以创建出沿路径弯曲且平行于路径的文本。
- **垂直路径文字**：使用该工具可以创建出沿路径弯曲且垂直于路径的文本。
- **钢笔工具**：创建复杂的曲线。
- **删除定位点工具**：在线段上减少节点。
- **添加定位点工具**：在线段上增加节点。
- **转换定位点工具**：产生一个尖角。
- **矩形工具**：绘制矩形。
- **圆角矩形工具**：创建一个带有圆角的矩形。

- ■ 切角矩形工具：创建一个矩形，并且对该矩形的边界进行剪裁控制。
- ■ 圆矩形工具：创建一个偏圆的矩形。
- ■ 楔形工具：创建一个三角形。
- ■ 弧形工具：创建一个扇形。
- ■ 椭圆工具：绘制椭圆形。按住Shift键可建立一个正圆形。
- ■ 直线工具：绘制一条直线。

位于"字幕"编辑窗口的左下方的"字幕动作"面板主要用于对单个对象或者多个对象进行对齐、排列和分布的调整，如图5-6所示。

图5-6 字幕动作面板

工具说明如下。

- ■ 水平靠左：使所选对象在水平方向上靠左边对齐。
- ■ 垂直靠上：使所选对象在竖直方向上靠顶部对齐。
- ■ 水平居中：使所选对象在水平方向上居中对齐。
- ■ 垂直居中：使所选对象在竖直方向上居中对齐。
- ■ 水平靠右：使所选对象在水平方向上靠右边对齐。
- ■ 垂直靠下：使所选对象在竖直方向上靠底部对齐。
- 在"中心"选项组中可以调整对象的位置。
- ■ 垂直居中：移动对象使其竖直居中。
- ■ 水平居中：移动对象使其水平居中。
- 在"分布"组中可以使选中的对象按一定的方式进行分布。
- ■ 水平靠左：对多个对象进行水平方向上的左对齐分布，并且每个对象左边缘之间的间距相同。
- ■ 垂直靠上：对多个对象进行竖直方向上的顶部对齐分布，并且每个对象上边缘之间的间距相同。
- ■ 水平居中：对多个对象进行水平方向上的居中均匀对齐分布。
- ■ 垂直居中：对多个对象进行竖直方向上的居中均匀对齐分布。

- ■ 水平靠右：对多个对象进行水平方向上的右对齐分布，并且每个对象右边缘之间的间距相同。
- ■ 垂直靠下：对多个对象进行竖直方向上的底部对齐分布，并且每个对象下边缘之间的间距相同。
- ■ 水平等距间隔：对多个对象进行水平方向上的均匀分布对齐。
- ■ 垂直等距间隔：对多个对象进行竖直方向上的均匀分布对齐。

5.2 插入标识

在Premiere Pro CS6中创建字幕时，可以单独插入一个标识作为字幕，也可以在文字前面插入标识。Premiere Pro CS6支持以下众多格式的文件，包括：AI File、Bitmap、EPS File、PCX、Targa、PNG、ICO、JPG、TIFF、PSD等。

单独插入一个标识作为字幕的操作步骤具体如下。

01 执行"文件"/"新建"/"字幕"命令，弹出"新建字幕"对话框，如图5-7所示。在对话框中可以设置字幕的各项参数及名称，设置好后单击"确定"按钮进入"字幕"编辑窗口。

图5-7 "新建字幕"对话框

02 执行"字幕"/"标记"/"插入标记"命令，如图5-8所示。在弹出的"导入图像为标记"对话框中，找到存储标识文件的目录，选择文件导入即可，如图5-9所示。

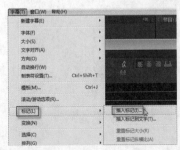

图5-8 执行命令

图 5-9 导入文件

03 如果插入的标识文件含有透明信息，Premiere Pro CS6也可以完美地再现这些透明信息，以达到最好的合成效果。插入标识后的效果如图 5-10所示。

图 5-10 插入标识后效果

04 如果需要在字幕文本中插入标识，可以选择输入工具 T ，在文本需要插入标识的位置单击鼠标右键，执行"标记"/"插入标记到文字"命令，如图 5-11所示。然后选择标识文件插入即可，再根据实际需要调整其位置和大小，最终效果如图 5-12所示。

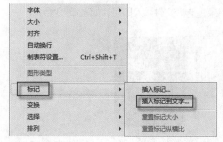

图 5-11 执行命令

图 5-12 最终效果

提示

在对插入标识的文本字幕进行整体修改的同时，也会影响插入的标识。如果不希望影响标识或者想单独对标识进行修改，可以使用输入工具 T 选择标识并对其进行单独修改。

5.3 路径文字字幕

01 执行"文件"/"新建"/"字幕"命令，弹出"新建字幕"对话框，如图 5-13所示。在对话框中可以设置字幕的各项参数及名称，设置好后单击"确定"按钮进入"字幕"编辑窗口。

图 5-13 "新建字幕"对话框

02 选择字幕工具栏中的路径工具（垂直路径文字工具 ，或路径文字工具 ），在这里选择垂直路径文字工具 。

03 移动光标到窗口中，此时光标变为钢笔工具 ，在要输入文字的位置单击鼠标左键。

04 移动光标到另一个位置，再次单击鼠标，将会出现一条直线，即载入路径，如图 5-14所示。

05 选择任意文字输入工具，在路径上单击并输入文字即可，可以调整路径的控制点来改变文字的排列形状。最终效果如图 5-15所示。

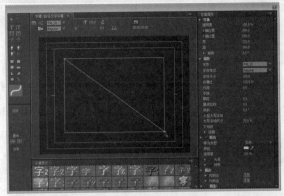

图 5-14 绘制路径

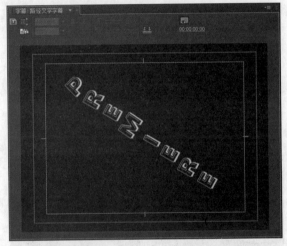

图 5-15 最终效果

5.4 带光晕效果的字幕

01 执行"文件"/"新建"/"字幕"命令，弹出"新建字幕"对话框，如图 5-16所示。在对话框中可以设置字幕的各项参数及名称，设置好后单击"确定"按钮进入"字幕"编辑窗口。

图 5-16 "新建字幕"对话框

02 在字幕工具栏中选择文字输入工具，移动光标到编辑区，单击鼠标左键，输入文字。然后单击"选择工具"按钮，调整文字的位置，如图 5-17所示。

图 5-17 调整文字位置

03 勾选"字幕"编辑窗口右侧的"填充"参数栏下面的"光泽"选项复选框，如图 5-18所示。该选项可以为对象添加光晕，产生金属光泽感。

参数说明如下。

● 颜色：用于指定光泽的颜色。
● 透明度：控制光泽的不透明度。
● 大小：控制光泽的大小。
● 角度：调整光泽的方向。
● 偏移：调整光泽位置的偏移程度。

04 展开"光泽"选项下拉列表，为文字指定好颜色、透明度、尺寸、角度和偏移值，如图 5-19所示。其中颜色RGB参数为49、42、195。

图 5-18 勾选"光泽"选项

图 5-19 设置参数

05 最终效果如图 5-20所示。

图 5-20 最终效果

5.5 带阴影效果的字幕

激活"字幕"编辑窗口右侧的"阴影"参数栏，可以为对象设置一个投影。参数设置栏如图 5-21所示。

设置阴影后的字幕效果如图 5-22所示。

图 5-21 "字幕"编辑窗口

图 5-22 最终效果

参数说明如下。

- 颜色：可以指定投影的颜色。
- 透明度：控制投影的不透明度。
- 角度：控制投影角度。
- 距离：控制投影距离对象的远近程度。
- 大小：控制投影的大小。
- 扩散：控制投影的柔和度，参数越大，产生的投影越柔和。

5.6 带材质效果的字幕

在设计字幕时，可以为所创建的字幕指定一个材质对象，将其特性应用到该字幕上。在"字幕"编辑窗口右侧的"字幕属性"中，有两处可以应用材质的地方。一处是"填充"参数栏下的"材质"选项，如图 5-23所示。另一处是"背景"参数栏下的"材质"选项，如图 5-24所示。两者的设置都是一样的，不同的是"背景"参数栏下的"材质"选项不是作用于字幕本身的，而是对与字幕对应的视频轨道上的素材对象发生作用的。

图 5-23 "填充"参数栏下"材质"选项

图 5-24 "背景"参数栏下"材质"选项

下面是对"填充"参数栏下的"材质"选项参数的说明。

- 对象翻转/对象旋转：勾选该选项，当对象移动/旋转时，材质也会跟着一起动。
- 缩放：可以对材质进行缩放，可以在"水平"和"垂直"栏中水平或竖直缩放材质图的大小。
- 对齐：主要用于对齐材质，调整材质的位置。
- 混合：主要设置材质与原字幕混合的程度和方式。

首先为字幕对象指定一个填充纹理。单击"材质"右侧的小方块■，弹出"选择材质图像"对话框，如图5-25所示。在这里可以选择一幅图像作为纹理。

图 5-25 "选择材质图像"对话框

在"选择材质图像"对话框中单击"打开"按钮，即可将选择的材质图像应用到对象上，最终效果如图5-26所示。

图 5-26 最终效果

5.7 颜色渐变的字幕

在"字幕"编辑窗口右侧的"填充"参数栏下的"填充类型"下拉列表中，可以选择不同的类型来填充文字，如图 5-27所示。默认一般使用"实色"方式进行填充，单击"色彩"按钮，在弹出的"颜色拾取"对话框中可以指定对象的颜色，如图5-28所示。

图 5-27 填充类型

图 5-28 "颜色拾取"对话框

下面介绍三种常用的渐变类型参数。

● 线性渐变：当选择"线性渐变"进行填充时，"颜色"栏变为渐变颜色栏，如图 5-29所示。可以分别单击两个颜色滑块，在弹出的对话框中选择渐变开始和渐变结束的颜色。选择颜色滑块后，单击拖曳可以改变该参数，以决定该颜色在整个渐变色中所占的比例。效果如图5-30所示。

图 5-29 渐变颜色栏

图 5-30 "线性渐变"效果

● 放射渐变："放射渐变"同"线性渐变"类似。不同之处在于"线性渐变"是由一条直线发射出去，而"放射渐变"则是通过圆心向外发射。效果如图5-31所示。

141

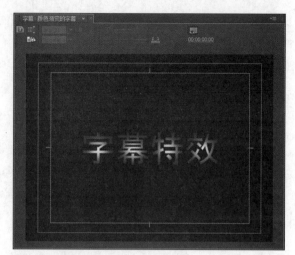

图 5-31 "放射渐变"效果

● 四色渐变："颜色"栏四个角上的颜色块允许重新定义，如图 5-32 所示。效果如图 5-33 所示。

图 5-32 "四色渐变"颜色栏

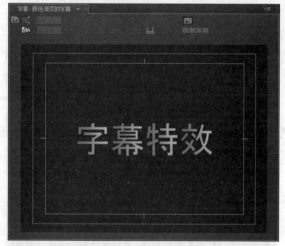

图 5-33 "四色渐变"效果

5.8 应用字幕样式

字幕样式位于"字幕"编辑窗口下方的"字幕样式"列表中，如图 5-34 所示。

图 5-34 "字幕样式"列表

如果要为一个对象应用预设的字幕样式，只需要选择该对象，然后在编辑窗口下方单击"字幕样式"栏中的样式即可，如图 5-35 所示。

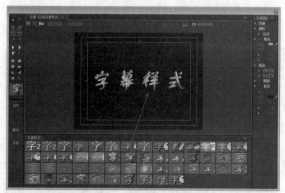

图 5-35 添加字幕样式

单击"字幕样式"栏右侧的菜单按钮 ，即弹出样式菜单，如图 5-36 所示。

图 5-36 菜单列表

参数说明如下。

- **新建样式**：新建一个样式。
- **应用样式**：应用所选中的样式化效果。
- **应用带字体大小的样式**：将所选中样式化效果的字体同时应用到字幕上。
- **仅应用样式颜色**：只将所选样式化效果的色彩应用到字幕上。
- **复制样式**：复制一个样式化效果。
- **删除样式**：删除选定的样式化效果。
- **重命名样式**：给选定的样式另设一个名称。
- **重置样式库**：把当前样式设置为默认效果。
- **追加样式库**：读取样式化效果库。
- **存储样式库**：复位当前的样式化效果库。
- **替换样式库**：替换当前样式化效果库。
- **仅文字**：在样式化效果库中仅显示名称。
- **小缩略图**：小图标显示样式化效果。
- **大缩略图**：大图标显示样式化效果。

5.9 创建动态字幕

在观看影片时，时常可以看到影片的开头或结尾出现滚动的文字，用来显示演职人员名单。或是可以在画面中看到一些飞入的文字，如影片中出现的人物对白文字等。在Premiere Pro CS6中提供了创建动态字幕这一功能，可以帮助用户快速地实现这些效果。本节将为读者介绍几类常见的动态字幕制作方法。

5.9.1 课堂范例——文字从远处飞来

源文件路径	素材\第5章\5.9.1课堂范例——文字从远处飞来
视频路径	视频\第5章\5.9.1课堂范例——文字从远处飞来.mp4
难易程度	★★

01 启动Premiere Pro CS6，新建项目，新建序列。

02 执行"文件"/"导入"命令，在弹出的"导入"对话框中选择需要的素材，单击"打开"按钮，导入素材，如图5-37所示。

图5-37 导入素材

03 在"项目"面板中选择"山水.jpg"素材，并将它拖入"视频1"轨道，如图5-38所示。

图5-38 将素材拖入视频轨道

04 选择"视频1"轨道中的"山水.jpg"素材，执行"素材"/"速度/持续时间"命令（或直接在素材上右键单击，弹出菜单，选择相同命令），如图5-39所示。

05 弹出"素材速度/持续时间"对话框，修改"持续时间"参数为00：00：10：00，设置完成后单击"确定"按钮，如图5-40所示。

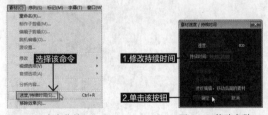

图5-39 命令菜单　　　　　图5-40 修改参数

06 选择视频轨道上的"山水.jpg"素材，打开"特效控制台"面板，在"运动"属性一栏设置素材图像的位置参数为376、294，设置缩放比例参数为94，如图5-41所示。

07 执行"文件"/"新建"/"字幕"命令，弹出"新建字幕"对话框，设置好属性及名称，单击"确定"按钮，完成字幕创建，如图5-42所示。

图 5-41 参数设置

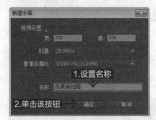

图 5-42 "新建字幕"对话框

08 进入"字幕"编辑窗口，在工具栏中选择文本输入工具 T，移动光标到编辑区并单击，输入文字。然后在工具栏中单击"选择工具"按钮 ，在编辑区调整文字的位置。效果如图 5-43 所示。

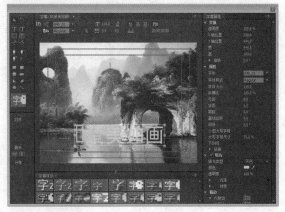

图 5-43 调整文字

09 选中输入的文字，单击选择"字幕样式"列表中的"方正黑体1"字体样式为文字设置属性。然后在右侧的"字幕属性"面板中选择一种中文字体以保证该中文文字的正常显示，同时调整字体大小参数为70，如图5-44所示。

图 5-44 参数设置

10 完成设置后，单击"字幕"编辑窗口右上角的"关闭"按钮 。回到操作界面，可以看到创建的字幕作为一种可用的素材被自动放置到"项目"面板中了，如图5-45所示。

图 5-45 "项目"面板

11 在"项目"面板中选择字幕素材并拖入"视频2"轨道，如图 5-46 所示。

图 5-46 将素材拖入视频轨道

12 选择"视频2"轨道中的字幕素材，执行"素材"/"速度/持续时间"命令（或直接在素材上右键单击，弹出菜单，选择相同命令），弹出"素材速度/持续时间"对话框，修改"持续时间"参数为00：00：10：00，设置完成后单击"确定"按钮，如图5-47所示。

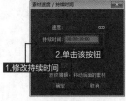

图 5-47 修改参数

13 在"时间轴"窗口中，按Home键使时间标记🔻回到素材开头处。选中"视频2"轨道中的字幕素材，在其"特效控制台"面板中将"运动"属性中的"位置"参数设置为38.4、－34.5，将"缩放比例"参数设置为58。将"透明度"参数设置为45，如图 5-48所示，并分别单击这几个参数左侧的"切换动画"按钮🔲设置关键帧。"节目"监视器窗口中的预览效果如图 5-49所示。

图 5-48 参数设置

图 5-49 显示效果

14 将时间标记🔻移动到00：00：04：12处，继续在字幕素材的"特效控制台"面板中按照图 5-50设置"位置""缩放比例"和"透明度"参数。"节目"监视器窗口中的预览效果如图 5-51所示。

图 5-50 参数设置

图 5-51 显示效果

15 将时间标记🔻移动到00：00：09：24处，在字幕素材的"特效控制台"面板中按照图 5-52设置"位置""缩放比例"和"透明度"参数。"节目"监视器窗口中的预览效果如图 5-53所示。

图 5-52 参数设置

图 5-53 显示效果

16 至此，所有素材和特效添加完毕，序列效果如图 5-54所示。

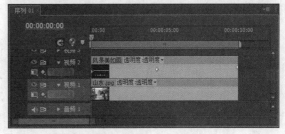

图 5-54 最终视频的序列效果

17 按Enter键渲染项目，渲染完成后预览动画效果，如图5-55所示。

图5-55 效果预览图

5.9.2 课堂范例——流动文字效果

源文件路径	素材\第5章\5.9.2课堂范例——流动文字效果
视频路径	视频\第5章\5.9.2课堂范例——流动文字效果.mp4
难易程度	★★

01 启动Premiere Pro CS6，新建项目，新建序列。

02 执行"文件"/"导入"命令，在弹出的"导入"对话框中选择需要的素材，单击"打开"按钮，导入素材，如图5-56所示。

图5-56 导入素材

03 在"项目"面板中选择"花月.jpg"素材，并将它拖入"视频1"轨道，如图5-57所示。

图5-57 将素材拖入视频轨道

04 选择"视频1"轨道中的"花月.jpg"素材，执行"素材"/"速度/持续时间"命令（或直接在素材上右键单击，弹出菜单，选择相同命令），如图5-58所示。弹出"素材速度/持续时间"对话框，修改"持续时间"参数

为00：00：10：00，设置完成后单击"确定"按钮，如图5-59所示。

图5-58 命令菜单　　　图5-59 修改参数

05 选择视频轨道上的"花月.jpg"素材，打开"特效控制台"面板，在"运动"属性一栏设置素材图像的位置参数为399.4、286.4，设置缩放比例参数为86.1，如图5-60所示。

图5-60 参数设置

06 执行"文件"/"新建"/"字幕"命令，弹出"新建字幕"对话框，设置好属性及名称，单击"确定"按钮，完成字幕创建，如图5-61所示。

图5-61 "新建字幕"对话框

07 进入"字幕"编辑窗口，在工具栏中选择文本输入工具，移动光标到编辑区并单击，输入文字。然后在工具栏中单击"选择工具"按钮，在编辑区调整文字的位置。效果如图5-62所示。

08 选中输入的文字，单击选择"字幕样式"列表中的"汉仪菱心斜体"字体样式为文字设置属性。然后在右侧的"字幕属性"面板中选择一种中文字体以保证该中文文字的正常显示，同时调整字体相应参数，具体设置及效果如图 5-63所示。

图 5-62 调整文字

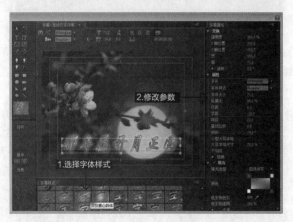

图 5-63 参数设置

09 完成设置后，单击"字幕"编辑窗口右上角的"关闭"按钮⊠。回到操作界面，可以看到创建的字幕作为一种可用的素材被自动放置到"项目"面板中了，如图 5-64所示。

图 5-64 "项目"面板

10 在"项目"面板中选择字幕素材并拖入"视频2"轨道，如图 5-65所示。

图 5-65 将素材拖入视频轨道

11 选择"视频2"轨道中的字幕素材，执行"素材"/"速度/持续时间"命令（或直接在素材上右键单击，弹出菜单，选择相同命令），弹出"素材速度/持续时间"对话框，修改"持续时间"参数为00：00：10：00，设置完成后单击"确定"按钮，如图 5-66所示。

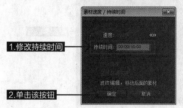

图 5-66 修改参数

12 打开"效果"面板，展开"视频特效"文件夹，选择"扭曲"文件夹中的"紊乱置换"特效，并将该特效添加到"视频2"轨道的字幕素材中，如图 5-67所示。

图 5-67 为素材添加"紊乱置换"特效

13 打开字幕素材的"特效控制台"面板，将"置换"方式改为"扭转"，并按照图 5-68设置"紊乱置换"特效属性的其他参数，最后分别单击这几个参数左侧的"切换动画"按钮图设置关键帧。

图 5-68 参数设置

14 在"时间轴"窗口中，按End键将时间标记置于素材末端，如图 5-69所示。

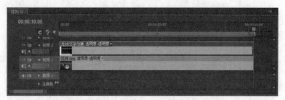

图 5-69 调整"时间标记"

15 在字幕素材的"特效控制台"面板中按照图 5-70修改"紊乱置换"特效属性的各项参数。

图 5-70 参数设置

16 至此，所有素材和特效添加完毕，序列效果如图 5-71所示。

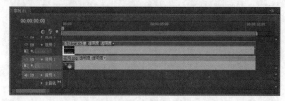

图 5-71 最终视频的序列效果

17 按Enter键渲染项目，渲染完成后预览动画效果，如图 5-72所示。

图 5-72 效果预览图

5.9.3 课堂范例——旋转文字效果

源文件路径	素材\第5章\5.9.3课堂范例——旋转文字效果
视 频 路 径	视频\第5章\5.9.3课堂范例——旋转文字效果.mp4
难易程度	★★★

01 启动Premiere Pro CS6，新建项目，新建序列。

02 执行"文件"/"导入"命令，在弹出的"导入"对话框中选择需要的素材，单击"打开"按钮，导入素材，如图 5-73所示。

图 5-73 导入素材

03 在"项目"面板中选择"背景.jpg"素材，并将它拖入"视频1"轨道，如图 5-74所示。

图 5-74 将素材拖入视频轨道

04 选择"视频1"轨道中的"背景.jpg"素材，执行"素材"/"速度/持续时间"命令（或直接在素材上右键单击，弹出菜单，选择相同命令），如图 5-75所示。弹出"素材速度/持续时间"对话框，修改"持续时间"参数为00：00：10：00，设置完成后单击"确定"按钮，如图 5-76所示。

图 5-75 命令菜单

图 5-76 修改参数

05 选择视频轨道上的"背景.jpg"素材，打开"特效控制台"面板，在"运动"属性一栏设置素材图像的位置参数为333.1、292.9，设置缩放比例参数为76.6，如图

5-77所示。

图 5-77 参数设置

06 执行"文件"/"新建"/"字幕"命令，弹出"新建字幕"对话框，设置好属性及名称，单击"确定"按钮，完成字幕创建，如图 5-78所示。

图 5-78 "新建字幕"对话框

07 进入"字幕"编辑窗口，在工具栏中选择文本输入工具，移动光标到编辑区并单击，输入文字。然后在工具栏中单击"选择工具"按钮，在编辑区调整文字的位置。效果如图 5-79所示。

图 5-79 调整文字

08 选中输入的文字，单击选择"字幕样式"列表中的"方正粗宋"字体样式为文字设置属性。然后在右侧的"字幕属性"面板中选择一种中文字体以保证该中文文字的正常显示，同时调整字体相应参数，具体设置及效果如图 5-80所示。

图 5-80 参数设置

09 完成设置后，单击"字幕"编辑窗口右上角的"关闭"按钮，回到操作界面，可以看到创建的字幕作为一种可用的素材被自动放置到"项目"面板中了，如图 5-81所示。

图 5-81 "项目"面板

10 在"项目"面板中选择字幕素材并拖入"视频2"轨道，如图 5-82所示。

图 5-82 将素材拖入"视频2"轨道

11 选择"视频2"轨道中的字幕素材，执行"素材"/"速度/持续时间"命令（或直接在素材上右键单击，弹出菜单，选择相同命令），弹出"素材速度/持续时间"对话框，修改"持续时间"参数为00：00：10：00，设置完成后单击"确定"按钮，如图 5-83所示。

12 在"时间轴"窗口中，按Home键使时间标记回到素材开头处。选中"视频2"轨道中的字幕素材，在其"特效控制台"面板中将"运动"属性中的"旋转"参数设置为33，如图 5-84所示。并单击该参数左侧的"切换动画"按钮设置关键帧。"节目"监视器窗口中的预览

图 5-83 修改参数

149

效果如图 5-85所示。

图 5-84 参数设置

图 5-85 显示效果

13 将时间标记 ▶ 移动到00：00：09：24处，在字幕素材的"特效控制台"面板中将"旋转"参数设置为360（显示为1×0.0°），如图 5-86所示。"节目"监视器窗口中的预览效果如图 5-87所示。

图 5-86 参数设置

图 5-87 显示效果

14 至此，所有素材和特效添加完毕，序列效果如图5-88所示。

图 5-88 最终视频的序列效果

15 按Enter键渲染项目，渲染完成后预览动画效果，如图 5-89所示。

图 5-89 效果预览图

5.9.4 课堂范例——爬行字幕效果

源文件路径	素材\第5章\5.9.4课堂范例——爬行字幕效果
视频路径	视频\第5章\5.9.4课堂范例——爬行字幕效果.mp4
难易程度	★ ★ ★

01 启动Premiere Pro CS6，新建项目，新建序列。

02 执行"文件"/"导入"命令，在弹出的"导入"对话框中选择需要的素材，单击"打开"按钮，导入素材，如图 5-90所示。

图 5-90 导入素材

03 在"项目"面板中选择"桃花.jpg"素材，并将它拖入"视频1"轨道，如图 5-91所示。

图 5-91 将素材拖入视频轨道

04 选择"视频1"轨道中的"桃花.jpg"素材，执行"素材"/"速度/持续时间"命令（或直接在素材上右键单击，弹出菜单，选择相同命令），如图 5-92 所示。弹出"素材速度/持续时间"对话框，修改"持续时间"参数为00：00：10：00，设置完成后单击"确定"按钮，如图 5-93 所示。

图 5-92 命令菜单　　　图 5-93 修改参数

05 选择视频轨道上的"桃花.jpg"素材，打开"特效控制台"面板，在"运动"属性一栏设置素材图像的位置参数为421.2、286.4，设置缩放比例参数为65.1，如图 5-94 所示。

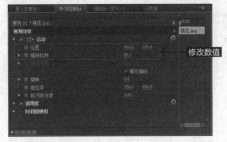

图 5-94 参数设置

06 执行"文件"/"新建"/"字幕"命令，弹出"新建字幕"对话框，设置好属性及名称，单击"确定"按钮，完成字幕创建，如图 5-95 所示。

图 5-95 "新建字幕"对话框

07 进入"字幕"编辑窗口，在工具栏中选择文本输入工具 **T**，移动光标到编辑区并单击，输入文字（文字为"人间四月芳菲尽，山寺桃花始盛开。长恨春归无觅处，不知转入此中来。"）。然后在工具栏中单击"选择工具"按钮 **▶**，在编辑区调整文字的位置。效果如图 5-96 所示。

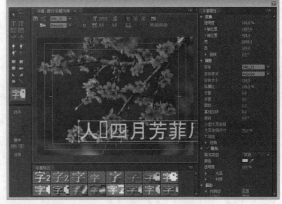

图 5-96 调整文字

08 选中输入的文字，单击选择"字幕样式"列表中的"方正大黑"字体样式为文字设置属性。然后在右侧的"字幕属性"面板中选择一种中文字体以保证该中文文字的正常显示，同时调整字体相应参数，具体设置及效果如图 5-97 所示。

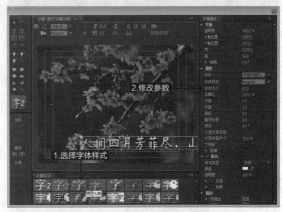

图 5-97 参数设置

09 执行"字幕"/"滚动/游动选项"命令，或选择字幕，直接单击位于"字幕"编辑窗口上方的"滚动/游动选项"按钮 **▤**，在弹出的"滚动/游动选项"对话框中按照图 5-98 进行设置，然后单击"确定"按钮。

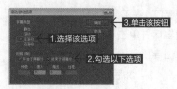

图5-98 参数设置

10 完成设置后，单击"字幕"编辑窗口右上角的"关闭"按钮 ⊠。回到操作界面，可以看到创建的字幕作为一种可用的素材被自动放置到"项目"面板中了，如图5-99所示。

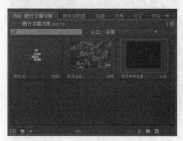

图5-99 "项目"窗口

11 在"项目"面板中选择字幕素材并拖入"视频2"轨道，如图5-100所示。

图5-100 将素材拖到时间轨道中

12 选择"视频2"轨道中的字幕素材，执行"素材"/"速度/持续时间"命令（或直接在素材上右键单击，弹出菜单，选择相同命令），弹出"素材速度/持续时间"对话框，修改"持续时间"参数为00：00：10：00，设置完成后单击"确定"按钮，如图5-101所示。

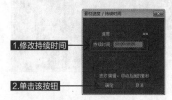

图5-101 修改参数

13 至此，所有素材和特效添加完毕，序列效果如图5-102所示。

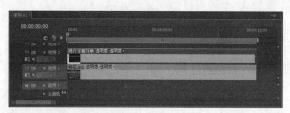

图5-102 最终视频的序列效果

14 按Enter键渲染项目，渲染完成后预览动画效果，如图5-103所示。

图5-103 效果预览

5.9.5 课堂范例——漂浮的字幕效果

源文件路径	素材\第5章\5.9.5课堂范例——漂浮的字幕效果
视频路径	视频\第5章\5.9.5课堂范例——漂浮的字幕效果.mp4
难易程度	★ ★ ★

01 启动Premiere Pro CS6，新建项目，新建序列。

02 执行"文件"/"导入"命令，在弹出的"导入"对话框中选择需要的素材，单击"打开"按钮，导入素材，如图5-104所示。

图5-104 导入素材

03 在"项目"面板中选择"cat.jpg"素材，并将它拖入"视频1"轨道，如图5-105所示。

图 5-105 将素材拖入视频轨道

04 选择"视频1"轨道中的"cat.jpg"素材,执行"素材"/"速度/持续时间"命令(或直接在素材上右键单击,弹出菜单,选择相同命令),如图 5-106所示。弹出"素材速度/持续时间"对话框,修改"持续时间"参数为00:00:10:00,设置完成后单击"确定"按钮,如图 5-107所示。

图 5-106 命令菜单

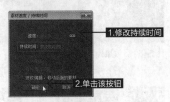

图 5-107 修改参数

05 选择视频轨上的"cat.jpg"素材,打开"特效控制台"面板,在"运动"属性一栏设置素材图像的位置参数为322.7、281.5,设置缩放比例参数为66.2,如图5-108所示。

图 5-108 参数设置

06 执行"文件"/"新建"/"字幕"命令,弹出"新建字幕"对话框,设置好属性及名称,单击"确定"按钮,完成字幕创建,如图 5-109所示。

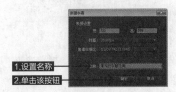

图 5-109 "新建字幕"对话框

07 进入"字幕"编辑窗口,在工具栏中选择文本输入工具 **T**,移动光标到编辑区并单击,输入文字。然后在工具栏中单击"选择工具"按钮 ,在编辑区调整文字的位置。效果如图 5-110所示。

图 5-110 调整文字

08 选中输入的文字,单击选择"字幕样式"列表中的"黑体"字体样式为文字设置属性。然后在右侧的"字幕属性"面板中选择一种中文字体以保证该中文文字的正常显示,同时调整字体相应参数,具体设置及效果如图 5-111所示。

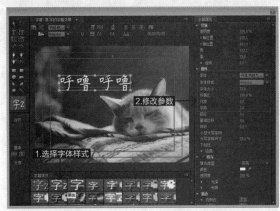

图 5-111 参数设置

09 执行"字幕"/"滚动/游动选项"命令,或选择字幕,直接单击位于"字幕"编辑窗口上方的"滚动/游动选项"按钮 ,在弹出的"滚动/游动选项"对话框中按照图 5-112进行设置,然后单击"确定"按钮。

图 5-112 参数设置

10 完成设置后，单击"字幕"编辑窗口右上角的"关闭"按钮🗙。回到操作界面，可以看到创建的字幕作为一种可用的素材被自动放置到"项目"面板中了，如图5-113所示。

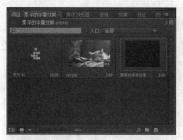

图 5-113 "项目"窗口

11 在"项目"面板中选择字幕素材并拖入"视频2"轨道，如图 5-114所示。

图 5-114 将素材拖入"视频2"轨道

12 选择"视频2"轨道中的字幕素材，执行"素材"/"速度/持续时间"命令（或直接在素材上右键单击，弹出菜单，选择相同命令），弹出"素材速度/持续时间"对话框，修改"持续时间"参数为00：00：10：00，设置完成后单击"确定"按钮，如图 5-115所示。

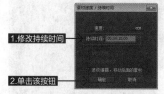

图 5-115 修改参数

13 打开"效果"面板，展开"视频特效"文件夹，选择"扭曲"文件夹中的"紊乱置换"特效，并将该特效添加到"视频2"轨道的字幕素材中，如图 5-116所示。

图 5-116 为素材添加"紊乱置换"特效

14 至此，所有素材和特效添加完毕，序列效果如图5-117所示。

图 5-117 最终视频的序列效果

15 按Enter键渲染项目，渲染完成后预览动画效果，如图 5-118所示。

图 5-118 效果预览图

5.9.6 课堂范例——燃烧的字幕

源文件路径	素材\第5章\5.9.6课堂范例——燃烧的字幕
视频路径	视频\第5章\5.9.6课堂范例——燃烧的字幕.mp4
难易程度	★★★★

01 启动Premiere Pro CS6，新建项目，新建序列。

02 执行"文件"/"导入"命令，在弹出的"导入"对话框中选择需要的素材，单击"打开"按钮，导入素材，如图 5-119所示。

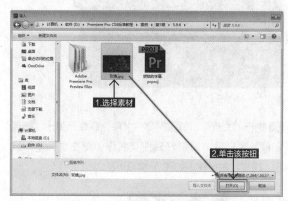

图 5-119 导入素材

03 在"项目"面板中选择"玫瑰.jpg"素材，并将它拖入"视频1"轨道，如图 5-120所示。

图 5-120 将素材拖入"视频1"轨道

04 选择"视频1"轨道中的"玫瑰.jpg"素材，执行"素材"/"速度/持续时间"命令（或直接在素材上右键单击，弹出菜单，选择相同命令），如图 5-121所示。弹出"素材速度/持续时间"对话框，修改"持续时间"参数为00：00：10：00，设置完成后单击"确定"按钮，如图 5-122所示。

图 5-121 命令菜单　　图 5-122 修改参数

05 选择视频轨道上的"玫瑰.jpg"素材，打开"特效控制台"面板，在"运动"属性一栏设置素材图像的位置参数为330.1、284.7，设置缩放比例参数为69.3，如图 5-123所示。

图 5-123 参数设置

06 执行"文件"/"新建"/"字幕"命令，弹出"新建字幕"对话框，设置好属性及名称，单击"确定"按钮，完成字幕创建，如图 5-124所示。

图 5-124 "新建字幕"对话框

07 进入"字幕"编辑窗口，在工具栏中选择文本输入工具，移动光标到编辑区并单击，输入文字。然后在工具栏中单击"选择工具"按钮，在编辑区调整文字的位置。效果如图 5-125所示。

图 5-125 调整文字

08 选中输入的文字，单击选择"字幕样式"列表中的"方正宋黑"字体样式为文字设置属性。然后在右侧的"字幕属性"面板中选择一种中文字体以保证该中文文字的正常显示，同时调整字体相应参数，具体设置及效果如图 5-126所示。

图 5-126 参数设置

09 执行"字幕"/"滚动/游动选项"命令，或选择字幕，直接单击位于"字幕"编辑窗口上方的"滚动/游动选项"按钮，在弹出的"滚动/游动选项"对话框中按照图 5-127进行设置，然后单击"确定"按钮。

图 5-127 参数设置

10 完成设置后，单击"字幕"编辑窗口右上角的"关闭"按钮⊠。回到操作界面，可以看到创建的字幕作为一种可用的素材被自动放置到"项目"面板中了，如图5-128所示。

图 5-128 "项目"窗口

11 在"项目"面板中选择字幕素材并拖入"视频2"轨道，如图 5-129所示。

图 5-129 将素材拖入"视频2"轨道

12 选择"视频2"轨道中的字幕素材，执行"素材"/"速度/持续时间"命令（或直接在素材上右键单击，弹出菜单，选择相同命令），弹出"素材速度/持续时间"对话框，修改"持续时间"参数为00：00：10：00，设置完成后单击"确定"按钮，如图5-130所示。

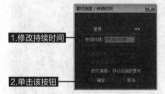

图 5-130 修改参数

13 打开"效果"面板，展开"视频特效"文件夹，选择"扭曲"文件夹中的"紊乱置换"特效，并将该特效添加到"视频2"轨道的字幕素材中，如图5-131所示。

图 5-131 为素材添加"紊乱置换"特效

14 单击"时间轴"窗口中的字幕素材，在其"特效控制台"面板中展开"紊乱置换"特效，选择"垂直置换"类型，并按照图 5-132设置其他各项参数值。

图 5-132 参数设置

15 在"时间轴"窗口中，按Home键使时间标记▣回到素材开头处。在字幕素材的"特效控制台"面板中点击"演化"参数左侧的切换动画按钮▣设置关键帧。然后将时间标记▣拖动到最后，并设置"演化"参数为10，如图 5-133所示。"节目"监视器窗口中的预览效果如图 5-134所示。

图 5-133 参数设置

图 5-134 "项目"窗口

16 打开"效果"面板，展开"视频特效"文件夹，选择"Trapcode"文件夹中的"Shine"特效，并将该特效添加到"视频2"轨道的字幕素材中，如图5-135所示。

图 5-135 为素材添加"Shine"特效

17 在字幕素材的"特效控制台"面板中，按照图 5-136 对"Shine"特效进行参数设置。

图 5-136 参数设置

18 打开"效果"面板，展开"视频特效"文件夹，选择"扭曲"文件夹中的"波形弯曲"特效，并将该特效添加到"视频2"轨道的字幕素材中，如图 5-137 所示。

图 5-137 为素材添加"波形弯曲"特效

19 在字幕素材的"特效控制台"面板中，按照图 5-138 对"波形弯曲"特效进行参数设置。

图 5-138 参数设置

20 打开"效果"面板，展开"视频特效"文件夹，选择"调整"文件夹中的"照明效果"特效，并将该特效添加到"视频2"轨道的字幕素材中，如图 5-139 所示。

图 5-139 为素材添加"照明效果"特效

21 在字幕素材的"特效控制台"面板中展开"照明效果"特效卷展栏，展开其下方的"光照1"卷展栏，按照图 5-140 在"灯光类型"下拉列表中选择"全光源"选项。然后单击"照明颜色"项后面的颜色块，在弹出的"颜色拾取"对话框中选择一种颜色，如图 5-141 所示。然后单击"确定"按钮。

图 5-140 参数设置

图 5-141 "颜色拾取"对话框

22 同样展开"光照2"和"光照3"卷展栏，参数"灯光类型"和"照明颜色"设置为与"光照1"相同。

23 至此，所有素材和特效添加完毕，序列效果如图 5-142 所示。

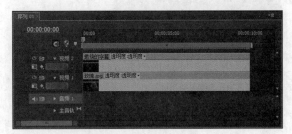

图 5-142 最终视频的序列效果

24 按Enter键渲染项目，渲染完成后预览动画效果，如图 5-143所示。

图 5-143 效果预览图

提示

Shine特效是Trapcode插件组中的光效插件之一，其功能十分强大。用户只需在Premiere Pro CS6中安装Red Giant Trapcode Suite 11套装软件，就可以在"效果"面板中找到Shine特效并进行运用。与Premiere Pro CS6内置视频特效用法相同，只需将Shine特效添加到视频轨道素材中，就可以在"特效控制台"面板中看到该特效参数设置选项。

5.10 综合训练——球面三维动画字幕效果

本训练将通过为制作的字幕添加"球面化""轨道遮罩键"视频特效，来实现球面变形字幕效果。

源文件路径	素材\第5章\5.10综合训练——球面三维动画字幕效果
视频路径	视频\第5章\5.10综合训练——球面三维动画字幕效果.mp4
难易程度	★★★★

01 启动Premiere Pro CS6，新建项目并设置名称为"球面三维动画字幕"，将其保存到指定的文件夹中，单击"确定"按钮，如图 5-144所示。

图 5-144 "新建项目"对话框

02 弹出"新建序列"对话框，选择合适的序列预设，单

击"确定"按钮，如图 5-145所示。

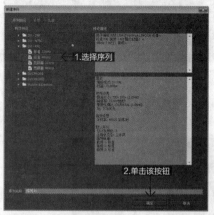

图 5-145 "新建序列"对话框

03 执行"文件"/"导入"命令，在弹出的"导入"对话框中选择需要的素材，单击"打开"按钮，导入素材，如图 5-146所示。

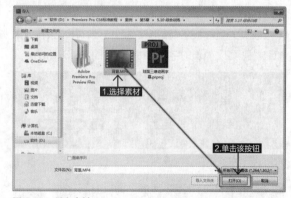

图 5-146 导入素材

04 在"项目"面板中选择"背景.MP4"素材，并将它拖入"视频1"轨道，如图 5-147所示。

图 5-147 将素材拖入"视频1"轨道

05 执行"文件"/"新建"/"字幕"命令，弹出"新建字幕"对话框，设置好属性及名称，单击"确定"按钮，完成字幕创建，如图 5-148所示。

1.设置名称和属性
2.单击该按钮

图 5-148 "新建字幕"对话框

06 进入"字幕"编辑窗口,在工具栏中选择文本输入工具 **T**,移动光标到编辑区并单击,输入文字。然后在工具栏中单击"选择工具"按钮 **▶**,在编辑区调整文字的位置。效果如图 5-149所示。

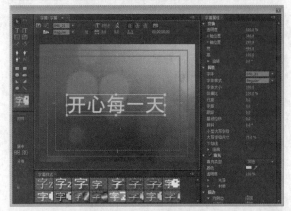

图 5-149 调整文字

07 选中输入的文字,单击选择"字幕样式"列表中的"方正姚体"字体样式为文字设置属性。然后在右侧的"字幕属性"面板中选择一种中文字体以保证该中文文字的正常显示,同时调整字体相应参数,具体设置及效果如图 5-150所示。

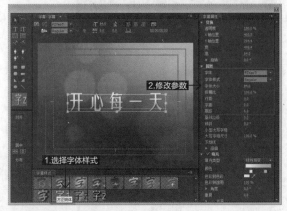

图 5-150 参数设置

08 完成设置后,单击"字幕"编辑窗口右上角的"关闭"按钮 **✕**,返回操作界面。

09 在"项目"面板中选择字幕素材,并将它拖入"视频2"轨道,如图 5-151所示。

1.选择素材
2.拖入视频轨道

图 5-151 将素材拖入"视频2"轨道

10 选择"视频2"轨道中的字幕素材,执行"素材"/"速度/持续时间"命令(或直接在素材上右键单击,弹出菜单,选择相同命令),如图 5-152所示。弹出"素材速度/持续时间"对话框,修改"持续时间"参数为00:00:26:24,设置完成后单击"确定"按钮,如图 5-153所示。

选择该命令

1.修改持续时间
2.单击该按钮

图 5-152 命令菜单　　　　图 5-153 修改参数

11 打开"效果"面板,展开"视频特效"文件夹,选择"扭曲"文件夹中的"球面化"特效,并将该特效添加到"视频2"轨道的字幕素材中,如图 5-154所示。

1.选择特效
2.拖动特效至此处

图 5-154 为素材添加"球面化"特效

12 在"时间轴"窗口中,按Home键使时间标记 **▽** 回到素材开头处。然后打开字幕素材的"特效控制台"面板,按照图 5-155设置"球面化"特效的"半径"参数为80,设置"球面中心"参数为62、290。设置完成后单击"球面中心"参数左侧的"切换动画"按钮 **●** 为其设置关键帧。

13 将时间标记 **▽** 移动到00:00:11:00处,在字幕素材"特效控制台"面板中设置"球面中心"参数为

700、290，如图5-156所示。

图5-155 设置参数

图5-156 设置参数

14 在"项目"面板中单击"新建分项"按钮，在弹出的菜单中选择"黑场"命令，如图5-157所示。弹出"新建黑场视频"对话框，在该对话框中按照图5-158进行设置，完成后单击"确定"按钮。

图5-157 新建黑场视频

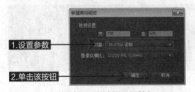

图5-158 "新建黑场视频"对话框

15 在"项目"面板中选择黑场素材，并将它拖入"视频3"轨道，如图5-159所示。

图5-159 将素材拖入"视频3"轨道

16 选择"视频3"轨道中的黑场素材，执行"素材"/"速度/持续时间"命令，修改素材"持续时间"参数为00：00：26：24。

17 打开"效果"面板，展开"视频特效"文件夹，选择"生成"文件夹中的"渐变"特效，并将该特效添加到"视频3"轨道的黑场素材中，如图5-160所示。

图5-160 为素材添加"渐变"特效

18 在"时间轴"窗口中，按Home键使时间标记回到素材开头处。然后打开黑场素材的"特效控制台"面板，按照图5-161设置"渐变"特效的"渐变起点"参数为33、63，设置"渐变终点"参数为118、61。设置完成后分别单击这两个参数左侧的"切换动画"按钮设置关键帧。"节目"监视器窗口中的预览效果如图5-162所示。

图5-161 设置参数

图5-162 "节目"监视器窗口中的效果

19 将时间标记移动到00：00：10：00处，在黑场素材"特效控制台"面板中按照图5-163设置"渐变起点"参数为666、326，设置"渐变终点"参数为718、325。"节目"监视器窗口中的预览效果如图5-164所示。

图 5-163 设置参数

图 5-164 "节目"监视器窗口中的效果

20 打开"效果"面板,展开"视频特效"文件夹,选择"键控"文件夹中的"轨道遮罩键"特效,并将该特效添加到"视频2"轨道的字幕素材中,如图 5-165所示。

图 5-165 为素材添加"轨道遮罩键"特效

21 进入"特效控制台"面板,将"轨道遮罩键"特效下的"遮罩"设为视频3,如图 5-166所示。

图 5-166 修改遮罩层

22 至此,所有素材和特效添加完毕,序列效果如图5-167所示。

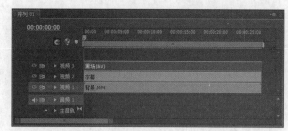

图 5-167 最终视频的序列效果

23 按Enter键渲染项目,渲染完成后预览动画效果,如图 5-168所示。

图 5-168 效果预览图

5.11 课后习题

◆ 习题1:波浪变形字幕

源文件路径	素材\第5章\5.11课后习题
视频路径	无
难易程度	★ ★ ★

本习题通过为字幕素材添加"波形弯曲"特效,实现波浪变形的字幕效果。

01 新建一个项目文件。

02 导入素材文件。

03 将素材拖入"时间轴"窗口,调整为合适大小,并修改"持续时间"为10秒。

04 执行"文件"/"新建"/"字幕"命令，创建字幕。

05 打开"效果"面板，打开"视频特效"文件夹，选择"扭曲"文件夹中的"波形弯曲"特效添加给字幕素材。

06 调节时间标记到多个不同时间点，并在"特效控制台"面板中为"波形高度"参数设置关键帧。

◆习题2：3D旋转字幕

源文件路径	素材\第5章\5.11课后习题
视频路径	无
难易程度	★★★

本习题通过为字幕素材添加"基本3D特效，实现3D旋转的字幕效果"。

01 新建一个项目文件。

02 导入素材文件。

03 将素材拖入"时间轴"窗口，调整为合适大小，并修改"持续时间"为10秒。

04 执行"文件"/"新建"/"字幕"命令，创建字幕。

05 打开"效果"面板，打开"视频特效"文件夹，选择"透视"文件夹中的"基本3D"特效添加给字幕素材。

06 调节时间标记到多个不同时间点，并在"特效控制台"面板中为"旋转"参数设置关键帧。

本章视频时长
31 分钟

第 6 章

音频技术

一部完整的作品包括了图像和声音这两大部分，声音在影视作品中往往能起到解释、烘托、渲染气氛和感染力、增强影片的表现力度等作用。本章将为读者讲解在Premiere Pro CS6中音频技术的应用。

本章学习目标

- 了解音频技术知识
- 了解声音组合形式及其作用
- 掌握调节音频的方法
- 掌握音频特效技术的应用

本章重点内容

- 使用调音台调节音频
- 录音和子轨道
- 分离和链接视、音频
- 添加音频特效及过渡效果

扫 码 看 课 件　　扫 码 看 视 频

6.1 关于音频处理

Premiere Pro CS6内置强大的音频处理功能，在操作界面打开如图 6-1所示的"调音台"面板，用户可以使用专业调音台的的工作方式来对声音素材进行编辑和控制。最新的5.1声道处理能力使它可以输出带有AC-3环绕音效的影片。在Premiere Pro CS6中可以将音频素材和音频轨道进行分离处理，同时自带实时录音功能，让用户具有更广阔的创意发挥空间。

图 6-1 "调音台"面板

6.1.1 音频效果的处理方式

首先简单介绍一下Premiere Pro CS6中音频效果的处理方式。

在Premiere Pro CS6中音频轨道被分为了两个通道，分别是左（L）和右（R）声道。如果音频素材使用的是单声道，那么Premiere Pro CS6可以改变这一声道的效果；如果音频素材使用的是双声道，则可以在这两个声道之间实现音频特有的效果。

此外，在声音效果的处理上，Premiere Pro CS6提供了多种处理音频素材的特效技术，用户可以在"效果"面板中展开"音频特效"文件夹进行特效选择，如图 6-2所示。这些特效跟视频特效一样，不同的特效能使音频素材呈现不同的效果，将特效添加到音频素材上能自动转化成帧，方便后续进行编辑和参数设置。

图 6-2 "音频特效"文件夹

6.1.2 音频处理的顺序

用户在使用Premiere Pro CS6进行音频处理时，需要按照一定的顺序进行操作。例如在为音频素材添加多个音频特效的时候就要考虑添加的先后次序，因为Premiere Pro CS6会优先处理任何应用的音频滤镜，其次才是在时间线中的音频轨道上添加的任何摇移或增益调整。要对音频素材进行调整增益，可以按照以下两种方法进行操作。

方法1：在操作界面中执行"素材"/"音频选项"/"音频增益"命令，如图 6-3所示。然后在弹出的"音频增益"对话框中调整增益数值，如图 6-4所示。

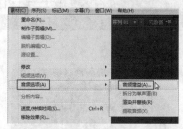

图 6-3 命令菜单

图 6-4 "音频增益"对话框

方法2：选中时间线上的音频素材，单击鼠标右键，执行"音频增益"命令，如图 6-5所示。然后在弹出的"音频增益"对话框中调整增益数值，如图 6-4所示。

图 6-5 单击右键弹出菜单

提示

"音频增益"对话框中"调节增益依据"参数的范围是－96 dB到96 dB。

6.2 使用调音台调节音频

选中时间线上的音频素材，可以直接打开位于Premiere Pro CS6操作界面左上方的"调音台"窗口，更加直观有效地调节音频，如图6-6所示。

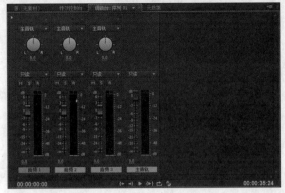

图6-6 "调音台"窗口

在"调音台"窗口中可以实时混合"时间轴"窗口中各轨道上的音频对象。用户可以在"调音台"窗口中选择相应的音频控制器进行调节，该控制器调节其在"时间轴"窗口中对应轨道上的音频对象。

6.2.1 认识调音台窗口

"调音台"是由若干个轨道音频控制器、主音频控制器和播放控制器组成的。每个控制器由单独的控制按钮和调节滑块来进行操控调整。

1. 轨道音频控制器

"调音台"窗口中的轨道音频控制器用于调节与其相对应轨道上的音频对象，控制器1对应"时间轴"窗口中的"音频1"，控制器2对应"时间轴"窗口中的"音频2"，以此类推，如图6-7所示。轨道音频控制器的数量是由"时间轴"窗口中的音频轨道数所决定的，每当用户在"时间轴"窗口中添加一条音频轨道时，对应地在"调音台"窗口中就会自动添加一个轨道音频控制器。

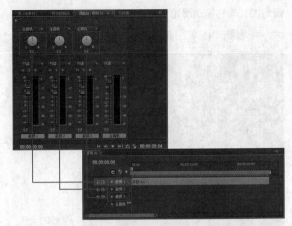

图6-7 控制器与对应轨道

轨道音频控制器由控制按钮、调节滑轮及调节滑块组成。

◎ 控制按钮

轨道音频控制器的控制按钮可以控制音频调节时的调节状态，如图6-8所示。

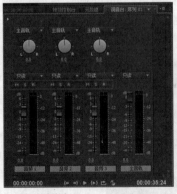

图6-8 控制按钮

控制按钮参数说明如下。

● **静音轨道M：** 主要用于设置轨道音频是否为静音状态。单击静音按钮，该轨道音频会设置为静音状态。

● **独奏轨道S：** 单击独奏按钮，其他未选中独奏按钮的轨道音频会自动设置为静音状态。

● **激活录制轨R：** 单击激活录音按钮，可以利用输入设备将声音录制到目标轨道上。

◎ 声道调节滑轮

如果对象为双声道音频，可以使用声道调节滑轮来调节播放声道。向左拖动滑轮，输出到左声道（L）的声音增加；向右拖动滑轮，输出到右声道（R）的声音增大，声道调节滑轮如图6-9所示。

图6-9 声道调节滑轮

◎音量调节滑块

通过音量调节滑块可以控制当前轨道音频素材的音量。向上拖动滑块可以增大音量，向下拖动滑块可以减小音量。下方数值栏中显示的是当前音量，用户可以直接在文本框中输入声音数值。播放音频时，面板左侧为音量表，显示音频播放时的音量大小。音量调节滑块如图6-10所示。

图6-10 音量调节滑块

使用主音频控制器可以调节"时间轴"窗口中所有轨道上的音频对象。主音频控制器的使用方法与轨道音频控制器相同。

2. 播放控制器

音频播放控制器用于音频播放，除了"录制"按钮外，其他按钮的使用方法与监视器窗口中的播放控制栏相同，如图6-11所示。

图6-11 播放控制器

参数说明如下。

●录制：当利用输入设备将声音录制到目标轨道上时，该按钮可以控制暂停或开始录制动作。

6.2.2 设置调音台窗口

单击"调音台"窗口右上角的 按钮，可以在弹出的菜单中对该窗口进行对应的设置，如图6-12所示。

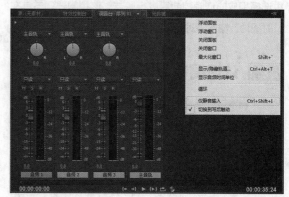

图6-12 设置菜单

菜单命令参数说明如下。

●显示/隐藏轨道：该命令可以对"调音台"窗口中的轨道进行隐藏或显示设置。执行该命令，弹出如图6-13所示的"显示/隐藏轨道"对话框，其中会显示左侧 图标的轨道。

●显示音频时间单位：该命令可以在时间标尺上以音频单位进行显示，如图6-14所示。

●循环：执行该命令，系统会循环播放音乐。

图 6-13 "显示/隐藏轨道"对话框

图 6-14 显示音频时间单位

在对音频素材进行编辑时，一般情况下会以波形来显示，这样可以更直观地观察声音变化的状态。具体的操作方法如下。

01 在音频轨道左侧的控制面板中单击"折叠-展开轨道"按钮▶。

02 单击"设置显示样式"按钮，在弹出的菜单中选择"显示波形"选项，如图 6-15所示。这样即可在素材上显示音频波形，如图 6-16所示。

图 6-15 "显示波形"选项　图 6-16 显示音频波形

6.2.3 课堂范例——使用调音台控制音频

源文件路径	素材\第6章\6.2.3课堂范例——使用调音台控制音频
视频路径	视频\第6章\6.2.3课堂范例——使用调音台控制音频.mp4
难易程度	★★

01 启动Premiere Pro CS6，打开项目文件，如图6-17所示。

02 在"节目"监视器窗口中单击播放按钮▶，对"时间轴"窗口中的三个音频素材进行预览，如图 6-18所示。

通过预览发现"音乐01.wma"素材音量过低，"音乐02.wma"素材音量过高，"音乐03.wma"素材没有音量。

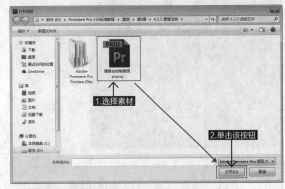

图 6-17 打开项目文件

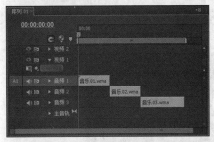

图 6-18 预览素材

03 在"时间轴"窗口中选择"音乐01.wma"素材，打开"调音台"面板，如图 6-19所示。然后在该面板中用鼠标左键单击音量调节滑块并向上拖动至音量表0数值位置，或直接在下方数值栏内输入"0"，如图 6-20所示。

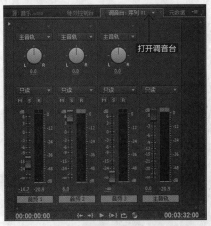

图 6-19 "调音台"面板

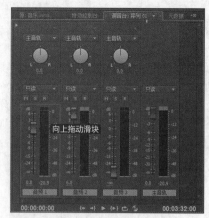

图 6-20 修改音量表数值

04 用同样的方法在"调音台"面板中将"音乐02.wma"素材的音量调节滑块向下拖动至音量表0数值位置，如图 6-21所示。将"音乐03.wma"素材的音量调节滑块向上拖动至音量表0数值位置，如图6-22所示。

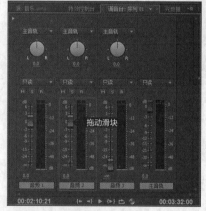

图 6-21 修改音量表数值

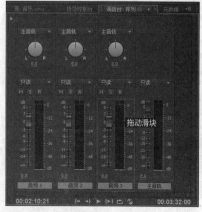

图 6-22 修改音量表数值

6.3 调节音频

在Premiere Pro CS6中，"时间轴"窗口中的每个音频轨道上都有音频淡化控制，用户可通过音频淡化器调节音频素材的电平。音频的调节分为素材调节和轨道调节。在对音频进行素材调节时，音频的改变仅对当前的音频素材有效，若删除素材，调节的效果也会相应消失。而对音频进行轨道调节是仅针对当前音频轨道进行调节，所有在当前音频轨道上的音频素材都会在调节范围内受到影响。在使用实时记录的时候，则只能针对音频轨道进行调节。

在音频轨左侧控制面板中单击"折叠-展开轨道"按钮，然后单击"显示素材关键帧"按钮，在弹出的菜单中可以选择音频轨的显示内容，如图6-23所示。

图 6-23 选择音频轨道的显示内容

提示

用户如果需要调节音频素材音量，可以选择上述弹出菜单中的"显示素材音量"或"显示轨道音量"选项。

6.3.1 使用淡化器调节音频

执行"显示素材音量"或"显示轨道音量"命令，可以分别调节素材或轨道的音量。

01 在"时间轴"窗口中单击"折叠-展开轨道"按钮，展开音频轨道。

02 在左侧"工具"面板中选择钢笔工具或选择工具，然后移动光标到音频素材上方，上下拖动黄线即可调节音量大小，如图 6-24所示。

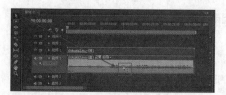

图 6-24 调节音量大小

03 按住键盘Ctrl键，同时将光标移动到音频淡化器上，使光标变为带加号状态，如图 6-25所示。

图 6-25 光标变为带加号状态

04 单击鼠标左键产生一个手柄，如图 6-26所示。按住鼠标左键上下拖动手柄，手柄位置之间的直线提示音频素材的淡入或淡出状态。递增的直线表示音频淡入，递减的直线表示音频淡出。

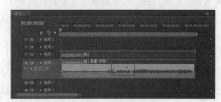

图 6-26 通过手柄调整

05 在音频素材上单击鼠标右键，在弹出的菜单中执行"音频增益"命令，如图 6-27所示。弹出"音频增益"对话框，如图 6-28所示。用户可以在其中对音频进行设置，使素材自动匹配到最佳音量。

图 6-27 执行"音频增益"命令

图 6-28 "音频增益"对话框

6.3.2 实时调节音频

打开音频素材的"调音台"窗口，用户可以在播放音频的同时对音量进行调节。使用调音台调节音频电平的具体方法如下。

01 在"时间轴"窗口中单击"折叠-展开轨道"按钮▶，展开音频轨道。然后单击"显示素材关键帧"按钮◆，在弹出的菜单中选择"显示轨道音量"命令，如图 6-29所示。

图 6-29 在菜单中选择命令

02 打开音频素材"调音台"窗口，在需要进行调节的轨道上单击如图 6-30所示处的下拉列表，可选择相应参数。

图 6-30 下拉列表

下拉列表参数说明如下。

- 关：执行该命令，系统会忽略当前音频轨道上的调节效果，仅按照默认的设置播放。
- 只读：在选择该选项的状态下，系统会读取当前音频轨道上的调节效果，但是不能记录音频调节过程。
- 锁存：当使用自动书写功能实时播放记录调节数据时，每调节一次，下一次调节时调节滑块在上一次调节后位置，当单击停止按钮停止播放音频后，当前调节滑块后会自动转为音频对象在进行当前编辑前的参数值。
- 触动：当使用自动书写功能实时播放记录调节数据时，每调节一次，下一次调节时调节滑块初始位置会自动转为音频对象在进行当前编辑前的参数值。
- 写入：当使用自动书写功能实时播放记录调节数据时，每调节一次，下一次调节时调节滑块在上一次调节后位置。在调音台中激活需要调节轨道自动记录状态，一般情况下选择"写入"即可。

● 提示：在"锁存""触动""写入"三种方式下都可以实时记录音频调节。

03 单击"调音台"窗口下方的播放按钮▶，"时间轴"窗口中的音频素材开始播放。拖动音量控制滑块进行调节，系统会自动记录调节结果。

6.3.3 课堂范例——调节影片的音频

源文件路径	素材\第6章\6.3.3课堂范例——调节影片的音频
视 频 路 径	视频\第6章\6.3.3课堂范例——调节影片的音频.mp4
难 易 程 度	★★

01 启动Premiere Pro CS6，新建项目，新建序列。

02 执行"文件"/"导入"命令，在弹出的"导入"对话框中选择需要的素材，单击"打开"按钮，导入素材，如图6-31所示。

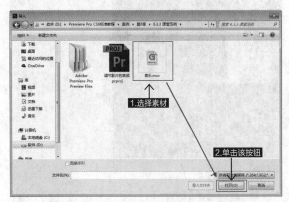

图6-31 导入素材

03 在"项目"面板中选择"音乐.mov"素材，并将素材拖入"时间轴"窗口轨道中，如图6-32所示。

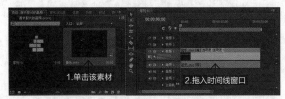

图6-32 将素材拖入"时间轴"窗口

04 在弹出的警告对话框中单击"更改序列设置"选项，如图6-33所示。

图6-33 警告对话框

提示

在将素材拖入"时间轴"窗口中的时候，会弹出该警示对话框。新建序列时，大多数情况下默认的序列预设一般为DV-PAL制标准48 kHz，针对该默认序列预设，弹出该警告框时，如果想要保持跟预设同样的设置，则单击"保持已经存在的设置"选项，之后如果需要素材与预设画面一致，则需要在"特效控制台"面板中自行修改运动属性。在第二种情况下，如果想要保持导入素材的格式不变，则在弹出该警示框时选择"更改序列设置"选项，后期就不需要再改变素材的运动属性。

05 选中"时间轴"窗口中的"音乐.mov"素材，执行"素材"/"音频选项"/"音频增益"命令，如图6-34所示。在弹出的"音频增益"对话框中设置"调节增益依据"参数为5，如图6-35所示。

图6-34 执行命令

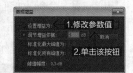

图6-35 "音频增益"对话框

06 打开"音乐.mov"素材的"特效控制台"面板，将"音频效果"下的"音量"栏展开，设置"级别"参数为-280 dB，如图6-36所示。

07 将时间标记移动到00：00：01：24处，设置"级别"参数为0 dB，如图6-37所示。

图6-36 "特效控制台"面板

图6-37 设置"级别"参数

6.4 录音和子轨道

Premiere Pro CS6内置调音台提供了录音和子轨道调节功能,方便用户直接在计算机上进行解说或配乐。

6.4.1 制作录音

使用录音功能前,需确保计算机音频输入设备正常连接。可以使用MIC或其他MIDI设备在Premiere Pro CS6中进行录制,录制的声音会自动生成为音频轨道上的一个音频素材,也可以选择将声音素材输出保存为一个兼容的音频文件格式。

在Premiere Pro CS6中录音的具体操作方法如下。

01 在计算机输入设备正常连接的情况下,单击"调音台"中要录制轨道中的"激活录制轨"按钮 R ,如图 6-38所示。激活录音装置后,上方会出现音频输入的设备选项,选择需要输入音频的设备即可。

图 6-38 单击"激活录制轨"按钮

02 单击激活窗口下方的"录制"按钮 后,再单击窗口下方的"播放-停止切换"按钮 ,即可开始声音录制,按 按钮可以停止录制。观察"时间轴"窗口,在当前所处的音频轨道上会出现刚刚录制的声音。

6.4.2 添加与设置子轨道

可以为每个音频轨道增添子轨道,并且分别对每个子轨道进行不同的调节或添加不同的特效,从而完成复杂的声音效果设置。需要注意的是,子轨道是依附于其主轨道存在的,所以在子轨道中无法添加音频素材,只能作为辅助调节使用。

添加与设置子轨道的具体方法如下。

01 在"调音台"窗口中单击左上角的"显示/隐藏效果与发送"按钮 ,展开特效和子轨道设置栏。如图 6-39所示的区域可以用来添加音频子轨道,在子轨道的区域中单击"发送任务选择"按钮 会弹出子轨道菜单,如图 6-40所示。

图 6-39 特效和子轨道设置栏

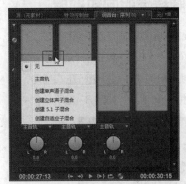

图 6-40 子轨道菜单

02 在该菜单中单击选择子轨道类型后,即可为当前音频轨道添加子轨道,如图 6-41所示。

图 6-41 添加子轨道

03 单击子轨道调节栏右上角的█图标，可以屏蔽当前子轨道效果，如图 6-42 所示。

图 6-42 屏蔽当前子轨道效果

6.5 使用时间线窗口合成音频

6.5.1 调整音频持续时间和速度

改变整段音频素材的持续时间有以下两种方法。

方法1：在"时间轴"窗口中单击选择工具按钮█，然后移动光标到音频素材的边缘直接进行左右拖动，即可改变该段音频素材的持续时间，如图 6-43 所示。

图 6-43 改变音频素材的持续时间

方法2：选中"时间轴"窗口中的音频素材，单击鼠标右键，在弹出的菜单中执行"速度/持续时间"命令，如图 6-44 所示。弹出"素材速度/持续时间"对话框，在该对话框中可以设置音频素材的持续时间，如图 6-45 所示。

图 6-44 在菜单中选择命令

图 6-45 "素材速度/持续时间"对话框

提示

改变音频的播放速度后会影响音频播放的效果，音频会因速度的变化而变化。同时播放速度变化了，播放的时间也会随之改变，但这种改变与单纯改变音频素材的入、出点而改变持续时间是不同的。

6.5.2 增益音频

音频增益是指音频信号的声调高低，在后期处理多个音频素材时，如果几个素材的增益不平衡，那么素材的音频信号就会或高或低，影响整体效果。

在Premiere Pro CS6中，尽管音频增益的调节在音量、摇摆/平衡和音频效果调整之后，但它并不会删除前面这些设置。增益设置对于平衡几个剪辑的增益级别或者调节一个剪辑的太高或太低的音频信号是十分有用的。同时，如果一个音频素材在数字化的时候，由于捕获时设置不当，也容易造成增益过低。在Premiere Pro CS6中提高素材的增益，有可能会增大素材噪声或造成失真。要使最终输出效果达到最好，就应该按照标准的操作步骤，以确保每次数字化音频剪辑时有合适的增益级别。

在"时间轴"窗口中单击选择工具按钮█，选中音频素材。执行"素材"/"音频选项"/"音频增益"命令，弹出"音频增益"对话框，如图 6-46 所示。

图 6-46 "音频增益"对话框

在"音频增益"对话框中为用户提供了4个选项，分别是"设置增益为""调节增益依据""标准化最大峰值为"和"标准化所有峰值为"。用户可以根据实际需要在选项后方的文本框中输入－96~96之间的任意数值，大于0的值会放大音频素材的增益，小于0的值则会削弱音频素材的增益，使音频声音变得更小。

6.5.3 课堂范例——更改音频的增益与速度

源文件路径	素材\第6章\6.5.3课堂范例——更改音频的增益与速度
视频路径	视频\第6章\6.5.3课堂范例——更改音频的增益与速度.mp4
难易程度	★★

01 启动Premiere Pro CS6，新建项目，新建序列。

02 执行"文件"/"导入"命令，在弹出的"导入"对话框中选择需要的素材，单击"打开"按钮，导入素材，如图6-47所示。

图6-47 导入素材

03 在"项目"面板中选择"动画.wmv"素材，并将素材拖入"时间轴"窗口轨道中，如图6-48所示。

图6-48 将素材拖入"时间轴"窗口

04 在弹出的警告对话框中单击"更改序列设置"选项，如图6-49所示。

图6-49 警告对话框

05 右键单击"时间轴"窗口中的"动画.wmv"素材，在弹出的菜单中执行"速度/持续时间"命令，如图6-50所示。弹出"素材速度/持续时间"对话框，设置其中的"速度"参数为85，如图6-51所示。

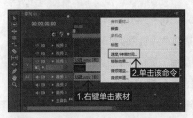

图6-50 执行命令　　　　　　　图6-51 修改参数

06 继续选择"时间轴"窗口中的"动画.wmv"素材，执行"素材"/"音频选项"/"音频增益"命令，如图6-52所示。

07 弹出"音频增益"对话框，在该对话框中设置"调节增益依据"参数为5，然后单击"确定"按钮完成设置，如图6-53所示。

图6-52 执行命令　　　　　　图6-53 "音频增益"对话框

6.6 其他设置

6.6.1 为素材添加特效

　　Premiere Pro CS6内置众多音频特效，通过为素材添加特效，可以产生回声、和声或是回音等效果。

　　为素材添加音频特效的操作方法与添加视频特效的方法相同。在操作界面打开"效果"面板，展开其中的"音频特效"文件夹，在其中可自行选择需要的音频特效进行添加设置，如图 6-54所示。

图 6-54 "音频特效"文件夹

6.6.2 设置轨道特效

Premiere Pro CS6除了可以对轨道上的音频素材设置特效，还可以直接对音频轨道添加特效。

首先单击"调音台"窗口中左上角的"显示/隐藏效果与发送"按钮▶，展开特效和子轨道设置栏。展开上方区域中的"效果选择"下拉列表，如图 6-55所示。在列表中可以自行选择需要使用的音频特效。

在同一个音频轨道上可以添加多个特效，并对特效进行单独设置，如图 6-56所示。

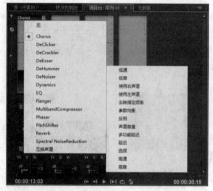

图 6-55 "效果选择"列表

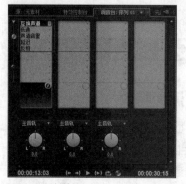

图 6-56 添加特效

要调节音频轨上的音频特效只需右键单击特效，即可在弹出的菜单中进行设置，如图 6-57所示。执行该菜单中的"编辑"命令，可以弹出特效设置对话框进行更加详细的设置，如图 6-58所示。

图 6-57 调节特效菜单　图 6-58 编辑器对话框

6.6.3 分离和链接视频与音频

在后期处理时，为了让作品更加精细，常常需要将"时间轴"窗口中的视音频链接素材的视频和音频部分分离，以达到单独细化处理素材的目的。

在Premiere Pro CS6中，用户可以选择完全打断或暂时释放链接素材的链接关系并重新放置其在时间轨道上的位置。要打断链接在一起的视音频素材，只需在"时间轴"窗口选中该素材并单击鼠标右键，在弹出的菜单中执行"解除视音频链接"命令即可，如图 6-59所示。

图 6-59 解除视音频链接

如果要把分离的视音频素材链接在一起作为一个整体来操作，只需在"时间轴"窗口中框选需要链接的视音频，单击鼠标右键，在弹出的菜单中执行"链接视频和音频"命令即可，如图 6-60所示。

图 6-60 链接视频和音频

6.6.4 添加轨道关键帧

除了通过为音频素材添加特效来改变效果，还可以通过添加轨道关键帧的方式来改变声音效果。

在"时间轴"窗口中单击"折叠−展开轨道"按钮 ▶ ，展开音频轨道。然后单击"显示素材关键帧"按钮 ◆ ，在弹出菜单中选择"显示轨道关键帧"命令，如图6-61所示。

图 6-61 显示轨道关键帧

下面，将通过一个实例来详细讲解如何添加及设置轨道关键帧。

6.6.5 课堂范例——为音乐制造3D环绕立体声效果

源文件路径	素材\第6章\6.6.5课堂范例——为音乐制造3D环绕立体声效果
视 频 路 径	视频\第6章\6.6.5课堂范例——为音乐制造3D环绕立体声效果.mp4
难 易 程 度	★ ★

01 启动Premiere Pro CS6，新建项目，新建序列。

02 执行"文件"/"导入"命令，在弹出的"导入"对话框中选择需要的素材，单击"打开"按钮，导入素材，如图6-62所示。

图 6-62 导入素材

03 在"项目"面板中选择"摇滚.mov"素材，并将素材拖入"时间轴"窗口轨道中，如图6-63所示。

图 6-63 将素材拖入"时间轴"窗口

04 在"时间轴"窗口中单击"音频1"轨道左侧的"折叠−展开轨道"按钮 ▶ ，使该条音频轨道呈展开状态。然后单击"音频1"轨道的"显示关键帧"按钮 ◆ ，执行"显示轨道关键帧"命令，如图6-64所示。

05 单击音频素材上的展开按钮 ▶ ，在弹出的菜单中执行"声像器"/"平衡"命令，如图6-65所示。

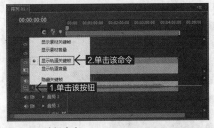

图 6-64 选择命令

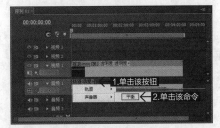

图 6-65 选择命令

06 将时间标记▓移动到00：00：29：10处，单击"添加-移除关键帧"按钮◇，在此处添加一个平衡关键帧，如图6-66所示。

图6-66 在00：00：29：10处添加平衡关键帧

07 将时间标记▓移动到00：00：33：16处，单击"添加-移除关键帧"按钮◇，在此处也添加一个平衡关键帧，并按住鼠标左键将该关键帧向上方拖动调整，如图6-67所示。

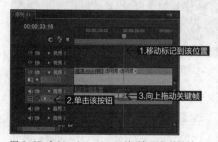

图6-67 在00：00：33：16处添加平衡关键帧

08 将时间标记▓移动到00：00：40：06处，然后在此处添加一个平衡关键帧，并按住鼠标左键将该关键帧向下方拖动调整，如图6-68所示。

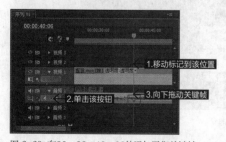

图6-68 在00：00：40：06处添加平衡关键帧

09 将时间标记▓移动到00：00：47：10处，然后在此处添加一个平衡关键帧，并按住鼠标左键将该关键帧向上方拖动调整，如图6-69所示。

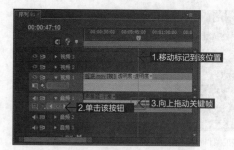

图6-69 在00：00：47：10处添加平衡关键帧

10 将时间标记▓移动到00：00：52：21处，然后在此处添加一个平衡关键帧，并按住鼠标左键将该关键帧向下方拖动调整，如图6-70所示。

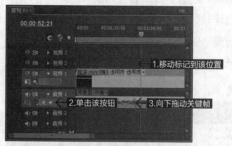

图6-70 在00：00：52：21处添加平衡关键帧

11 将时间标记▓移动到00：00：59：20处，然后在此处添加一个平衡关键帧，并按住鼠标左键将该关键帧向上方拖动调整到水平位置，如图6-71所示。

图6-71 在00：00：59：20处添加平衡关键帧

提示

如果再次为素材添加"音量"关键帧，还可以制作出音频在左右摇摆过程中音量忽大忽小的效果。

6.7 音频特效技术详解

6.7.1 选项（Parametric）

"选项"特效可以增大或者减小与指定中心频率接近的频率。其"特效控制台"面板如图6-72所示。

图6-72 "选项"特效参数

特效参数说明如下。

- 旁路：选中该选项可以使高频部分的声音被过滤掉，反之则低频部分的声音被过滤掉。
- 中置：指定特定范围的中心频率。
- Q：指定受影响的频率范围。低设置产生窄的波段，而高设置产生一个宽的波段。调整频率的量以"分贝"为单位。如果使用Boost参数，则用来指定调整带宽。

6.7.2 多功能延迟（Multitap Delay）

"多功能延迟"特效可以使音频产生最多四层的回音效果。其"特效控制台"面板如图6-73所示。

图6-73 "多功能延迟"特效参数

特效参数说明如下。

- 延迟1~4：指定原始音频与它的回声之间的时间量，最

大值为2秒。

- 反馈1~4：指定延时信号叠加回延迟以产生多重衰减回声的百分比。
- 级别1~4：控制每一个回声的音量。
- 混合：控制延迟和非延迟回声的量。

6.7.3 Chorus（和声）

"Chorus"特效的原理是复制一个原始声音并对其进行降调处理，或将频率稍加偏移形成一个效果声音，然后使效果声音和原始声音混合播放。其"特效控制台"面板及"自定义设置"面板如图6-74所示。

图6-74 "Chorus"特效参数

特效参数说明如下。

- 旁路：选中该选项可以使高频部分的声音被过滤掉，反之则低频部分的声音被过滤掉。
- 自定义设置：在其下拉列表中可以选择一些预置效果。
- 个别参数：可以对Rate、Depth等参数进行设置。
- Rate（加快）：设置震荡频率。
- Depth（加深）：设置效果声延时程度。
- Mix（混合）：设置原始声音与效果声音的混合程度。
- FeedBack（回音）：设置音频的回音。
- Delay（延迟）：设置音频的延时效果。

6.7.4 DeClicker（消音器）

"DeClicker"特效可以去除声音中的喀嚓声。其"特效控制台"面板及"自定义设置"面板如图6-75所示。

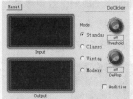

图 6-75 "DeClicker"特效参数

6.7.5 DeCrackler（消音器）

"DeCrackler"特效可以去除声音中的爆破音。其"特效控制台"面板及"自定义设置"面板如图 6-76所示。

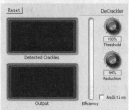

图 6-76 "DeCrackler"特效参数

6.7.6 DeEsser（消音器）

"DeEsser"特效可以去除声音中的唇齿音和咝咝

声。其"特效控制台"面板及"自定义设置"面板如图6-77所示。

图 6-77 "DeEsser"特效参数

6.7.7 DeHummer（消音器）

"DeHummer"特效可以去除声音中的嗡嗡声。其"特效控制台"面板及"自定义设置"面板如图 6-78所示。

图 6-78 "DeHummer"特效参数

6.7.8 DeNoiser（除噪）

"DeNoiser"特效可以自动探测音频中的噪声并将其消除。其"特效控制台"面板及"自定义设置"面板如图 6-79所示。

图 6-79 "DeNoiser"特效参数

图 6-79 "DeNoiser" 特效参数（续）

特效参数说明如下。

- Reduction（降低）：用于指定消除在—20~0 dB范围内的噪声数量。
- Offset（偏移）：设置自动消除噪声和用户指定基线的偏移量。当自动降噪不充分时，通过设置偏移来调整附加的降噪控制。
- Freeze（冻结）：将噪声基线停止在当前值，使用这个控制可以确定素材消除的噪声量。

6.7.9 Dynamics（动态调整）

"Dynamics"特效提供了一套可以组合或独立调节音频的控制器。其"特效控制台"面板及"自定义设置"面板如图 6-80所示。

图 6-80 "Dynamics"
特效参数

特效参数说明如下。

- utoGate：当电平低于指定的极限时切断信号。使用这个控制器可以删除不需要的录制背景信号，例如画外音中的背景信号。可以将开关设置成随话筒停止而关闭，这样就删除了所有其他的声音。
- Threshold：指定输入信号打开开关必须超过的电平（—60~0 dB）。如果信号低于这个电平，开关是关闭的，输入信号将静音。
- Attack：指定信号电平超过极限到开关打开需要的时间。
- Release：设置信号电平超过极限到开关关闭需要的时间，在50~500毫秒之间。
- Hold：指定信号以及低于极限时开关保持开放的时间，在0.1~1 000毫秒之间。
- Compressor：用于通过提高低声的电平和降低大声的电平，平衡动态范围以产生一个在素材整个时间内调和的电平。有以下六个控制面。
- Threshold：设置必须调用压缩的信号电平极限，在—60~0 dB之间，低于这个极限的电平不受影响。
- Ratio：设置压缩比率，最大到8:1。例如，如果比率为5:1，则输入电平增加5 dB，输出只增加1 dB。
- Attack：设置信号超过极限时压缩反应的时间，在0.1~100毫秒之间。
- Release：指定当信号低于极限时返回到原始电平需要的时间，在10~500毫秒之间。
- Auto：基于输入信号自动计算释放时间。
- Make Up：调节压缩器的输出电平以解决压缩造成的损失，在—6~0 dB之间。
- Expander：用于降低所有低于指定极限的信号到设置的比率。计算结果与开关控制相似，但更敏感，有以下控制项。
- Threshold：指定信号可以激活放大器的电平极限，超过极限的电平不受影响。
- Ratio：设置信号放大的比率，最大到5:1。例如，如果比率为5:1，而一个电平减小量为1 dB，会放大成5 dB，结果就是导致信号更快速地减小。
- Limiter：还原包含信号峰值的音频素材中的裁剪。例如，如果比率为5:1，而一个电平减小量为1 dB，会放大成5 dB，结果就是导致信号更快速地减小。
- Threshold：指定信号的最高电平，在—12~0 dB之间。所有超过极限的信号将被还原成与极限相同的电平。
- Release：指定素材出现后增益返回正常电平需要的时

179

间，在10~500毫秒之间。

- Soft Clip：与Limiter（限度）相似，但不是用硬性限制，这个控制赋予某些信号一个边缘，可以将它们更好地定义在全面的混合中。

6.7.10 EQ（均衡器）

"EQ"特效可以通过调整音频的多个频段的频率、带宽以及电平来改变音频的音响效果，通常用于提升背景音乐的效果。其"特效控制台"面板及"自定义设置"面板如图6-81所示。

图6-81 "EQ"特效参数

特效参数说明如下。

- Output：补偿应用过滤效果以后造成频率波段的增加或减少。
- Low、Mid和High：设置用户的自定义滤波器。
- Frequency：指定增大或减小的波段量。
- Gain：设置常量之上的频率。
- Cut：设置从滤波器中过来的高低波段。
- Q：设置每一个滤波器波段的宽度。

6.7.11 Flanger（波浪）

"Flanger"特效是将原始声音的中心频率反相并与原始声音混合，效果与Chorus特效相似，能够制造出一种古典的音乐气息。其"特效控制台"面板及"自定义设置"面板如图6-82所示。

图6-82 "Flanger"特效参数

特效参数说明如下。

- Rate（加快）：设置震荡频率。
- Depth（加深）：设置效果声延时程度。
- Mix（混合）：设置原始声音与效果声音的混合比例。
- Feed Back（回音）：设置音频的回音。
- Delay（延迟）：设置效果声的延时时间。

6.7.12 Multiband Compressor（多频带压缩）

"MultibandCompressor"特效可以把音频中的频率分成多段，然后通过改变其中某一段或多段来影响音频的输出效果。其"特效控制台"面板及"自定义设置"面板如图6-83所示。

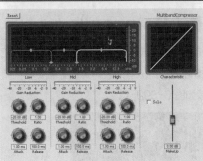

图 6-83 "MultibandCompressor"特效参数

6.7.13 低通（Low Pass）

"低通"特效用于删除高于指定频率界限的频率，使音频产生浑厚的低音效果。其"特效控制台"面板如图6-84所示。

图 6-84 "低通"特效参数

特效参数说明如下。

- 旁路：勾选该复选框，高频部分的声音将被过滤掉，不勾选则低频部分的声音将被过滤掉。
- 屏蔽度：用于设定可通过声音的最高频率。

6.7.14 低音（Bass）

"低音"特效可以提升音频波形低频部分的音量，使音频产生低音增强效果。其"特效控制台"面板如图6-85所示。

图 6-85 "低音"特效参数

特效参数说明如下。

- 放大：指定增加低频的分贝数。

6.7.15 Phaser（相位器）

"Phaser"特效可以将音频某部分频率的相位反转，并与原音频混合。其"特效控制台"面板及"自定义设置"面板如图6-86所示。

图 6-86 "Phaser"特效参数

特效参数说明如下。

- Rate（加快）：设置效果声的反转频率。
- Depth（加深）：设置效果声延时程度。

181

- Mix（混合）：设置原始声音与效果声音的混合比例。
- Feed Back（回音）：设置音频的回音。
- Delay（延迟）：设置效果声的延时长度。

6.7.16 PitchShifter（声音变调）

"PitchShifter"特效用来调整音频的输入信号基调，使音频的波形产生扭曲的效果。其"特效控制台"面板及"自定义设置"面板如图6-87所示。

图6-87 "PitchShifter"特效参数

特效参数说明如下。

- Pitch（倾斜）：指定伴音过程中定调的变化。
- Fine Tune（微调）：确定定调参数的半音格之间的微调。
- FormantPreserve（共振保护）：保护原始素材在添加音频效果时免受共振的影响。

6.7.17 Reverb（混响）

"Reverb"特效可以模拟室内播放音频的声音，为素材增加气氛。其"特效控制台"面板及"自定义设置"面板如图6-88所示。

图6-88 "Reverb"特效参数

特效参数说明如下。

- PreDelay：预延迟，指定信号与回响之间的时间。
- Absorption：指定声音被吸收的百分比。
- Size：指定空间大小的百分比。
- Density：指定回响"拖尾"的密度。
- LoDamp：指定高频衰减，低的设置可以使回响的声音柔和。
- Mix：控制回响的力量。

6.7.18 平衡（Balance）

"平衡"特效可以控制左、右声道的相对音量，正值增大右声道的分量，负值增大左声道的分量。其"特效控制台"面板如图6-89所示。

图6-89 "平衡"特效参数

提示

该特效只能用于立体声素材。

6.7.19 Spectral NoiseReduction（频谱降噪）

"Spectral NoiseReduction"特效使用特殊的算

法来消除音频素材中的噪声。其"特效控制台"面板及
"自定义设置"面板如图6-90所示。

图6-90 "Spectral NoiseReduction"特效参数

6.7.20 静音

"静音"特效可以将素材设置为静音状态。其"特效控制台"面板如图6-91所示。

图6-91 "静音"特效参数

6.7.21 使用左声道/使用右声道（Fill Left/Fill Right）

"使用左声道"特效会复制音频素材的右声道信息，并将它放置到左声道中，从而丢弃左声道信息。而"使用右声道"特效会复制音频素材的左声道信息放置到右声道中，丢弃右声道中现存的信息。

提示

> 这两种特效只能用于立体声素材。

6.7.22 互换声道（Swap Channels）

"互换声道"特效可以交换左右声道的音频信息。

提示

> 该特效只能用于立体声素材。

6.7.23 去除指定频率（Band Pass）

"去除指定频率"特效可以对超出指定范围或波段的频率进行删除。其"特效控制台"面板如图6-92所示。

图6-92 "去除指定频率"特效参数

特效参数说明如下。

● 中置：指定波段中心的频率。
● Q：指定要保留的频段的宽度，低的设置产生宽的频段，而高的设置产生一个窄的频段。

6.7.24 参数均衡（Parametric EQ）

"参数均衡"特效与EQ特效类似，但是该特效只能控制某一频段的音频。其"特效控制台"面板如图6-93所示。

图 6-93 "参数均衡"特效参数

6.7.25 参反相（Invert）

"反相"特效可以将音频所有通道的相位倒转。其"特效控制台"面板如图 6-94 所示。

图 6-94 "反相"特效参数

6.7.26 声道音量（Channel Volume）

"声道音量"特效用于调节左右声道的音量大小，每一个声音的电平由"dB"(分贝)计量。其"特效控制台"面板如图 6-95 所示。

图 6-95 "声道音量"特效参数

提示

该特效只能用于立体声素材。

6.7.27 延迟（Delay）

"延迟"特效可以添加音频素材的回声。其"特效控制台"面板如图 6-96 所示。

图 6-96 "延迟"特效参数

特效参数说明如下。

- 延迟：指定回声播放延迟的时间。
- 反馈：指定延迟信号反馈叠加的百分比。
- 混合：控制回声的量。

6.7.28 音量（Volume）

"音量"特效可以提高音频素材的音频电平而不被修剪，只有当信号超过硬件允许的动态范围时才会出现修剪。其"特效控制台"面板如图 6-97 所示。

图 6-97 "音量"特效参数

6.7.29 高通（High Pass）

"高通"特效用于删除低于指定频率界限的频率，使音频产生清脆的高音效果。其"特效控制台"面板如图 6-98 所示。

图 6-98 "高通"特效参数

特效参数说明如下。

- 旁路：勾选该复选框，低频部分的声音将被过滤掉，不勾选则高频部分的声音将被过滤掉。
- 屏蔽度：用于设定可通过声音的最低频率。

6.7.30 高音（Treble）

"高音"特效可以提升音频波形高频部分的音量，使音频产生高音增强效果。其"特效控制台"面板如图6-99所示。

图 6-99 "高音"特效参数

特效参数说明如下。

- 放大：指定调整的量，以"分贝"为单位。

6.7.31 课堂范例——制作余音绕梁的音乐效果

源文件路径	素材\第6章\6.7.31课堂范例——制作余音绕梁的音乐效果
视频路径	视频\第6章\6.7.31课堂范例——制作余音绕梁的音乐效果.mp4
难易程度	★★

01 启动Premiere Pro CS6，新建项目，新建序列。

02 执行"文件"/"导入"命令，在弹出的"导入"对话框中选择需要的素材，单击"打开"按钮，导入素

材，如图6-100所示。

图 6-100 导入素材

03 在"项目"面板中选择"余音.mov"素材，并将素材拖入"时间轴"窗口轨道中，如图6-101所示。

图 6-101 将素材拖入"时间线"窗口

04 右键单击"时间轴"窗口中的"余音.mov"素材，在弹出的菜单中执行"解除视音频链接"命令，如图6-102所示。选择"音频1"轨道中的音频素材，按Delete键将其删除，如图6-103所示。

图 6-102 解除视音频链接

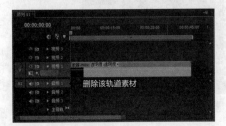

图 6-103 删除音频素材

05 在"项目"面板中选择"浪漫音乐.wav"素材，将其拖入"音频1"轨道中，如图6-104所示。

图6-104 将素材拖入音频轨道

06 选择"时间轴"窗中的"浪漫音乐.wav"素材，移动光标到素材末尾，然后拖动鼠标左键将音频素材向左拉到与"视频1"轨道素材对齐，如图6-105所示。

图6-105 修改素材长度

07 在"效果"面板中展开"音频特效"文件夹，选择该文件夹中的"延迟"特效，并将该特效添加到"音频1"轨道的"浪漫音乐.wav"素材上，如图6-106所示。

图6-106 为素材添加特效

08 打开"浪漫音乐.wav"素材的"特效控制台"面板，设置"延迟"参数为1.5，设置"反馈"参数为20，设置"混合"参数为60，如图6-107所示。

图6-107 设置参数

6.8 音频过渡效果

6.8.1 操作音频过渡

音频过渡效果是指通过在音频素材的头尾处或两个相邻音频素材之间添加一些过渡效果，使音频素材间的衔接变得柔和自然。在"效果"面板中展开"音频过渡"文件夹，其中的"交叉渐隐"文件夹中包括了"恒量增益""持续声量"和"指数型淡入淡出"这三种过渡特效，如图6-108所示。

图6-108 "音频过渡"效果

应用音频过渡效果的具体操作如下。

01 将两段音频素材放入同一音频轨道，并拼接到一起。然后打开"效果"面板，在"音频过渡"文件夹下展开"交叉渐隐"文件夹，选择任意一种过渡特效，使用鼠标左键将该特效拖动至音频轨道上的两段素材之间，如图6-109所示。

图6-109 为素材添加效果

02 在"时间轴"窗口中选中过渡特效，打开"特效控制台"面板，可以设置转场效果的各项参数，如图6-110所示。

图6-110 设置参数

6.8.2 课堂范例——实现音频的淡入淡出效果

源文件路径	素材\第6章\6.8.2课堂范例——实现音频的淡入淡出效果
视频路径	视频\第6章\6.8.2课堂范例——实现音频的淡入淡出效果.mp4
难易程度	★ ★

01 启动Premiere Pro CS6，新建项目，新建序列。

02 执行"文件"/"导入"命令，在弹出的"导入"对话框中选择需要的素材，单击"打开"按钮，导入素材，如图6-111所示。

图 6-111 导入素材

03 在"项目"面板中选择"古典音乐.wma"素材，将该素材拖入"音频1"轨道中，如图6-112所示。

图 6-112 将素材拖入音频轨道

04 在"效果"面板中展开"音频过渡"文件夹，选择"交叉渐隐"文件夹中的"恒量增益"效果，并将该效果添加到"音频1"轨道中的音频素材最左端，如图6-113所示。

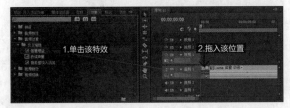

图 6-113 为素材添加"效果"

05 在"音频1"轨道上选中"恒量增益"效果，打开其"特效控制台"面板，将"持续时间"参数设置为00：00：02：00，如图6-114所示。

图 6-114 修改持续时间

06 使用同样的方法将"恒量增益"效果拖到"音频1"轨道中音频素材的最右端，如图6-115所示。

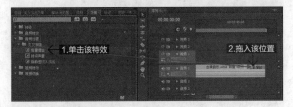

图 6-115 为素材添加效果

07 在"音频1"轨道上选中最右端的"恒量增益"效果，打开其"特效控制台"面板，将"持续时间"设置为00：00：02：00，如图6-116所示。

图 6-116 修改持续时间

6.9 综合训练——制作超重低音效果

本训练将结合本章重点内容为读者讲解如何让音频实现超重低音效果。

源文件路径	素材\第6章\6.9综合训练——制作超重低音效果
视频路径	视频\第6章\6.9综合训练——制作超重低音效果.mp4
难易程度	★ ★

01 启动Premiere Pro CS6，新建项目并设置名称为"超重低音效果"，将其保存到指定的文件夹，单击"确定"按钮，如图6-117所示。

图6-117 "新建项目"对话框

02 弹出"新建序列"对话框，选择合适的序列预设，单击"确定"按钮，如图6-118所示。

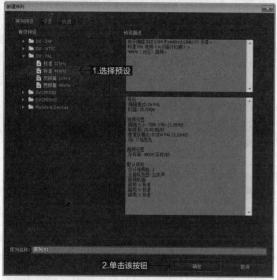

图6-118 "新建序列"对话框

03 执行"文件"/"导入"命令，在弹出的"导入"对话框中选择需要的素材，单击"打开"按钮，导入素材，如图6-119所示。

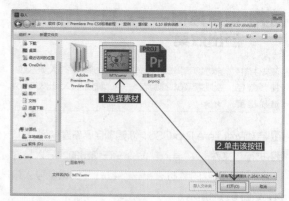

图6-119 导入素材

04 在"项目"面板中选择"MTV.wmv"素材，并将素材拖入"时间轴"窗口轨道中，如图6-120所示。

图6-120 将素材拖入"时间轴"窗口

05 弹出警告对话框，单击"保持已经存在的设置"选项，如图6-121所示。

图6-121 警告对话框

06 打开"特效控制台"面板，设置"视频效果"中"缩放比例"参数为150，如图6-122所示。"节目"监视器窗口中的预览效果如图6-123所示。

图6-122 设置参数

图 6-123 预览效果

07 将素材在"源"监视器窗口中打开，单击设置按钮，在弹出的菜单中执行"音频波形"命令，将素材切换至音频模式，如图 6-124所示。执行该命令后"源"监视器窗口如图 6-125所示。

图 6-124 切换至音频模式

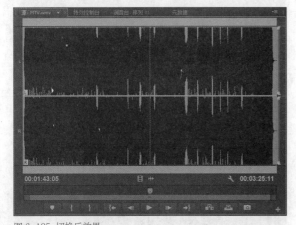

图 6-125 切换后效果

08 在"源"监视器窗口中按住"仅拖动音频"按钮，如图 6-126所示。将音频波形模式下的素材插入到"音频2"轨道中，并使两段素材首尾对齐，如图 6-127所示。

图 6-126 "源"监视器窗口

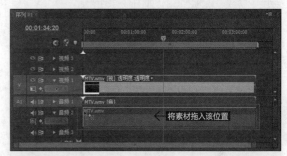

图 6-127 使素材首尾对齐

09 在"时间轴"窗口中右键单击"音频2"轨道上的素材，在弹出的菜单中执行"重命名"命令，如图 6-128所示。

10 在弹出的"重命名素材"对话框中设置素材的新名称为"重低音"，如图 6-129所示。然后单击"确定"按钮。

图 6-128 执行"重命名"命令

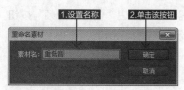

图 6-129 "重命名素材"对话框

11 在"效果"面板中展开"音频特效"文件夹,选择该文件夹中的"低通"特效,并将该特效添加到"音频2"轨道的"重低音"素材上,如图 6-130 所示。

图 6-130 为素材添加特效

12 打开"重低音"素材的"特效控制台"面板,将"屏蔽度"参数设置为 2 162,如图 6-131 所示。

图 6-131 设置参数

13 至此,所有素材和特效添加完毕,序列效果如图 6-132 所示。

图 6-132 最终视频的序列效果

6.10 课后习题

◆ **习题1:左右声道各自播放效果**

源文件路径	素材\第6章\6.10课后习题
视频路径	无
难易程度	★★

本习题主要通过"使用左声道""使用右声道"和"平衡"这三种音频特效来实现音乐的左右声道各自播放的效果。

01 新建一个项目文件。

02 导入音频素材文件。

03 将素材分别拖入"音频1"和"音频2"轨道。

04 打开"效果"面板,在"音频特效"文件夹下找到"使用左声道"和"使用右声道"特效,并分别将特效添加到音频轨道的两个素材中。

05 在"音频特效"文件夹下找到"平衡"音频特效,分别添加给音频轨道的两个素材。

06 在"特效控制台"面板中设置"音频1"轨道素材的"平衡"参数为-100。

07 在"特效控制台"面板中设置"音频2"轨道素材的"平衡"参数为100。

◆ **习题2:为音乐消除噪声**

源文件路径	素材\第6章\6.10课后习题
视频路径	无
难易程度	★★

本习题通过使用"DeNoiser"和"去除指定频率"这两种音频特效来达到消除音频素材背景噪声的目的。

01 新建一个项目文件。

02 导入音频素材文件。

03 将音频素材拖入"音频1"轨道。

04 打开"效果"面板，在"音频特效"文件夹下找到"DeNoiser"特效，并将该特效添加到"音频1"轨道素材中。

05 打开音频素材的"特效控制台"面板，设置"DeNoiser"特效中"Reduction"参数为-20，设置"Offset"参数为5，设置"Freeze"参数为On。

06 打开"效果"面板，在"音频特效"文件夹下找到"去除指定频率"特效，并将该特效添加到"音频1"轨道素材中。

07 打开音频素材的"特效控制台"面板，设置"去除指定频率"特效中"中置"参数为1 000，设置"Q"参数为2.4。

心得笔记

第 7 章

Premiere Pro CS6 插件应用

在使用Premiere Pro CS6进行后期制作时，若想实现一些例如爆炸、发光或是使画面更加逼真、绚丽的效果，那这时内置的基本特效可能无法单独帮助我们实现这些效果。此时，我们可以使用一些与Premiere Pro CS6兼容的外挂插件来实现这些特殊效果。接下来，本章将为读者详细介绍几种Premiere Pro CS6常用插件的应用。

本章学习目标

- 了解PIllusion 3.0插件
- 了解Color Finesse 3插件
- 了解Trapcode系列插件
- 掌握插件的应用

本章重点内容

- PIllusion 3.0插件的应用
- Color Finesse 3插件的应用
- Shine插件的应用
- Starglow插件的应用

扫 码 看 课 件　　扫 码 看 视 频

7.1 PIllusion 3.0使用技法

PIllusion是ParticleIllusion的官方缩写，中文直译为"粒子幻觉"，是一款主要以Windows为平台独立运作的粒子动画制作软件，如图 7-1所示。PIllusion的唯一主力范畴是以粒子系统的技术创作诸如火、爆炸、烟雾及烟花等动画效果，在使用Premiere Pro CS6进行影视广告等作品的制作时，借助PIllusion插件可以为作品带来极具视觉冲击力的视频效果。

图7-1 PIllusion3.0

PIllusion 3.0版本中新增了一种新特性粒子，这种粒子发射器名称后面带有"use on image"，这种粒子有两种，一种是水滴，一种是马赛克。这两种粒子只有在背景图中才能产生效果，马赛克粒子能使背景画面的局部产生马赛克效果。PIllusion 3.0及以下版本本身只以二维空间作平台，不受光源及粒子相互碰撞计算影响，在接受OpenGL的支持下可以做出高准确度的实时预浏。粒子动态的随机性可以提供有如在三维空间的错觉。发射器提供充足的图表式数据输入更改及控制粒子发射后的各种行为。由于PIllusion不具有过多"额外"滤镜功能，因此渲染速度极快，加上直观的控制界面，使用者可以很快上手制作粒子动画。由于PIllusion中粒子移动的路线和范围变化可以非常方便地设定，而视频素材又是可以作为背景画面的，因此它的使用价值就显而易见了。

运行ParticleIllusion 3.0，打开软件操作界面，如图7-2所示。

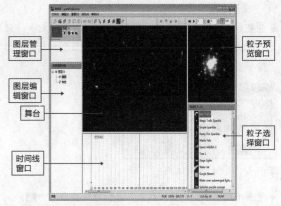

图7-2 PIllusion 3.0操作界面

下面简略介绍一下各部分的功能。

- 图层管理窗口：用来设置整个项目的层情况，包括设置背景以及显示情况等。
- 图层编辑窗口：窗口内的内容对应粒子的各个属性，可以在时间线窗口中调整对应的数值来达到一些动态效果。
- 时间线窗口：时间线拆分为三个部分，纵坐标对应的是左边粒子设置中被选中属性的数值，横坐标对应的是序列帧数，例如横坐标上的数字30指的就是第30帧。中间的红线是定位当前帧，拖动下面的滑块可以预览动画。
- 舞台（项目预览窗口）：在该窗口中可以看到文件生成的粒子效果。
- 粒子预览效果：鼠标点击粒子选择窗口中的粒子，在该窗口中自动播放所选粒子的效果。
- 粒子选择窗口：在这里可以选择想要的粒子元素。

7.1.1 调整舞台

右键单击舞台任意空白位置，将弹出如图 7-3所示的菜单。

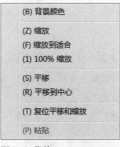

图7-3 菜单

菜单参数说明如下。

- 背景颜色（Background）：用来设置舞台背景颜色。单击该选项弹出如图 7-4所示的"颜色选择"对话框，在其中可任意选择一种颜色作为当前舞台背景色。

图 7-4 "颜色选择"对话框

- 缩放（Zoom）：选择该选项，鼠标指针将会变为 ，此时单击拖曳鼠标左键可以任意调整舞台大小。
- 缩放到适合（Zoom to Fit）：选择该选项，舞台将自动调整大小。
- 100%缩放（Zoom 100%）：选择该选项，舞台大小将调整为100%显示。
- 平移（Scroll）：选择该选项，鼠标指针将变为 ，此时按住鼠标左键拖动可以任意调整舞台的位置。
- 平移到中心（Scroll Recenter）：选择该选项，舞台将自动恢复到原来的位置。
- 复位平移和缩放（Reset Scroll & Zoom）：选择该选项，将以前对舞台的所有设置（调整舞台大小、移动舞台）还原。

7.1.2 设置粒子预览窗口

鼠标右键单击"粒子预览"窗口任意位置，将弹出如图 7-5所示的菜单。

图 7-5 菜单

菜单参数说明如下。

- 边缘（Edges）：选择该选项，在浏览窗口中浏览粒子效果时，粒子会被限定在预览窗口范围内展现。如图 7-6所示的粒子效果，当没有选择该选项时，粒子呈现自然往下掉的状态；当选择该选项时，粒子则会在预览窗口内产生一种反弹效果。

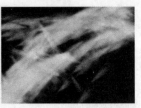

图 7-6 选择"边缘"选项之后产生反弹效果

- 运动模糊（Motion Blur）：使粒子产生运动模糊效果，可选择"常规"或"高品质"效果。
- 缩放（Zoom）：用于调整"粒子预览"窗口大小。
- 重复（Repeat）：用于设置粒子在预览窗口中回放的时间。
- 颜色（Color）：用于设置"粒子预览"窗口的背景颜色。

7.1.3 导入新的特效粒子

右键单击"粒子选择"窗口，在弹出的快捷菜单中选择"载入粒子库"选项，如图 7-7所示。在弹出的"打开"对话框中选择粒子集以导入新的特效粒子，如图 7-8所示。选择完成后，单击"打开"按钮即可。

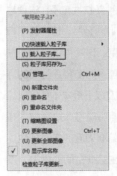

图 7-7 快捷菜单　　图 7-8 "打开"对话框

提示

同样地，还可以在弹出的快捷菜单中选择"快速载入粒子库"选项，从弹出的选项列表中选择所需要的粒子集以进行导入。

7.1.4 添加粒子

在"粒子选择"窗口中选择粒子，在上方的"粒子预览"窗口中可以看到所选粒子的效果。选择好粒子后，将光标移动到舞台中并单击鼠标左键，这样在舞台中就添加了粒子，如图 7-9 所示。

图 7-9 在"舞台"窗口添加粒子

右键单击"粒子选择"窗口，在弹出的菜单中选择"发射器属性"选项，将弹出"发射器属性到库"对话框，如图 7-10 所示。在该对话框中可以设置所添加粒子的各项属性。

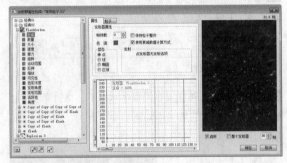

图 7-10 "发射器属性到库"对话框

7.1.5 编辑粒子

1. 改变舞台中的粒子

在舞台中添加一个粒子后，如果舞台中的粒子有矩形框，那么在该矩形框的一个角上会有一个实心原点，

在"选择"按钮 选中的状态下，单击拖曳该原点即可调整粒子的大小，如图 7-11 所示。

图 7-11 调整粒子大小

单击"图层编辑"窗口中的"角度"图标 ，舞台中的粒子上将会出现一条黄线，将光标移动到黄线上单击拖曳即可旋转粒子，如图 7-12 所示。

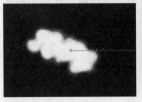 

图 7-12 旋转粒子

单击"图层编辑"窗口中的"偏移"图标 ，可以移动粒子的运动中心点，如图 7-13 所示。

图 7-13 移动粒子的运动中心点

2. 创建粒子的位移运动

01 在"时间轴"窗口中，用鼠标拖动数值小方块 1 到 30 帧位置，如图 7-14 所示。

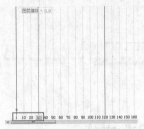

图 7-14 拖动小方块到 30 帧位置

02 在"舞台"窗口中单击拖曳粒子，将出现一条虚线，即粒子的运动轨迹，这时在"时间轴"窗口 30 帧位置自动插入了一个关键帧，如图 7-15 所示。

图 7-15 创建运动轨迹后自动插入关键帧

03 在"时间轴"窗口的30帧位置单击鼠标右键,弹出如图 7-16所示的菜单。

04 在该弹出的菜单中,选择"删除"和"复位"选项的效果是相同的,选择"比例"选项时,会弹出如图 7-17所示的"图表点比例"对话框。

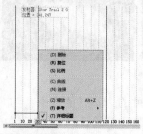 

图 7-16 菜单　　　　　图 7-17 "图标点比例"对话框

05 在该对话框的"缩放比例"文本框中设置的值代表着所选中关键帧向左移动的比例值,这里设置为50%,单击"确定"按钮完成设置,在"时间轴"窗口中第一帧到所选中帧之间的距离将减小50%,如图 7-18所示。

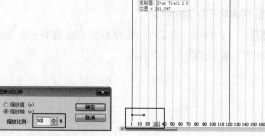

图 7-18 设置缩放比例值

3. 控制粒子的强度与范围

◎ 添加反射器工具(Add Deflector)

01 在舞台中添加完粒子后,在任务栏中单击选择"添加反射器"按钮,如图 7-19所示。

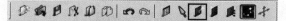

图 7-19 "添加反射器"按钮

02 确保"选择"按钮 在没选中状态下,将时间线移动到60帧位置,并在舞台中勾画出一个范围,如图 7-20所示。

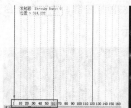 

图 7-20 移动帧后在舞台中勾画范围

03 此时,将时间线移动到100帧,可以看到舞台中进射的粒子在所绘制范围内产生了一种反弹效果,如图 7-21所示。

图 7-21 在绘制范围内产生反弹效果

◎ 添加遮罩器工具(Add Blocker)

01 在舞台中添加完粒子后,在任务栏中单击选择"添加遮罩器"工具,如图 7-22所示。

图 7-22 "添加遮罩器"工具

02 确保"选择"按钮 在没选中状态下,将时间线移动到60帧位置,并在舞台中勾画出一个范围,如图 7-23所示。

图 7-23 移动帧后在舞台勾画范围

03 将时间线继续向后拖动,可以在舞台窗口中预览进射的粒子被遮住的效果。

◎ 添加引力工具(Add Force)

01 在舞台中添加完粒子后,在任务栏中单击选择"添加引力工具"工具,如图 7-24所示。

图 7-24 "添加引力工具"工具

02 将时间线移动到60帧位置，然后将光标移动到舞台窗口中，单击鼠标左键，将出现一个矩形，如图7-25所示。

03 单击选中任务栏中的"选择"按钮，在舞台中可以对上述矩形进行调整，同时可以看到运动轨迹，如图7-26所示。

图 7-25 在舞台中出现矩形

图 7-26 移动矩形后产生运动轨迹

04 将时间线移动到100帧位置，然后在舞台中对上述矩形进行调整，调整时可以明显观察到粒子的变化效果，如图 7-27所示。

图 7-27 调整矩形后粒子产生相应变化

◎ **任务栏其他工具**

● 显示粒子（Show Particles）：单击该工具确定是否显示粒子。

● 移动（Move）：将粒子选中，单击该工具可以移动粒

子的位置。

● 向左微移（Nudge Left）：单击该按钮，将所选中对象向左移动一格。

● 向上微移（Nudge Up）：单击该按钮，将所选中对象向上移动一格。

● 向下微移（Nudge Down）：单击该按钮，将所选中对象向下移动一格。

● 向右微移（Nudge Right）：单击该按钮，将所选中对象向右移动一格。

● 项目设置（Project Settings）：单击该按钮，将弹出如图 7-28所示的"项目设置"对话框。在该对话框中，用户可以设置影片的背景颜色、大小及帧频等参数。

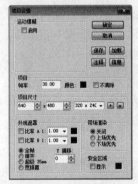

图 7-28 "项目设置"对话框

7.1.6 浏览粒子效果

在任务栏中单击"播放"按钮，可以对当前影片进行播放。

在"播放"按钮右侧的文本框中将显示当前时间线所在的位置，单击上、下小三角可以调整时间线，也可以直接在文本框中输入想要到达的帧，如图 7-29所示。

图 7-29 可在文本框中输入帧数值

单击"返回"按钮，可以将时间线移动到第一帧位置。

单击"循环"按钮，位于舞台中的粒子将循环播放，不选中该按钮，则只会播放一次。

7.1.7 输出粒子

在"循环"按钮右侧的文本框中确定在第几帧结束导出文件，左侧文本是确定从第几帧开始导出的，如图 7-30所示。

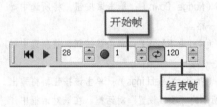

图 7-30 "开始帧"与"结束帧"

单击任务栏中的"保存输出"按钮 ●，将弹出"另存为"对话框，如图 7-31所示。在该对话框中可以设置保存文件的名称、保存类型和保存位置。

上述步骤设置完成之后，单击"保存"按钮，将弹出如图 7-32所示的"输出选项"对话框，在该对话框中可以对导出文件进行设置，设置完成后单击"确定"按钮即可。

图 7-31 "另存为"对话框

图 7-32 "输出选项"对话框

提示

文件保存类型可以划分为两大类，一类具备Alpha通道，另一类则不具备Alpha通道。两种类型将直接体现在输出的设置对话框上，即一个有"储存Alpha通道"复选框，另一个没有。

如果用户在"另存为"对话框中选择保存文件类型为AVI，最后将弹出如图 7-33所示的对话框，在该对话框中选择压缩文件的格式，设置完成后单击"确定"按钮即可。

图 7-33 "AVI选项"对话框

7.1.8 课堂范例——PIllusion3.0 与素材结合应用

源文件路径	素材\第7章\7.1.8课堂范例——PIllusion 3.0与素材结合应用
视频路径	视频\第7章\7.1.8课堂范例——PIllusion 3.0与素材结合应用.mp4
难易程度	★ ★ ★

01 启动PIllusion 3.0，进入操作界面。

02 在操作界面执行"查看"/"项目设置"命令，在弹出的"项目设置"对话框中设置项目尺寸为1280×720，如图 7-34所示。设置完成后单击"确定"按钮。

03 右键单击左上角的"图层管理"窗口空白处，在弹出的快捷菜单中选择"背景图像"命令，如图 7-35所示。

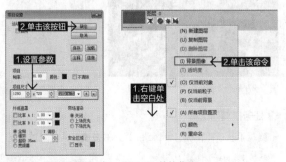

图 7-34 "项目设置"对话框   图 7-35 快捷菜单

04 在弹出的"打开"对话框中选择图像，单击"打开"按钮，如图 7-36所示。

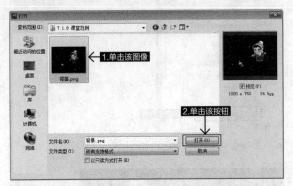

图 7-36 "打开"对话框

提示

PIllusion 3.0背景应用支持多种格式，包括常规的PNG、JPG等图像文件，还支持导入AVI、WMV等视频类文件，具体如图7-37所示。

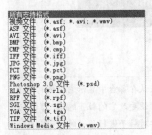

图 7-37 所有支持格式

05 弹出如图 7-38所示的"particleIllusion"对话框，如果用户需要项目大小与导入素材图像大小一致的话可以选择"是"，这里我们不改变设置好的项目大小，所以单击选择"否"。然后在弹出的"背景图像"对话框中单击选择"确定"按钮，如图 7-39所示。

图 7-38 "particleIllusion"
对话框

图 7-39 "背景图像"对话框

06 在"舞台"窗口中单击鼠标右键，在弹出的快捷菜单中选择"缩放到适合"命令，如图 7-40所示。调整之后

的效果如图 7-41所示。

图 7-40 快捷菜单

图 7-41 调整后效果

07 单击"图层管理"窗口空白处，在弹出的快捷菜单中选择"新建图层"命令，在弹出的"图层名称"对话框中设定新图层的名称，然后单击"确定"按钮，完成上述操作后会看到在"图层管理"窗口的图像图层上新增了一个图层。具体如图 7-42所示。

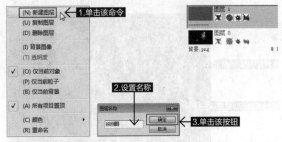

图 7-42 新建图层

08 单击"粒子选择"窗口上方的"常用粒子"选项栏，如图 7-43所示。在弹出的"打开"对话框中选择"节日喜庆.il3"文件，然后单击"打开"按钮，如图 7-44所示。

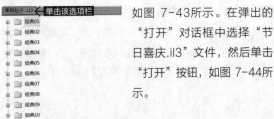

图 7-43 "常用粒子"选项栏

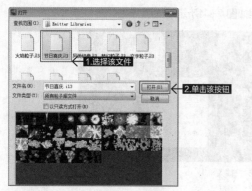

图 7-44 "打开"对话框

09 在"粒子选择"窗口中选择"爆竹"文件夹中的"firecreaker06_04"粒子,如图 7-45所示。在选择工具 ▲ 未选中的状态下,将光标移动到"舞台"窗口中,把粒子效果添加到图像中,如图 7-46所示。

图 7-45 选择"firecreaker06_04"粒子

图 7-46 将粒子添加到舞台中

10 在"舞台"窗口中预览时会发现粒子效果带上了本身的爆竹图像,如图 7-47所示。此时点击"图层编辑"窗口中的"firecreaker"选项前的 ⊙ 按钮,可以直接将粒子上自带的爆竹图像去掉,效果如图 7-48所示。

图 7-47 单击"图层编辑"窗口中选项按钮

图 7-48 去除粒子自带图像后效果

提示

当我们添加粒子的时候,会默认在舞台中显示它自带的粒子图像。如果在预览的时候不方便更改它的粒子的话,是可以把它先取消掉的。当我们想要对粒子进行移动时,可以再让它显示出来。单击"图层编辑"窗口中的"firecreaker"选项前的小圆 ⊙ ,使它变成灰色,舞台中粒子自带的粒子图像便消失了,只会看到上面的粒子效果。

11 在"图层管理"窗口中单击"图层1"中的 ● 按钮,关闭粒子上的定位点,使其呈现关闭状态如图 7-49所示。

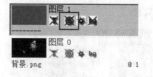

图 7-49 关闭粒子定位点

12 在任务栏中红色输出按钮 ● 后的"结束帧"文本框中输入"90",如图 7-50所示。

图 7-50 设置"结束帧"参数

200

13 在"图层管理"窗口中双击"图层0",在弹出的"背景图像"对话框中将帧数设置为90,完成后单击"确定"按钮,如图7-51所示。

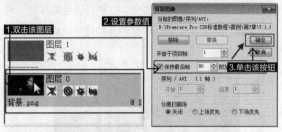

图 7-51 设置背景图像图层的帧数

14 上述操作全部完成之后,点击任务栏中的"保存输出"按钮 ,在弹出的"另存为"对话框中设置输出文件的名称及保存格式,在这里我们选择AVI格式,设置好后单击"保存"按钮,如图7-52所示。

图 7-52 "另存为"对话框

15 在弹出的"AVI选项"对话框中按照图 7-53选择压缩类型,单击"确定"按钮。最后在弹出的"输出选项"对话框中按照图7-54设置好,单击"确定"按钮。

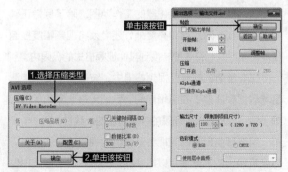

图 7-53 "AVI选项"对话框   图 7-54 "输出选项"对话框

16 至此,我们就完成了图片效果的制作和输出。效果如图 7-55所示。

图 7-55 效果图

7.2 Color Finesse 3调色插件使用技法

在后期处理影视作品时,为了呈现出不同的场景氛围效果,就需要对图像画面进行调色处理。但大多数情况下,调色只是对图像的亮部和暗部进行处理。如果在后期处理时想对一个高调图像的阴影进行处理同时保持该图像的亮部不变,或者想消除混合光里的杂色,那么Color Finesse就能帮助用户对图像进行局部处理。

Color Finesse 3是Synthetic Aperture公司出品的专业色彩校正系统,它可以在HSL、RGB、CMY和YCbCr色彩空间对颜色进行校正,可以调节图像的色阶、曲线、亮度等,并可以在示波器中进行预览。Color Finesse 3系统界面如图 7-56所示。

图 7-56 Color Finesse 3系统界面

7.2.1 初识Color Finesse 3

用户在Premiere Pro CS6中安装Color Finesse

3插件之后，在Premiere Pro CS6的"效果"面板中展开"视频特效"文件夹，在其中的"Synthetic Aperture"特效组中即可找到"SA Color Finesse 3"特效，如图7-57所示。

图7-57 "SA Color Finesse 3"特效

添加"SA Color Finesse 3"特效的方法与添加其他视频特效的方法相同，用户只需要将该特效拖曳添加到"时间轴"窗口中的素材上，再打开"特效控制台"面板就能对其进行参数设置，如图7-58所示。

图7-58 "特效控制台"面板

在"特效控制台"面板中单击"完整界面"按钮可以启动Color Finesse 3调色系统，进入完整工作界面，如图7-59所示。其中包括了图像显示窗口、参数分析窗口、参数设置窗口和色彩信息窗口。除色彩信息窗口外，每个窗口中都有一组标签按钮，选择不同的标签可以选择窗口中不同的操作面板。

图7-59 工作界面

其中的"参数分析窗口"是用来监测图像各项参数及技术指标的一个综合面板，作为调色的理论依据，其中包括了各种形式的波形监视器、矢量示波器以及大家较为熟悉的调和曲线和柱形图。在进行调色操作时，可以在该窗口中实时观测到参数的各种变化，如图7-60所示。

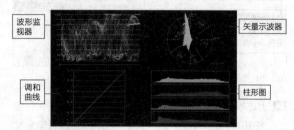

图7-60 参数分析窗口

7.2.2 波形监视器

监视和控制视频制作质量，有两种仪器是必需的。

一种是波形监视器，它用图形方式显示和测量视频的亮度或亮度等级。另一种是矢量示波器，它测量视频的颜色（色度）信息。

波形监视器是用于检测电视视频质量的示波器，它用来测量信号的幅度（电压），以及检测单位时间内信号的所有脉冲扫描图形。

电视制作中视频信号幅度保持很重要，系统中有足够的视频幅度可以保证在处理视频信号时能用适量的量化电平还原出令人满意的图像。

将最小和最大幅度偏移维持在限定范围内可确保视频电压幅度不会超出量化器的工作范围。除了保持正确的彩色平衡、对比度和亮度外，还必须将视频幅度控制在传输允许并能有效地转换到其他视频格式的极限内。

在非常苛刻的专业视频拍摄中，波形监视器用来测量场景视频质量。在编辑期间，它们用来监测和保证视频质量，以及场景到场景的视频质量的一致性。

用波形监视器监测视频摄像机的视频信号质量时，摄像机输出的视频信号以电子图形的方式显示在波形监视器上。

Color Finesse 3中的7个波形监视器分别为：亮度WFM、YC WFM、RGB WFM、GBR WFM、YRGB

WFM、YCbCr WFM和叠加WFM，具体如图 7-61~图7-67所示。

图 7-61 亮度WFM

图 7-62 YC WFM

图 7-63 RGB WFM

图 7-64 GBR WFM

图 7-65 YRGB WFM

图 7-66 YCbCr WFM

图 7-67 叠加WFM

7.2.3 矢量示波器

矢量示波器的任务是测量色彩信息，在电视信号中，颜色和副载波与亮度信号一起被编码成复合电视信号，在这个副载波上的色彩信息可通过矢量示波器测量，它不是测量颜色的亮度，而是测量颜色的饱和度和色调。矢量示波器测试图的中心是无色的，某种颜色离中心越近，它的饱和度就越小（或越接近白色）；离中心越远，颜色就越饱和（颜色较浓）。颜色可以是黑色

和非常饱和的，或是明亮及不饱和的。不管是黑色还是白色，它们的颜色都位于测试图的中央。

在矢量示波器的测试图上有标记有R、G、B、Mg、Cy和Yl的6个小方框，分别表示红色（red）、绿色（green）、蓝色（blue）、品红色（magenta）、青色（cyan）和黄色（yellow），它们是彩色电视的三原色和对应的补色。

矢量示波器除了显示色调之外，还显示每一颜色的幅度和颜色饱和度（色纯度）。色饱和度是按百分比显示的，通过它距离测试图圆圈的中心多远来表明，离中心越远，该颜色就越饱和，如图 7-68所示。

图 7-68 矢量示波器

7.2.4 柱形图

柱形图也称为"直方图"，是用图形来表示图像的每个颜色亮度级别的像素量，展示像素在图像中的分布情况。它显示图像在暗调（显示在图的左边部分）、中间调（显示在中间）和亮部（显示在右边部分）中是否包含足够的细节，以便进行更好的校正，如图 7-69所示。

图 7-69 柱形图

7.2.5 调和曲线

在"调和曲线"中，更改曲线的形状可以改变视频的色调和颜色。将曲线向上弯曲会使视频变亮，将曲线向下弯曲会使视频变暗。曲线上比较陡直的部分代表视频对比度较高的部分。相反，曲线上比较平缓的部分代表视频对比度较低的区域。

在"色阶曲线"的默认状态下，移动曲线顶部的点主要是调整亮部；移动曲线中间的点主要是调整中间调；移动曲线底部的点主要是调整暗调。将点向下或向右移动会将"输入"值映射到较小的"输出"值，并会使视频变暗。相反，将点向上或向左移动会将较小的"输入"值映射到较大的"输出"值，并会使视频变亮。因此，如果希望使暗部变亮，则可以向上移动靠近曲线底部的点。如果希望亮部变暗，则可以向下移动靠近曲线顶部的点。

调和曲线打开时，曲线是一条对角直线，如图 7-70 所示。图中的水平轴表示视频（输入色阶）原来的强度值，竖直轴表示新的颜色值（输出色阶），调整参数值后如图 7-71 所示。

图 7-70 调和曲线

图 7-71 调和曲线

7.2.6 参数分析窗口

在制作视频时，视频信号的幅度可以保证在处理视频信号时用适量的量化电平还原出令人满意的图像，把幅度的最大值和最小值偏移维持在限定范围内，能够确保视频电压幅度不会超出量化的工作范围。除了保证正确的色彩平衡、对比度和亮度以外，还必须将视频幅度控制在传输极限内。在制作视频信号时，通过波形提供的技术指标测量出视频质量，在后期制作期间用来检测，以达到视频前后期制作质量上的一致性。

在Color Finesse 3操作界面中，参数分析窗口里的"合成"面板将亮度WFM（波形示波器）、矢量示波器、调和曲线和柱形图这四个重要工具集中到了一个面板中，如图 7-72所示。

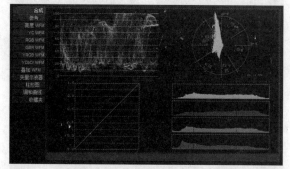

图 7-72 "合成"面板

单击"收藏夹"按钮，出现"参考收藏夹"面板，如图 7-73所示。在该面板中可以将外部参考图像从这里导入，具体方法为：单击面板底部的"添加文件到参考收藏夹"按钮，将弹出"Add Footage to Gallery"对话框，如图 7-74所示。在该对话框中可以选择用作参考的视频或图像文件，单击"打开"按钮即可进行导入。

图 7-73 "参考收藏夹"面板

图 7-74 "Add Footage to Gallery"对话框

将"参考收藏夹"中的预设效果或导入的参考图像选中,单击"使用所选择为参考图像或设置"按钮,如图 7-75所示,即可对当前图像参照选择的效果自动进行设置,设置后效果如图 7-76所示。

图 7-75 设置预设效果

图 7-76 设置后效果图

提示

除上述方法以外,还可以双击"收藏夹"中的预设效果来调整图像效果。

7.2.7 图像显示窗口

图像显示窗口提供了图像的几种观察方式,可以单独显示原图像和调色后的图像,也可以对图像进行分割显示,显示方式由不同的显示按钮控制。该窗口受控于实时调整参数设置后的效果,并且通过按钮控制随时都可以恢复到原状态。显示按钮从上至下分别为"结果""来源""参考""拆分来源""拆分参考"和"亮度范围",如图 7-77所示。

图 7-77 图像显示窗口

显示按钮参数说明如下。

- 结果:显示调色后的最终结果视频。
- 来源:原始视频。
- 参考:原始视频可参考的修改依据。
- 拆分来源:窗口显示的分割图像,将调整前后的色彩状态同屏显示。通过图像下面的小箭头还可以来回地挪位。
- 拆分参考:显示素材调整后的部分。
- 亮度范围:显示的是图像的暗部、中间部、亮部和亮度值。

7.2.8 色彩信息面板

色彩信息面板是用来进行调色的具体设定的,如源图像色样、调色后色彩显示、匹配色彩等,如图 7-78所示。

图 7-78 色彩信息面板

单击色彩信息面板顶部的"选取色彩样本"按钮 ☑，直接在源图像上进行色彩取样，即可在图像中显示出取样数据。

单击"匹配颜色"按钮右侧的"选取颜色匹配目标色"按钮☑选择目标图像的色彩。"匹配颜色"按钮是配色开关，当选取好两幅图像的色彩后，单击该按钮就会自动显示出一组颜色匹配数据。

色彩信息面板中有两个选项——"选择色彩显示格式"和"选择颜色匹配方法"。使用时，用户可以根据自己的习惯来设置颜色比特率。一般状态下，如果没有特殊要求默认使用RGB 8-bit，因为它的读数在0~255通道之间处理起来比较顺手。

7.2.9 参数设置面板

在参数设置面板中，可以进行整体和局部调色（二次处理），局部调色可对图像中多个色彩进行调色，使用十分方便。参数设置面板中有不同的调色方法按钮，从上至下分别为"HSL"RGB""CMY""YCbCr""曲线""电平""亮度范围""二次处理"和"限幅"。

1. HSL校色

HSL是一种常用的校色方法，它代表的是Hue（色相）、Saturation（饱和度）、Lightness（亮度）的缩写，又称为HSB，B为Brightness（明度）的缩写。在

HSL中，包括对高光、中间调和阴影部分的细调，且在控制区域中也可以通过全局控制进行整体细调。

单击HSL按钮时，面板上会出现两种调节方式，一种是控制（Controls），另一种是色相位偏移（Hue Offset）。

（1）控制（Controls）

在控制面板中，可以对色彩的"Hue""饱和度""亮度""对比度"等进行调节，如图7-79所示。

图 7-79 控制面板

控制面板参数说明如下。

● Hue（色调）：用于调节图像色调，只改变图像的色调，不影响图像的饱和度和亮度，单独调整Hue的效果，色相取决于光谱成分的波长。效果如图 7-80所示。

图 7-80 前后效果

● 饱和度（Saturation）：指的是颜色的纯净和艳丽的程度，饱和度的值越高颜色就越艳丽，否则会偏灰色。饱和度的默认值为100，当值为0时，移除图像色彩。效果如图 7-81所示。

图 7-81 前后效果

● 亮度（Brightness）：减小亮度，亮部的像素将减少，暗部的像素会随之增加。反之，增大亮度，暗部的像素将减少，亮部的像素会随之增加。效果如图 7-82所示。

图7-82 亮度调节前后效果

- 对比度（Contrast）/中心对比度（Contrast Center）：通过改变纯白和纯黑之间的图像信息的方法调节图像，并以一种曲线的计算方式计算对比度，可以使调节对比度的图像看起来更自然。
- RGB增益（RGB Gain）：对图像中较亮的像素影响较大，使图像中的亮点变得更亮，黑像素几乎不受影响。作用是增加图像中的亮点。调整该项需要图像在RGB模式下。
- Gamma（伽玛）：只改变图像的中调值，对图像的暗部和亮部不产生影响。当图像太暗或太亮时，可使用调节Gamma的方法来改善图像的质量，又不会影响高光和阴影部分。
- 基准（Pedestal）：基准调整是通过给图像补偿一个固定值来调节图像。可用它来提升图像的整体亮度，同时，图像较暗的部分会由黑变灰。一般会与RGB增益调节配合使用。

（2）色相位偏移（Hue Offset）

在色相位偏移面板中设置有色轮，可直接用鼠标在色轮上拖动选择某种颜色，这种调色方法既可以对图像整体校色，又可以对图像局部进行暗部、中调、亮部处理。色相位偏移面板如图7-83所示。

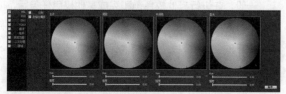

图7-83 色相位偏移

Color Finesse 3的色彩匹配支持HSL校色方式，使用色彩信息面板，提取源图像的色彩信息和匹配目标色彩信息，然后从下拉列表中选择要匹配的通道，单击"匹配颜色"按钮，源图像的色彩就自动匹配到目标色彩。Color Finesse 3将自动选择H+S+L方式来进行色彩匹配，如果要对单个或多个通道进行匹配，就应该选择相应的通道，如匹配的是绿色就要选择G（绿）通道，其他以此类推。

由于受参数调节所限，HSL进行色彩匹配时也会有不尽人意的地方，如果匹配色彩达不到要求，此时可以考虑采用色阶曲线的调色方法，因为色阶曲线的调色方法对RGB通道色彩匹配的调节更为灵活，色彩匹配能力也更加强大。

2. RGB通道校色

Color Finesse 3提供R（红）G（绿）B（蓝）三通道校色模式，通过借助主体Gamma、主体基准、主体增益等调节工具，可以对R、G、B三个通道进行校色。同时，也可以同时对这三个通道进行处理。RGB通道校色面板如图7-84所示。

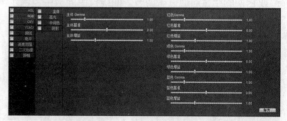

图7-84 RGB通道校色

3. CMY通道校色

CMY通道校色的方法基本上和RGB的方法类同，不同之处是CMY用于CMYK图像模式而采用的是CMY通道校色面板。CMY通道校色面板如图7-85所示。

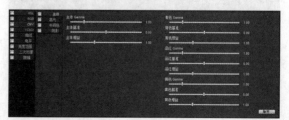

图7-85 CMY通道校色

4. YCbCr分量校色

把图像分解为亮度和两个色分量，视频格式所用的

207

采样率通常表示为亮度信号（Y）和两个色差信号（Cb和Cr），在对亮度信息进行处理时，对色差信息不造成任何影响。同样，在对色差信息进行处理时，也不会对图像亮度值产生影响。分量信号格式在模拟和数字视频记录中被广泛使用，使用这种办法对视频信号很差的原始信号源进行纠正处理会相对方便一些。YCbCr分量校色面板如图7-86所示。

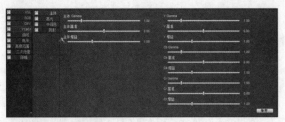

图 7-86 YCbCr分量校色

5. 曲线（Curves）校色

曲线校色是通过在曲线上添加控制点的方法来实现校色。可以对主通道（Master），也能对R、G、B单通道或它们的组合通道进行调节。曲线校色面板中包含了RGB和HSL两个分面板，如图7-87和图7-88所示。

图 7-87 RGB面板

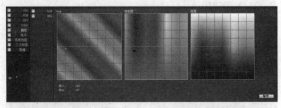

图 7-88 HSL面板

曲线校色有手动和自动两种方法，在曲线上可以添加的控制点最多为16个，可以通过移动这些控制点进行复杂和精密的调节。除手动调节曲线形状，进行图像校正以外，还可以用Color Finesse 3对图像中的点进行黑、白、灰平衡调节。以黑平衡为例，要进行黑平衡和黑电平设置时，可在控制面板中选择相应的吸管（从左至右分别为黑、灰、白），在图像上选

择要进行黑平衡调节的区域，单击鼠标，这时所选区域会变成黑色，黑平衡调节即完成。白平衡的调节方法与黑平衡的调节方法相同。

在进行灰平衡调节时，一定要注意选择中性色，Color Finesse 3会自动调整曲线，使红、绿、蓝三色达到平衡，并与中性色接近。为了达到令人满意的效果，通常需要选择中性灰或接近中性灰的颜色，如果被选取部分图像太暗或太亮，灰平衡效果就不会太好。

也可以使用自动方式对图像的黑、白、灰进行自动平衡调节，在这里可以自动进行色彩匹配，自动调用存储在Color Finesse 3、Photoshop等软件中的曲线【使用"加载"（Load）按钮操作】。

曲线校色中的色彩匹配的使用方法同HSL、RGB校色相同，但需要特别注意的是，它在色彩匹配时不改变图像中的黑、白点，对较黑或亮白的区域不造成影响。

6. 电平（Levels）校色

电平调整图像中的黑场和白场。它剪切每个通道中的暗部和高光部分，并将每个颜色通道中的最亮和最暗的像素映射到纯白（色阶为255）和纯黑（色阶为0）。

电平校色可以通过调整图像的暗部、中间调和高光等强度级别校正图像的色调范围和色彩平衡。电平直方图用作调整图像基本色调的直观参考电平校色面板，如图7-89所示。

图 7-89 电平校色

一般，在进行其他校色前和完成其他校色任务后，都要进行电平校色，因为它是对图像中的黑、白、灰点进行校正的。通常，为尽可能地保持图像细节，需要在较大范围内选择图像像素值，对于一幅对比度不是很明显，也没有纯白和纯黑部分可供选取的图像，可以考虑使用调节电平的输入曲线的方法来增大图像的对比度，这样再进行校色就容易很多，等到校色满意后，再调整输出曲线，增加图像中的黑、白点，使图像对比度得到

进一步改善。

电平校色面板共有4个子面板，分别是"主体"（Master）、"红"（Red）、"绿"（Green）和"蓝"（Blue）。

调节"主体"面板参数会影响整个图像，这个面板里显示的是输入及输出曲线，曲线里的直方图代表被调图像的像素值及分布状况。每个直方图下面有3个小三角形，从左至右分别代表图像中的黑、灰、白三部分，用鼠标左右拖动可以改变像素的分布状况，使图像对比度产生变化。

电平校色也可以对"红""绿"和"蓝"3个通道进行独立调节，调节方法与"主体"的调节方法相同。

7. 亮度范围（Luma Range）校色

在参数设定窗口中的"亮度范围"面板里，可以对亮度范围进行定义，"亮度范围"面板中显示的直方图代表图像的亮度分布情况，曲线围成的区域代表图像的暗部、中值和亮部的范围。通过调节柄可以调节各个区域的大小，从而改变图像中暗部、中值、亮部的比例。想查看图像的亮度范围，可以打开图像显示窗口中的"亮度范围"面板，此时窗口中显示的是黑白图像，其中，黑色部分是图像的暗部，灰色是中调值，白色是图像中的亮部。图 7-90和图 7-91所示分别为工作界面中的"亮度范围"面板和"亮度范围"显示窗口。

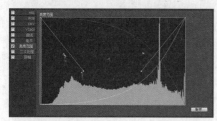

图 7-90 亮度范围校色

图 7-91 "亮度范围"显示窗口

Color Finesse 3定义的默认色调范围是指图像中的暗部、中值、亮部等，此范围的界定适合大多数显示正常的图像，如果图像偏暗、偏亮或缺少中间值，就可以用调节"亮度范围"的方法来调节。

8. 二次处理（Secondary）校色

"二次处理"调色就是对图像进行局部调色，因为它是在第一轮调色后进行的，所以称为"二级调色"。典型的方法就是选中调色区，然后仔细调整，使颜色更加艳丽或更换成另外一种颜色。

二次调色在"二次处理"校色面板里完成。它有A~F共6个子项按钮，可同时对图像中的6个不同区域调色，如图 7-92所示。

图 7-92 二次处理校色

◎ 色区的选择

调色时，用吸管在图像中选择要调整的颜色，然后进行色度相似和亮度相似值参数调整，以便精确选取所需选区。

选区提取【采样1（Sample 1）~采样4（Sample 4）】的方法是使用吸管，在图像中对想改变的色区进行采样，为保证取色准确，可以同时使用4个吸管对该选区进行取色，如图 7-93所示。

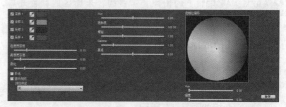

图 7-93 选区提取

当用吸管选色时，选取的颜色往往是单一的像素，它不能准确代表选区颜色，为避免选色不准，可以使用快捷键选色方式。按住键盘上的Shift键，可以看到选区扩大到3×3（1次选中9个像素）；按住Ctrl键，选区为5×5（1次选中25个像素）；按快捷键Ctrl+Shift键选区为9×9（1次选中81个像素）。这样单像素采样就真正成为了区域采样。

◎ 色度宽容度

色度宽容度是指选取的颜色和图像中其他颜色间的差别程度。如果选取的颜色和图像中其他的颜色差别很大（如选择的颜色在图像的其他部位找不到），可以将宽容度值调大些，如果选取的颜色和图像中的其他色彩很接近，就要尽量减小宽容度值。勾选"显示预览"复选框，可从矢量示波器上直接观察宽容度值。

◎ 亮度宽容度

指的是选取色的亮度值和图像中其他色彩亮度值间的差别。

◎ 预览（Preview）样式

在下拉列表里提供了多种预览方式，在调节选区时，可以从这里选择一种预览方式，如图7-94所示。

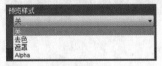

图7-94 预览样式

参数说明如下。

- 去色：是Color Finesse 3提供的一种新的预览模式，"去色"预览实际上是关掉了图像的饱和度，从图像中可以看出，未选的区域是黑白图像，而选区仍然保留着色彩，这对调节参数观察选区很有帮助。
- 遮罩：图像的未选区为红色，而选区的色彩不变。
- Alpha：Alpha预览的图像是黑白的，未选区的颜色是黑色，选区颜色为白色（部分选区的颜色是灰色的）。

9. 限幅（Limiting）校色

限幅面板是用来限定视频的校色输出各项范围，如视频制式、播出视频所准许最大和最小色度、亮度极限等。限幅面板如图7-95所示。

图7-95 限幅校色

勾选"柔和消减启用"复选框，将减少图像中超出限定的亮度数量，可以使亮度过高的图像部分产生柔和效果。

勾选"预览超出限制色度"复选框，然后通过调节"C色度最大限制"参数可以在图像显示窗口中看到图像色度溢出的部分。

该面板中"色度最小限制"和"C色度最大限制"的默认值为美国电气和电子工程师学会（美IEEE）所制定的复合视频标准，即黄色的最大色度为120，青色（或称蓝绿色）的最小色度-30，作为视频色彩所应达到的限制标准，这是因为在视频色彩中黄色和青色容易产生最大和最小色度值。使用"限幅"调节可以将图像色度范围调整到合适的色度范围中。

另外，必须指出的是，有些广播设备允许的最小色度值为-20。

7.2.10 Color Finesse 3的控制按钮

现在来介绍Color Finesse 3的一组位于操作界面底部的总控制按钮开关，如图7-96所示。

图7-96 控制按钮

该组按钮参数说明如下。

- 加载（Load）：调取文件指示。
- 存储（Save）：将制作的文件随时保存。
- 全部重置（Reset All）：对不满意的图像既可以在参数窗口中重置，也可以在这里全部重置。
- 否（Cancel）：可以将制作的文件随时撤出，取消参数调整并关闭Color Finesse 3完整界面，回到Premiere Pro CS6操作界面。
- 是（OK）：确认在Color Finesse 3中对当前视频所做的参数调整并关闭Color Finesse 3完整界面，回到Premiere Pro CS6操作界面。

7.3 Trapcode之Shine、3D Stroke和Starglow插件

Red Giant Trapcode Suite 11套装软件共有9个插件，包括3D Stroke 2.6.1（3D描边插件）、Echo Space 1.1.1（3D图层特效插件）、Sound Keys 1.2.1（关键帧发生器插件，用于音频处理）、Starglow 1.6.1（星光光效插件）、From 1.1.2（网格3D粒子旋转系统）、Horizon 1.1.1（AE绘图工具）、Lux 1.1.1（灯光效果插件）、Particular 2.1.2（3D粒子系统）和Shine1.6.1（扫光插件），完美支持32及64位After Effects和Premiere。

其安装目录有两个。

After Effects CS6、Premiere Pro CS6的公共目录C:\Program Files\Adobe\Common\Plug-ins\CS6\MediaCore\Trapcode，安装了3个插件，分别是3D Stroke、Shine和Starglow。

After Effects CS6安装目录C:\Program Files\Adobe\Adobe After Effects CS6\Support Files\Plug-ins\Trapcode，安装了其余6个插件。

也就是说，Premiere Pro CS6只能用3个插件，After Effects CS6可以用9个插件。

7.3.1 3D描边插件3D Stroke

3D Stroke使用一个或多个蔽罩路径来表现具有容积特征的笔触，可以在3D空间自由地旋转和移动。它内嵌一个照相机，并且也可以使用Premiere Pro CS6的兼容照相机。三维空间的Path（路径）展示可以通过利用起点和终点的keyframable滑块很容易地被制作出来。Repeater（重复）项允许为每个实例重复应用一个3D变形，Motion Blur（运动模糊）项使3D Stroke也具有运动模糊的特点，以便于快速移动及绘制平滑的笔画。内嵌的Transfer Mode（转换模式）为在一个轨道上轻松地实现效果的堆叠提供了准备。

在Premiere Pro CS6中将3D Stroke特效拖入时间线轨道上需要添加该特效的对象后，在"特效控制台"面板中可以看到3D Stroke特效的参数设置选项。

3D Stroke的"特效控制台"面板如图7-97所示。

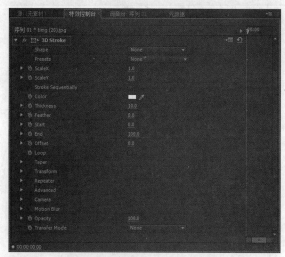

图7-97 "特效控制台"面板

3D Stroke特效参数说明如下。

- Shape（形状）：选择一个可伸缩矢量图形的路径作为遮罩。
- Presets（预设）：内置了40种描边形状供选择使用。
- ScaleX（X轴缩放）：对复制的路径沿X轴方向按比例进行缩放。
- ScaleY（Y轴缩放）：对复制的路径沿Y轴方向按比例进行缩放。
- Color（颜色）：设置描边路径的色彩。
- Thickness（厚度）：设置描边路径的厚度大小。
- Feather（羽化）：对描边对象进行羽化设置。
- Start（开始）：设置描边的起始位置。
- End（结束）：设置描边的结束位置。
- Offset（偏移）：设置描边线段在路径上的偏移值。
- Loop（循环）：勾选该项，描边线段在路径上做循环移动。
- Taper（锥化）：使描边路径的两端产生锥化的变形。
- Enable（激活）：勾选该项，则参数栏被激活。
- Compress to fit（压缩到合适尺寸）：路径在锥化过程中自动调整到一个合适的尺寸。
- Start Thickness（开始厚度）：设置描边路径锥化开始的厚度。
- End Thickness（结束厚度）：设置描边路径锥化结束的厚度。

- Taper Start（开始位置）：设置描边路径锥化的开始位置。
- Taper End（结束位置）：设置描边路径锥化的结束位置。
- Start Shape（开始形状）：设置描边路径锥化的开始形状。
- End Shape（结束形状）：设置描边路径锥化的结束形状。
- Step Adjust Method（间隔调整方法）：选择锥化路径的中间间隔的调整方法。可以选择None（不使用）或者Dynamic（动态）选项。
- Transform（变换）：对描边的路径进行三维空间的弯曲、移动、旋转等操作。
- Bend（弯曲）：设置描边路径对称弯曲的程度。
- Axis（弯曲角度）：设置描边路径弯曲时的角度。
- Bend Around Center（在中心周围弯曲）：勾选该项，表示描边路径在弯曲时围绕在中心的周围进行。
- XY Position（XY位置）：设置所有描边路径在X、Y轴上的位置。
- Z Position（Z轴位置）：设置所有描边路径在Z轴上的位置。
- X Rotation（X旋转）：设置所有描边路径在围绕轴心点旋转时，X轴向上的旋转角度。
- Y Rotation（Y旋转）：设置所有描边路径在围绕轴心点旋转时，Y轴向上的旋转角度。
- Z Rotation（Z旋转）：设置所有描边路径在围绕轴心点旋转时，Z轴向上的旋转角度。
- Order（顺序）：设置描边路径旋转和位移的操作顺序。有Rotate，Translate（先旋转后位移）和Translate，Rotate（先位移后旋转）两种方式。
- Repeater（复制）：对描边路径进行复制，以及对复制路径进行不透明度、缩放、位置、旋转等操作。
- Enable（激活）：勾选该项，则参数栏被激活。
- Symmetric Doubler（对称复制）：勾选该项，则对描边路径进行对称的复制。
- Instances（数量）：设置路径复制的数量。
- Opacity（不透明度）：设置描边路径的不透明度。
- Scale（缩放）：对复制的路径按比例进行缩放。
- Factor（因数）：控制变化呈级数增长的程度。
- X Displace（X偏移）：对复制的路径在X轴上按比例进行偏移。
- Y Displace（Y偏移）：对复制的路径在Y轴向上按比例进行偏移。

- Z Displace（Z偏移）：对复制的路径在Z轴向上按比例进行偏移。
- X Rotate（X旋转）：对复制的路径在X轴向上按各自的轴心点进行旋转。
- Y Rotate（Y旋转）：对复制的路径在Y轴向上按各自的轴心点进行旋转。
- Z Rotate（Z旋转）：对复制的路径在Z轴向上按各自的轴心点进行旋转。
- Advanced（高级）：高级控制选项。
- Adjust Step（间隔调节）：设置描边路径的中间间隔。数值较大，可以产生点状的描边路径；数值较小，则可以产生线状的描边路径。
- Exact Step Match（精确间隔匹配）：勾选该项，则系统在规定的长度路径内进行自动的间隔匹配，使之保持均匀的状态。
- Internal Opacity（内部不透明度）：从内到外的一个递减的无透明度设置。
- Low Alpha Sat Boost（低Alpha饱和度提升）：对Alpha通道的饱和度做少量提升。
- Low Alpha Hue Rotation（低Alpha色相旋转）：对Alpha通道的色相做少量提升。
- Hi Alpha Bright Boost（高Alpha亮度提升）：对Alpha通道的亮度做较高的提升。
- Camera（摄像机）：对3D Stroke特效的摄像机进行设置。
- View（视图）：选择当前摄像机的视图类型。
- Z Clip Front（Z深度前切面）：设置Z深度前切面的位置。
- Z Clip Back（Z深度后切面）：设置Z深度后切面的位置。最大值为3 0000。
- Start Fade（深度淡出）：控制图像开始淡出的深度设置。最大值为3 0000。
- Auto Orient（自动方向）：勾选该项，系统自动地计算出摄像机的原点和目标点的位置。
- XY Position（XY轴位置）：设置摄像机在X、Y轴上的位置。
- Z Position（Z轴位置）：设置摄像机在Z轴上的位置。
- Zoom（缩放）：对摄像机视图进行大小缩放。
- X Rotation（X轴旋转）：对摄像机进行X轴旋转。
- Y Rotation（Y轴旋转）：对摄像机进行Y轴旋转。
- Z Rotation（Z轴旋转）：对摄像机进行Z轴旋转。
- Motion Blur（运动模糊）：对运动路径的运动模糊效果进行设置的选项。

- Motion Blur（运动模糊）：设置运动模糊。选择Off（关闭）选项表示关闭运动路径的模糊属性，也可以选择On（开启），表示开启当前运动模糊设置。
- Shutter Angle（快门角度）：设置摄像机的快门角度。
- Shutter Phase（快门相位）：设置摄像机的快门相位。
- Levels（级别）：设置运动模糊的数量级别。
- Opacity（不透明度）：设置描边路径的不透明度。
- Transfer Mode（混合模式）：设置描边路径和源图像的合成方式。

7.3.2 星光光效插件Starglow

Starglow插件的基本功能就是依据图像的高光部分建立一个星光闪耀特效。它的星光包含8个方向（上、下、左、右及四个对角线方向）。每个方向都能被单独调整强度和颜色贴图。用户可以一次最多使用三种不同颜色的贴图。

该特效能使用在实拍素材、三维渲染素材、Premiere中制作的素材上，它完全按照素材的信息来建立星光闪耀效果。根据不同的素材情况可以调整不同的Threshold（阈值）值来适应不同的素材。用户可以对一个三维渲染素材加上一个Starglow特效来增强真实感，也可以为摄像机拍摄的普通素材添加Starglow特效来衬托出素材的不同环境氛围。还能用Starglow来创建多种新的不同特效，或者来模拟各类镜头的耀斑。

在Premiere Pro CS6中将Starglow特效拖入时间线轨道上需要添加该特效的对象后，在"特效控制台"面板中可以看到Starglow特效的参数设置选项。

Starglow的"特效控制台"面板如图7-98所示。

图7-98 "特效控制台"面板

Starglow特效参数说明如下。

- Preset（预设）：选择一个预设。在预设列表内，第一组是红、绿、蓝，这组效果是最简单的星光特效，并且仅使用一种颜色贴图；第二组是一组白色星光特效，它们的星形是不同的；第三组是一组五彩星光特效，每个具有不同的星形；最后一组是不同色调的星光特效，有暖色和冷色及其他一些色调。
- Input Channel（输入通道）：选择特效基于的通道为Lightness、Luminance、Red、Green、Blue或Alpha类型。
- Pre-Process（预处理）：在应用Starglow效果之前需要设置的功能参数，它包括下面的一些参数。
- Threshold（阈值）：定义产生星光特效的最小亮度值，Threshold的值越小，画面上产生的星光闪耀特效就越多；反之，Threshold值越大，产生星光闪耀的区域亮度要求就越高。
- Threshold Soft（阈值柔和）：用来柔和化高亮和低亮区域之间的边缘。
- Use Mask（使用遮罩）：选择这个选项可以使用一个内置的圆形遮罩。
- Mask Radius（遮罩半径）：设置内遮罩圆的半径。
- Mask Feather（遮罩羽化）：设置内遮罩圆的边缘羽化。
- Mask Position（遮罩位置）：设置内遮罩圆的具体位置。
- Streak Length（散射长度）：调整整个星光的散射长度。
- Boost Light（光线亮度）：调整星光的强度（亮度）。
- Individual Lengths（个体长度）：调整每个方向的辉光大小。
- Individual Colors（个体颜色）：设置每个方向的颜色贴图，最多有A、B、C三种颜色贴图。
- Colormap A/B/C：颜色贴图。
- Preset（预置）：选择一个颜色组合。有单色、三色过渡、五色过渡可以选择，另外还能选择内置的一些组合方式。
- Shimmer（微光）：对产生的一些微光进行设置。
- Amount（数量）：设置微光的数量。
- Detail（细节）：设置微光的细节。
- Phase（相位）：设置微光的当前相位，给该参数加上关键帧就可以得到一个动画的微光。
- Use Loop（使用循环）：选择这个选项可以强迫微光产生一个无缝的循环。
- Revolutions in Loop（循环数目）：循环情况下相位旋转

213

的总体数目。

- Source Opacity（源透明度）：设置源素材的透明度。
- Starglow Opacity（星光透明度）：设置星光光效的透明度。
- Transfer Mode（混合模式）：设置源素材和星光光效的合成方式。

7.3.3 扫光插件Shine

Shine是Trapcode插件组中的光效插件之一，其功能十分强大，被广泛应用于现今的影视节目包装制作。在Premiere Pro CS6中将Shine特效拖入时间线轨道上需要添加该特效的对象后，在"特效控制台"面板中可以看到Shine特效的参数设置选项。

Shine的"特效控制台"面板如图7-99所示。

图7-99 "特效控制台"面板

Shine特效参数说明如下。

- Pre-Process（预处理）：在应用Shine效果之前需要设置的功能参数，它包括下面的一些参数。
- Threshold（阈值）：定义产生扫光特效的最小亮度值，Threshold的值越小，画面上产生的扫光特效就越多；反之，Threshold值越大，产生扫光的区域亮度要求就越高。
- Use Mask（使用遮罩）：选择这个选项可以使用一个内置的圆形遮罩。
- Mask Radius（遮罩半径）：设置内置遮罩圆的半径。
- Mask Feather（遮罩羽化）：设置内置遮罩圆的边缘羽化。
- Source Point（光束中心）：发光点所在的位置。这是一个重要的参数。产生的光线以此为中心向四周发射。我们可以通过更改它的坐标位置来改变中心点的位置，也

可以在合成预览窗口中用鼠标移动中心点的位置。

- Ray Length（光线发射长度）：设置光线的长短，数值越大，光线长度越长。
- Shimmer（微光）：为一些微光的控制参数。在这里可以调节光束的细节或运动参数。
- Amount（数量）：设置微光的影响程度。
- Detail（细节）：设置微光的细节。
- Source Point affects Shimmer（光点作用微光）：设置光束中心对微光是否发生作用。
- Radius（半径）：微光受中心影响的半径。
- Reduce flickering（减少闪烁）：减少微光闪烁。
- Phase（相位）：可以在这里调节微光的相位。
- Use Loop（使用循环）：设置是否循环。
- Boost Light（光线亮度）：这里设置的是光线的高亮程度。
- Colorize（颜色设置）：调节光线的颜色，选择预置的各种不同颜色设置可以对不同的颜色进行组合。
- Colorize（颜色设置）：选择One Color（单一颜色）模式，此时的光线颜色为一种颜色，我们通过调整颜色就可以改变图中的光线颜色；选择3-Color Gradient（三色渐变）模式，即可以调节Highlights（高光）、Mid High（中间色）和Shadows（阴影）的颜色；选择5-Color Gradient（五色渐变模式），即可以调节Highlights（高光）、Mid High（中间高光）、Midtones（中间色）、Mid Low（中间阴影）、Shadows（阴影）等。
- Base on：决定输入通道，共有7种模式，即Lightness（明度）、Luminance（亮度）、Alpha（Alpha通道）、Alpha Edges（Alpha通道的边缘）、Red（红色通道）、Green（绿色通道）和Blue（蓝色通道）。
- Highlights（高光）：设置Highlights（高光）的颜色值。
- Mid High（中间高光）：设置Mid High（中间高光）的颜色值。
- Midtones（中间色）：设置Midtones（中间色）的颜色值。
- Mid Low（中间阴影）：设置Mid Low（中间阴影）的颜色值。
- Shadows（阴影）：设置Shadows（阴影）的颜色值。
- Edge Thickness（边缘厚度）：设置光线的边缘厚度大小。
- Source Opacity（源素材透明度）：调节源素材的透明度。

- Shine Opacity（扫光透明度）：设置Shine光效的透明度。
- Transfer Mode（混合模式）：设置源素材和Shine光效的合成方式。选择不同的合成模式可以很方便地制作不同的光线效果。

7.3.4 课堂范例——制作动态发光字幕

源文件路径	素材\第7章\7.3.4课堂范例——制作动态发光字幕
视频路径	视频\第7章\7.3.4课堂范例——制作动态发光字幕.mp4
难易程度	★★★★

01 启动Premiere Pro CS6，新建项目并设置名称为"动态发光字幕"，将其保存到指定的文件夹，单击"确定"按钮，如图 7-100所示。

图 7-100 "新建项目"对话框

02 弹出"新建序列"对话框，选择合适的序列预设，单击"确定"按钮，如图 7-101所示。

图 7-101 "新建序列"对话框

03 在Premiere Pro CS6操作界面中执行"文件"/"新建"/"字幕"命令，如图 7-102所示。在弹出的"新建字幕"对话框中设置好属性及名称，单击"确定"按钮，完成字幕创建，如图 7-103所示。

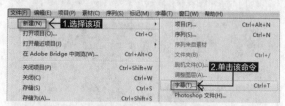

图 7-102 执行命令

图 7-103 "新建字幕"对话框

04 进入"字幕"编辑窗口，在工具栏中选择文本输入工具 T，移动光标到编辑区并单击，输入文字"星光璀璨"。然后在工具栏中单击"选择工具"按钮，在编辑区调整文字的位置。效果如图 7-104所示。

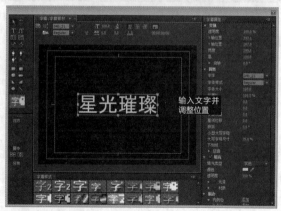

图 7-104 调整文字

05 使用"选择工具"按钮选中输入的文字，单击选择"字幕样式"列表中的"方正姚体"字体样式为文字设置属性。然后在右侧的"字幕属性"面板中选择一种中文字体以保证该中文文字的正常显示，同时调整字体相应参数，具体设置及效果如图 7-105所示。

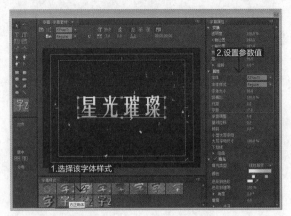

图 7-105 设置参数

06 完成设置后，单击"字幕"编辑窗口右上角的"关闭"按钮图。返回操作界面。

07 在"项目"面板中选择字幕素材拖入"视频1"轨道，如图 7-106所示。

图 7-106 将素材拖入视频轨道

08 选择"视频1"轨道中的字幕素材，执行"素材"/"速度/持续时间"命令，弹出"素材速度/持续时间"对话框，修改"持续时间"参数为00：00：08：00，设置完成后单击"确定"按钮，如图 7-107所示。

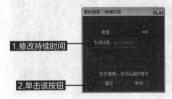

图 7-107 修改持续时间

09 打开"效果"面板并展开其中的"视频特效"文件夹，选择"Trapcode"文件夹中的"Starglow"特效，将该特效添加到"视频1"轨道的字幕素材中，如图 7-108所示。

图 7-108 为素材添加特效

10 打开字幕素材的"特效控制台"面板，将"Starglow"特效属性下的"Preset"（预设）设置为"Tilt Prism"，将"Input Channel"（输入通道）设置为"Lightness"，将"Transfer Mode"（混合模式）设置为"Soft Light"，如图 7-109所示。调整参数后在"节目"监视器窗口中预览效果，如图 7-110所示。

图 7-109 参数设置

图 7-110 预览效果

11 继续在"特效控制台"面板中展开"Pre-Process"（预处理）项，勾选其中的"Use Mask"（使用遮罩）选项，如图 7-111所示。设置后将在光束发射基点周围产生一个圆形遮罩，"节目"监视器窗口中的预览效果如图 7-112所示。

图 7-111 参数设置

图 7-112 预览效果

12 展开"特效控制台"面板中的"Shimmer"（微光）选项，设置其中的"Amount"（数量）参数为450，设置"Detail"（细节）参数为20，设置"Phase"（相位）参数为30，勾选"Use Loop"（使用循环）复选框并设置"Revolutions in Loop"（循环数目）为10，如图 7-113 所示。通过上述设置能使添加在字幕上的"Starglow"特效更加细腻，"节目"监视器窗口中的预览效果如图 7-114所示。

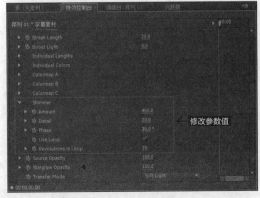

图 7-113 参数设置

图 7-114 预览效果

13 在"时间轴"窗口中将时间标记 ▼ 移动到00：00：00：00处，然后在"特效控制台"面板中设置"Mask Radius"（遮罩半径）参数为70，设置"Mask Feather"（遮罩羽化）参数为50，设置"Streak Length"（散射长度）参数为15，设置"Boost Light"（光线亮度）参数为0。然后分别点击这四个参数左侧的"切换动画"按钮 ⏱ 设置关键帧，如图 7-115所示。设置参数后的字幕效果如图 7-116所示。

图 7-115 参数设置

图 7-116 设置参数后效果

217

14 将时间标记移动到00：00：02：00处，然后在"特效控制台"面板中设置"Mask Radius"（遮罩半径）参数为100，设置"Mask Feather"（遮罩羽化）参数为28，设置"Streak Length"（散射长度）参数为35，设置"Boost Light"（光线亮度）参数为3，如图 7-117所示。设置参数后的字幕效果如图 7-118所示。

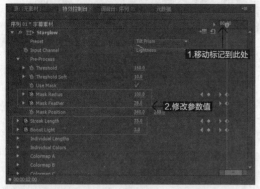

图 7-117 参数设置

图 7-118 设置参数后效果

15 将时间标记移动到00：00：04：00处，然后在"特效控制台"面板设置"Mask Radius"（遮罩半径）参数为150；设置"Mask Feather"（遮罩羽化）参数为10；设置"Streak Length"（散射长度）参数为60；设置"Boost Light"（光线亮度）参数为5，如图 7-119所示。设置参数后的字幕效果如图 7-120所示。

图 7-119 参数设置

图 7-120 设置参数后效果

16 将时间标记移动到00：00：06：00处，然后在"特效控制台"面板中设置"Mask Radius"（遮罩半径）参数为180，设置"Mask Feather"（遮罩羽化）参数为5，设置"Streak Length"（散射长度）参数为91，设置"Boost Light"（光线亮度）参数为8，如图 7-121所示。设置参数后的字幕效果如图 7-122所示。

图 7-121 参数设置

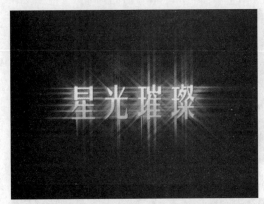

图 7-122 设置参数后效果

17 将时间标记 移动到00：00：08：00处，然后在"特效控制台"面板中设置"Mask Radius"（遮罩半径）参数为70，设置"Mask Feather"（遮罩羽化）参数为50，设置"Streak Length"（散射长度）参数为15，设置"Boost Light"（光线亮度）参数为0，如图7-123所示。设置参数后的字幕效果如图7-124所示。

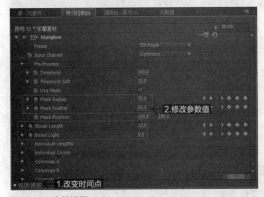

图 7-123 参数设置

图 7-124 设置参数后效果

18 按Enter键渲染项目，渲染完成后预览动画效果，如图7-125所示。

图 7-125 动画预览效果

7.4 综合训练——风光影像处理

源文件路径	素材\第7章\7.4 综合训练——风光影像处理
视频路径	视频第7章\7.4 综合训练——风光影像处理.mp4
难易程度	★★★★

图 7-126 "新建项目"对话框

01 启动Premiere Pro CS6，新建项目并设置名称为"风光影像处理"，将其保存到指定的文件夹，单击"确定"按钮，如图7-126所示。

02 弹出"新建序列"对话框，选择合适的序列预设，单击"确定"按钮，如图7-127所示。

图 7-127 "新建序列"对话框

03 在Premiere Pro CS6操作界面中执行"文件"/"导入"命令，在弹出的"导入"对话框中选择所需素材，单击"确定"按钮，如图 7-128所示。

图 7-128 导入素材

04 在"项目"面板中选择"西藏.mov"素材，将其添加到"时间轴"窗口的"视频1"轨道中，如图 7-129所示。

图 7-129 将素材拖入视频轨道

05 打开"效果"面板，展开"视频特效"文件夹，选择"Synthetic Aperture"文件夹下的"SA Color Finesse 3"特效，并将该特效添加给"视频1"轨道的"西藏.mov"素材，如图 7-130所示。

图 7-130 为素材添加特效

06 打开"西藏.mov"素材的"特效控制台"面板，单击该面板的"SA Color Finesse 3"特效中的"完整界面"选项，如图 7-131所示。

07 进入"Color Finesse 3"完整操作界面，单击位于"参数分析窗口"左侧的"收藏夹"按钮，打开"参考收藏夹"面板，如图 7-132所示。

图 7-131 "特效控制台"面板

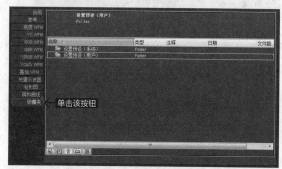

图 7-132 "参考收藏夹"面板

08 在"参考收藏夹"面板中展开"设置预设（系统）"文件夹，接着展开其中的"35mm Filmstocks"文件夹，选择当中的"Eastman Kodak"文件夹下的"Kodak 5229 Vision2 Expression 500T"选项，然后单击"使用所选为参考图像或设置"按钮，即可将该参考色彩效果添加到影片素材上，如图 7-133所示。

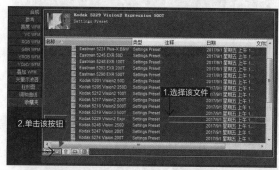

图 7-133 为素材添加颜色效果

09 设置好调色效果后，单击"Color Finesse 3"操作界面底部的"是"按钮，来确认以上所做的参数调整，并关闭Color Finesse 3完整界面，回到Premiere Pro CS6操作界面，如图 7-134所示。

图 7-134 回到操作界面

10 回到Premiere Pro CS6操作界面，在"效果"面板中选择"Trapcode"文件夹中的"Shine"特效，将该特效添加到"视频1"轨道的"西藏.mov"素材上的，如图 7-135所示。

图 7-135 为素材添加特效

11 打开"西藏.mov"素材的"特效控制台"面板，展开"Shine"特效下的"Pre-Process"（预处理）项，设置其中的"Threshold"（阈值）参数为65，并将"Transfer Mode"（混合模式）设置为"Add"（添加）。然后打开"Colorize"（颜色设置），选择"None"选项，如图 7-136所示。"节目"监视器中的预览效果如图 7-137所示。

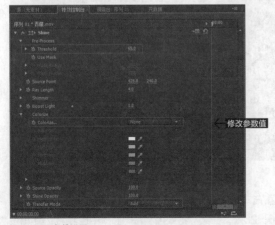

图 7-136 参数设置

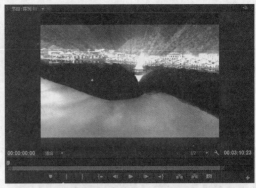

图 7-137 预览效果

12 打开"Pre-Process"（预处理）选项，勾选其中的"Use Mask"（使用遮罩）复选框，将在光束发射基点周围产生一个圆形遮罩。设置"Mask Radius"（遮罩半径）参数为150，设置"Mask Feather"（遮罩羽化）参数为200，设置"Ray Length"（光线发射长度）参数为1.6，如图 7-138所示。"节目"监视器中的预览效果如图 7-139所示。

图 7-138 参数设置

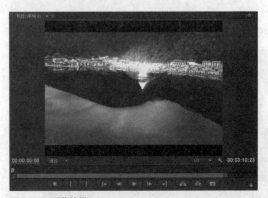

图 7-139 预览效果

13 在"时间轴"窗口中将时间标记🕐移动到00：00：31：23处，在其"特效控制台"面板中分别单击"Source Point"（光束中心）、"Mask Radius"（遮罩半径）、"Mask Feather"（遮罩羽化）和"Boost Light"（光线亮度）选项前面的"切换动画"按钮🕐设置关键帧，并按照图7-140设置参数值。"节目"监视器中的预览效果如图7-141所示。

图 7-140 参数设置

图 7-141 预览效果

14 在"时间轴"窗口中将时间标记🕐移动到00：00：32：02处，在其"特效控制台"面板中按照图7-142设置参数值。"节目"监视器中的预览效果如图7-143所示。

图 7-142 参数设置

图 7-143 预览效果

15 在"时间轴"窗口中将时间标记🕐移动到00：00：40：15处，在其"特效控制台"面板中按照图7-144设置参数值。"节目"监视器中的预览效果如图7-145所示，为画面浓密的云层添加了一些光线感，使画面更加通透。

图 7-144 参数设置

图 7-145 预览效果

16 在"时间轴"窗口中将时间标记🕐移动到00：00：40：20处，在其"特效控制台"面板中按照图7-146设置参数值。"节目"监视器中的预览效果如图 7-147 所示。至此，一组模拟阳光的变幻动态效果就做好了。

图 7-146 参数设置

图 7-147 预览效果

17 执行"文件"/"新建"/"字幕"命令，如图 7-148 所示。在弹出的"新建字幕"对话框中设置好属性及名称，单击"确定"按钮，完成字幕创建，如图 7-149 所示。

图 7-148 命令菜单

图 7-149 "新建字幕"对话框

18 进入"字幕"编辑窗口，在工具栏中选择文本输入工具 T，移动光标到编辑区并单击，输入文字"走进西藏"。然后在工具栏中单击"选择工具"按钮 ，在编辑区调整文字的位置。效果如图 7-150 所示。

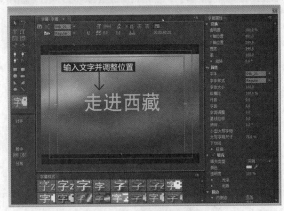

图 7-150 调整文字

19 使用"选择工具"按钮 选中输入的文字，单击选择"字幕样式"列表中的"方正金质大黑"字体样式为文字设置属性。然后在右侧的"字幕属性"面板中选择一种中文字体以保证该中文文字的正常显示，同时调整字体相应参数，具体设置及效果如图 7-151 所示。

图 7-151 参数设置

20 完成设置后，单击"字幕"编辑窗口右上角的"关闭"按钮 。返回操作界面。

21 将时间标记 移动到00：00：00：00处，然后在"项目"面板中选择字幕素材，并将其拖入"视频2"轨道，如图 7-152所示。

图 7-152 将素材拖入视频轨道

22 选择"视频2"轨道中的字幕素材,执行"素材"/"速度/持续时间"命令,弹出"素材速度/持续时间"对话框,在对话框中修改"持续时间"参数为00:00:08:00,设置完成后单击"确定"按钮,如图7-153所示。

图 7-153 修改持续时间

23 打开"效果"面板并展开其中的"视频特效"文件夹,选择"过渡"文件夹中的"百叶窗"特效,并将该特效添加到"视频2"轨道的字幕素材中,如图7-154所示。

图 7-154 为素材添加特效

24 打开字幕素材的"特效控制台"面板,设置"百叶窗"特效下的"过渡完成"参数为100,并点击该属性左侧的"切换动画"按钮 设置关键帧,如图 7-155所示。"节目"监视器窗口中的预览效果如图 7-156所示。

图 7-155 参数设置

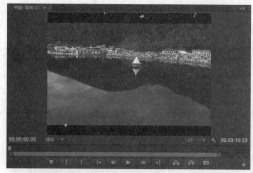

图 7-156 预览效果

25 在"时间轴"窗口中将时间标记移动到00:00:01:00处,在字幕素材"特效控制台"面板中设置"过渡完成"参数为0,如图 7-157所示。"节目"监视器窗口中的预览效果如图 7-158所示。

图 7-157 参数设置

图 7-158 预览效果

26 至此,所有素材和特效添加完毕,序列效果如图7-159所示。

图 7-159 最终视频的序列效果

27 按Enter键渲染项目，渲染完成后预览动画效果，如图 7-160所示。

图 7-160 效果预览图

7.5 课后习题

◆习题1：用PIllusion3.0创建烟花效果

源文件路径	素材\第7章\7.5课后习题
视频路径	无
难易程度	★ ★ ★

01 启动启动PIllusion3.0，进入操作界面。

02 单击左上角的"图层管理"窗口空白处，在弹出的快捷菜单中选择"背景图像"命令，在弹出的"打开"对话框中选择背景图像导入PIllusion3.0。

03 弹出"ParticleIllusion"对话框，这里需要项目大小与导入的素材图像大小一致，所以单击选择"是"选项。

04 在"舞台"窗口中调整素材大小，使素材完全显示。

05 在"图层管理"窗口里新建一个图层。

06 在"粒子选择"窗口中打开粒子库中的"烟花粒子"，并选择合适粒子，在"舞台"窗口中创建粒子。

07 在"图层编辑"窗口中根据实际需求调整粒子缩放、数量等相关属性。

08 如果需要添加多个间隔出现的烟花粒子，在"时间轴"窗口中调整时间线位置，修改不同烟花出现的起始帧即可。

09 添加完粒子之后，设置"开始帧"为1，设置"结束帧"为120。

10 点击任务栏中的"保存输出"按钮，在弹出的"另存为"对话框中设置输出文件的名称及保存格式等参数，设置好后单击"确定"按钮。

◆习题2：Shine插件制作逼真阳光效果

源文件路径	素材\第7章\7.5课后习题
视频路径	无
难易程度	★ ★ ★

01 新建一个项目文件。

02 导入素材文件。

03 将素材拖入"时间轴"窗口，并将素材调整至合适大小。

04 打开"效果"面板，打开"视频特效"文件夹，选择"Trapcode"文件夹中的"Shine"特效添加给素材。

05 打开"特效控制台"面板，勾选"Use Mask"复选框，并设置"Mask Radius"值为300。

06 在"特效控制台"面板中展开"Colorize"选项，在"Colorize"下拉列表中选择"Heaven"选项，然后在"Transfer Mode"下拉列表中选择"Screen"选项。

07 最后设置"Source Point"参数值为750、130，并调节"Ray Length"参数为3.8。

心得笔记

本章视频时长
11 分钟

第 8 章

输出影片

输出影片是制作影片节目的重要一环，输出影片时要根据实际需要，对文件进行相应的参数设置后才能把编辑好的影片输出成影视作品。

本章主要为读者讲解在Premiere Pro CS6中对节目进行最终导出时需要进行的操作和设置，帮助读者熟悉节目导出流程。

本章学习目标

- 了解影片的输出类型
- 了解输出的常见格式
- 掌握输出的参数设置
- 熟悉输出影片的基本流程

本章重点内容

- 影片输出类型
- 输出格式的设置
- 视音频参数设置
- 导出视音频

扫 码 看 课 件　　扫 码 看 视 频

8.1 导出的基本设置

当我们在Premiere Pro CS6中完成了对素材的编辑和处理后，通常需要将编辑的素材合成并导出为一个可以播放的影片，方便我们日后随时在电脑播放器或电视屏幕上播放，还可以选择将输出的影片上传到互联网上或者录录成光盘文件。因此，掌握影片的输出设置就显得至关重要了。

下面将详细讲解导出影片前的一些基本设置。

8.1.1 设置导出基本选项

1. 影片的输出类型

在Premiere Pro CS6操作界面中执行"文件"/"导出"命令时，弹出如图 8-1所示的菜单，该菜单提供了多种输出选择，可以将影片输出为不同的类型，以解决用户的不同需求，也方便日后和其他编辑软件进行数据交换。

图 8-1 菜单

输出类型选项说明如下。

- 媒体（Media）：选择该选项将弹出"导出设置"对话框，在该对话框中可以进行各种格式的媒体输出。
- 字幕（Title）：单独输出在Premiere Pro CS6中创建的字幕文件。
- 磁带（Tape）：通过专业录像设备将编辑完成的影片直接输入到磁带上。
- EDL（编辑决策列表）：输出一个描述剪辑过程的数据文件，可以导入到其他的编辑软件中进行编辑。
- OMF（公开媒体框架）：将整个序列中所有激活的音频轨道输出为OMF格式，可以导入到DigiDesign Pro Tools等软件中继续编辑润色。
- AAF（高级制作格式）：AAF格式可以支持多平台多系统的编辑软件，可以导入到其他的编辑软件中继续编辑，如Avid Media Composer。

- Final Cut Pro XML（Final Cut Pro交换文件）：将剪辑数据转移到苹果平台的Final Cut Pro剪辑软件中继续进行编辑。

2. 格式（Format）设置

完成后的影片的质量取决于多方面的因素，包括编辑所使用的图形压缩类型、输出的帧速率及播放影片的计算机系统的运行速度等。在用Premiere Pro CS6进行影片合成之前，需要在导出设置中对影片的质量进行相关的设置，以保证输出的最终文件能满足实际需要，导出设置中大部分与项目的设置选项相同。

提示

> 在项目设置中，是针对序列进行的；而在输出设置中，是针对最终输出的影片进行的。

执行"文件"/"导出"/"媒体"命令，弹出如图 8-2所示的"导出设置"对话框。

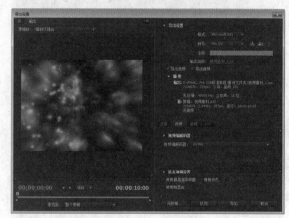

图 8-2 "导出设置"对话框

可以看到，在"导出设置"对话框中不仅可以设置输出名称、导出媒体视音频质量等一些基本参数，还可以在"格式"选项的下拉列表中，将导出的数字电影设定为不同的格式，如图8-3所示。

图 8-3 "格式"菜单

228

常用的输出格式和相对应的使用路径说明如下。

- Microsoft AVI：将影片输出为DV格式的数字视频和Windows操作平台数字电影，适合计算机本地播放。
- AVI（Uncompressed）：输出为不经过任何压缩的Windows操作平台数字电影。
- GIF：将影片输出为动态图片文件，适用于网页播放。
- Animated GIF：输出GIF动画文件。
- H.264/H.264 Blu-ray：输出为高性能视频编码文件，适合输出高清视频和录制蓝光光盘。
- F4V/FLV：输出为Flash流媒体格式视频，适合网络播放。
- MPEG4：输出为压缩比较高的视频文件，适合移动设备播放。
- MPEG2/MPEG2-DVD：输出为MPEG2编码格式的文件，适合录制DVD光盘。
- PNG / Targa / TIFF：输出单张静态图片或者图片序列，适合于多平台数据交换。
- QuickTime：输出基于MacOS操作平台的数字电影。
- Waveform Audio：只输出影片声音，输出为WAV格式音频，适合于多平台数据交换。
- Windows Media：输出为微软专有流媒体格式，适合于网络播放和移动媒体播放。

提示

导出胶片带或序列文件时不能同时导出音频。

3. 预设（Preset）设置

Premiere Pro CS6为用户提供了6种预置的导出格式，在"导出设置"对话框中设置导出影片格式为"Microsoft AVI"的前提下，展开"预设"选项的下拉列表，弹出如图 8-4所示的菜单。

图 8-4 "预设"菜单

在"预设"选项后有三个按钮，具体功能说明如下。

- 保存预设：单击该按钮，在弹出的对话框中可以保存用户自定义的导出设置。
- ■导入预置：可以导入Premiere Pro CS6的导出设置。

- ■删除预置：用来删除导出的设置预置。

4. 注释（Comments）和输出名称（Output Name）

在"导出设置"对话框中的"注释"选项后的文本框中，用户可以对导出的文件做文字注释。

单击"输出名称"选项右侧的输出路径，将弹出"另存为"对话框，在该对话框中设置输出文件的保存路径和名称，如图 8-5所示。

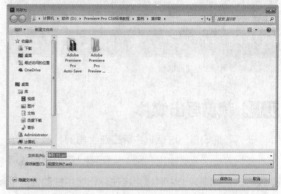

图 8-5 "另存为"对话框

5. 导出视频（Export Video）/导出音频（Export Audio）

两个选项位于"导出设置"对话框的"导出设置"选项面板中，如图 8-6所示。

图 8-6 选项面板

选中"导出视频"复选框，合成影片时将导出影像文件，如果取消选中该项，则不能导出影像文件；选中"导出音频"复选框，合成影片时将导出声音文件，如果取消选中该项，则不能导出声音文件。

6. 滤镜（Filtes）

在Premiere Pro CS6中导出影像文件之前，可以为其增加"高斯模糊"特效。在"导出设置"对话框中可以自行设置模糊程度，并同步预览效果，如图 8-7所示。

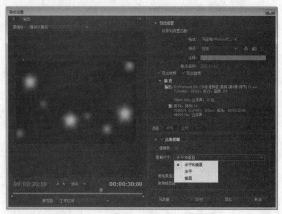

图 8-7 "导出设置"对话框

8.1.2 裁剪导出媒体

在"导出设置"对话框中单击左上角的"源"选项卡,然后单击"裁剪输出视频"按钮 ,可以激活裁剪选项栏。在此选项卡中可以直接在编辑区中拖动裁剪框任意裁剪输出媒体的画面,也可以选择在选项中输入参数来实现裁剪,如图 8-8 所示。

除了上述两种裁剪方法以外,用户还可以在选项卡中选择 Premiere Pro CS6 系统预设的裁剪纵横比,如图 8-9 所示。

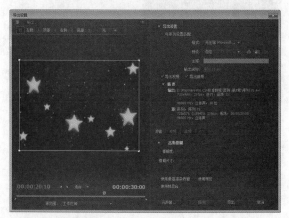

图 8-8 激活裁剪选项栏

提示

如果需要移动裁剪区域,可以在预览窗口点击鼠标进行拖动。

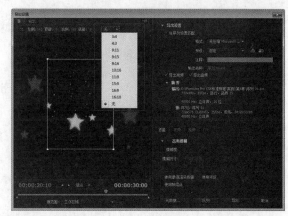

图 8-9 裁剪纵横比

8.1.3 视频的基本设置

在"导出设置"对话框右下方区域的"视频"选项卡中包含了视频的各项设置,如图 8-10 所示。这里需要注意的一点就是,选择的输出格式不同,那么"视频"选项卡中的内容也会不一样。

图 8-10 "视频"选项卡

"视频"选项卡中常用设置参数说明如下。

- 视频编解码器(Video Codec):在该选项的下拉列表中选择用于影片压缩的编码解码器。选用不同的导出格式,对应不同的编码解码器。
- 编解码器(Codec):单击此按钮,可在弹出的对话框中对编解码的临时质量比率进行设置。(该选项只针对部分格式。)
- 以最大深度渲染(Use the Highest Quality):选择该选项,将导出最高质量的节目,不过导出后的文件大小相应也会变得大一些。
- 帧速率(Frame Rate):指定导出影片的帧速率。
- 宽度(Width)/高度(Height):设置导出节目的像素宽高比。

8.1.4 音频的基本设置

在"导出设置"对话框右下方区域的"音频"选项卡中包含了音频的各项设置，如图8-11所示。同"视频"设置一样，如果选择的输出格式不同，"音频"选项卡中的内容也会不一样。

图 8-11　"音频"选项卡

"音频"选项卡中常用设置参数说明如下。

- 音频编解码器（Compressor）：在弹出的"压缩"下拉列表中选择用于音频压缩的编码解码器。选用不同的导出格式，对应不同的编码解码器。
- 采样速率（Sample Rate）：决定导出节目时所使用的采样速率。采样速率越高，播放质量越好，但需要较大的磁盘空间，并相应地会占用较多的处理时间。
- 声道（Channels）：在该选项的下拉列表中可以选择采用立体声或者单声道。
- 样本大小（Sample Size）：决定导出节目时所使用的声音量化位数。要获得较好的音频质量就要使用较高的量化位数。

8.1.5 课堂范例——导出视频文件

源文件路径	素材\第8章\8.1.5课堂范例——导出视频文件
视频路径	视频\第8章\8.1.5课堂范例——导出视频文件.mp4
难易程度	★★★

01 启动Premiere Pro CS6，在欢迎界面中单击"打开项目"按钮，如图8-12所示。

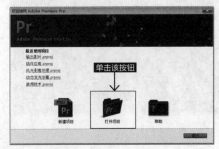

图 8-12　单击"打开项目"按钮

02 在弹出的"打开项目"对话框中选中文件，单击"打开"按钮，如图 8-13所示。

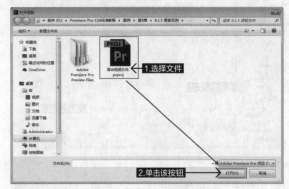

图 8-13　打开项目文件

03 进入操作界面后，单击"时间轴"面板，然后按Enter键进行影片渲染，弹出如图 8-14所示的对话框。

04 待影片渲染完毕，单击"时间轴"窗口，按键盘Home键使时间标记 回到首帧。然后执行"文件"/"导出"/"媒体"命令，如图 8-15所示。

图 8-14　渲染项目　　　图 8-15　执行命令

05 弹出如图 8-16所示的"导出设置"对话框，在该对话框中将"格式"设置为Microsoft AVI，设置"预设"为PAL DV，单击"输出名称"右侧的文字，弹出"另存为"对话框，设置影片名称为"导出视频"，并设置保存路径，如图 8-17所示。

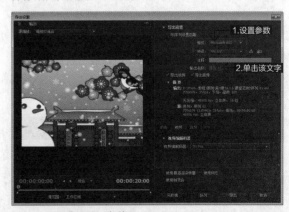

图 8-16　"导出设置"对话框

231

图 8-17　"另存为"对话框

06 设置好上述参数后单击"保存"按钮，可以在其他选项中进行更详细的设置，设置完成后单击"导出"按钮，影片开始导出，如图 8-18所示。

图 8-18　导出影片

07 导出完毕后，计算机自动关闭对话框。用户可以在先前设置的导出文件夹中查看已经导出的文件，如图 8-19所示。

图 8-19　在文件夹中进行查看

8.2 导出单帧图像

在Premiere Pro CS6中，可以选择影片中的某一帧，将其输出为一张静态图片，导出单帧图像的操作方法如下。

01 在"节目"监视器窗口中，将时间标记移动到00：00：04：10位置，如图 8-20所示。

图 8-20　"节目"监视器窗口

02 执行"文件"/"导出"/"媒体"命令，如图 8-21所示。

图 8-21　执行命令

03 弹出"导出设置"对话框，在该对话框中将"格式"设置为JPEG，如图 8-22所示。然后单击"输出名称"右侧的文字，在弹出的"另存为"对话框中设定其名称及保存路径，设置完成之后单击"保存"按钮，如图 8-23所示。

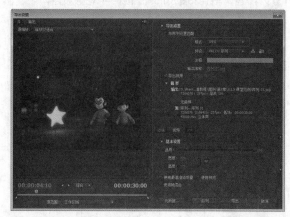

图 8-22　"导出设置"对话框

图 8-23 "另存为"对话框

04 在"视频"选项卡中，取消勾选"导出为序列"复选框，如图 8-24 所示。然后单击"导出"按钮开始导出，导出完毕后，计算机自动关闭对话框。用户可以在先前设置的导出文件夹中查看已经导出的文件，如图 8-25 所示。

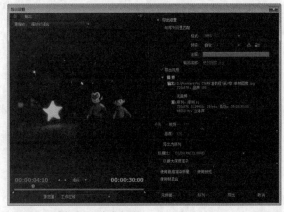

图 8-24 取消勾选"导出为序列"

图 8-25 在文件夹中进行查看

8.3 导出序列文件

Premiere Pro CS6可以将编辑完成的影片合成导出为一组带有序列号的序列图片。导出序列文件的操作方法如下。

01 在"项目"面板中选择需要导出的序列文件，然后执行"文件"/"导出"/"媒体"命令，如图 8-26所示。

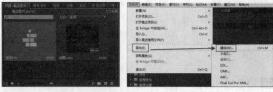

图 8-26 选择序列文件并执行命令

02 弹出"导出设置"对话框，在该对话框中将"格式"设置为FLV或F4V，如图 8-27所示。

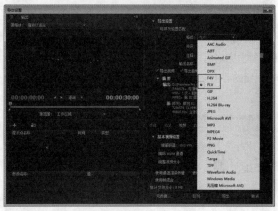

图 8-27 "导出设置"对话框

提示

要导出序列文件，还可以在"格式"下拉列表中选择输出静帧序列文件，格式包括JPEG、PNG、TIFF、Targa、GIF等，需要注意的是设置完成后在"视频"选项卡中勾选"导出为序列"复选框。

03 然后单击"输出名称"右侧的文字，在弹出的"另存为"对话框中设定其名称及保存路径，设置完成之后单击"保存"按钮，如图 8-28所示。

图 8-28 "另存为"对话框

04 调节其他参数，最后单击"导出"按钮开始导出，如图 8-29所示。

图 8-29 导出影片

05 导出完毕后，计算机自动关闭对话框。用户可以在先前设置的导出文件夹中查看已经导出的文件，如图 8-30所示。

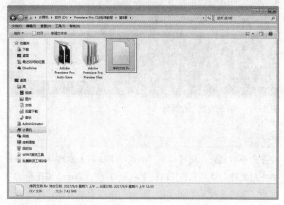

图 8-30 在文件夹中进行查看

8.4 导出影片到磁带

在Premiere Pro CS6中可以将一段影片或影片序列记录到录像带上。将影片导出到磁带的操作方法如下。

01 在Premiere Pro CS6操作界面中选择需要录制影片的窗口。

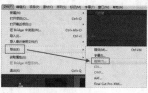

图 8-31 执行命令

02 执行"文件"/"导出"/"磁带"命令，如图 8-31所示。然后在弹出的对话框中进行参数设置。

03 设置完成后，单击"导出"按钮开始导出影片。

提示

> 导出到磁带之前，用户需要准备一块视频卡，用来将RGB信号转换为NTSC或PAL信号。还需要准备一台录像机，用来将节目录制到录像带上。
>
> 如果没有控制设置进行实时录制，需要手动在录像机上按Record键，并在录制完毕后手动停止录像机。
>
> 在将影片导出到磁带之前，必须确认用户的计算机能够产生PAL或NTSC兼容信号，并确认已经正确地连接了录制设备信号线。
>
> 在导出影片的过程中，请耐心等待，千万不要进行其他操作，以避免意外中止。

8.5 导出EDL文件

EDL（编辑决策列表）文件包含了项目中的各种编辑信息，包括项目所使用的素材所在的磁带名称、编号、素材文件的长度、项目中所用的特效及转场等。EDL编辑方式是剪辑中通用的办法，通过它可以在支持EDL文件的不同剪辑系统中交换剪辑内容，不需要重新剪辑。

电视节目（如电视连续剧等）的编辑工作经常会采用EDL编辑方式。在编辑过程中，可以先将素材采集成画质较差的文件，对这个文件进行剪辑，能够降低计算机的负荷并提高工作效率。等到剪辑工作完成后，将剪辑过程输出成EDL文件，并将素材重新采集成画质较高的文件，导入EDL文件并进行最终成片的输出。

提示

> EDL文件虽然能记录特效信息，但由于不同的剪辑系统对特效的支持并不相同，其他的剪辑系统有可能无法识别在Premiere Pro CS6中添加的特效信息，使用EDL文件时需要注意，不同的剪辑系统之间的序列初始化设置应该相同。

在Premiere Pro CS6操作界面执行"文件"/"导出"/"EDL"命令，将弹出"EDL输出设置"对话框，如图8-32所示。

图8-32 "EDL输出设置"

对话框中各项参数说明如下。

- EDL标题（EDL Title）：设置EDL文件第一行内的标题。
- 开始时间码（Start Timecode）：设置序列中第一个编辑的起始时间码。
- 含视频电平（Include Video Levels）：在EDL中包含视频等级注释。
- 含音频电平（Include Audio Levels）：在EDL中包含音频等级注释。
- 音频处理（Audio Processing）：设置音频的处理方式，包含三个选项，分别是"音频跟随视频"（Audio Follows Video）、"分离的音频"（Audio Separately）和"结尾音频"（Audio At End）。
- 轨道输出（Tracks To Export）：设定导出的轨道。

设置完成后，单击"确定"按钮，即可将当前序列中被选择轨道的剪辑数据导出为.EDL文件。在导出文件夹中可以使用记事本程序打开文件内容查看，如图8-33所示。

图8-33 用记事本查看文件

提示

导出EDL文件时，当前活动窗口必须是"时间轴"窗口，否则不能执行EDL命令。

8.6 导出字幕

我们可以将"项目"面板中创建的字幕文件单独导出，方便后期进行编辑和修改。导出的字幕文件格式为PRTL，可以在其他的Premiere项目文件中导入使用，导入后的文件仍然是字幕文件格式，可以进行二次加工编辑。导出字幕的操作方法如下。

01 在"项目"面板中选中需要导出的字幕文件，执行"文件"/"导出"/"字幕"命令，如图8-34所示。

图8-34 选择字幕文件并执行命令

02 弹出"保存字幕"对话框，在该对话框中设置字幕文件的名称和保存路径，设置完成后单击"保存"按钮即可，如图8-35所示。

图8-35 "保存字幕"对话框

8.7 导出媒体发布到互联网上

在Premiere Pro CS6中选择需要导出的序列，执行"文件"/"导出"/"媒体"命令，弹出"导出设置"对话框。然后在"FTP"选项卡中进行服务器、端口等参数的设置，就可以将导出的文件直接发布到互联网上，如图8-36所示。

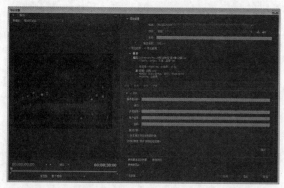

图 8-36 "导出设置"对话框

8.8 综合训练——输出动画影片

源文件路径	素材\第8章\8.8综合训练——输出动画影片
视频路径	视频\第8章\8.8综合训练——输出动画影片.mp4
难易程度	★★★

01 启动Premiere Pro CS6，在欢迎界面中单击"打开项目"按钮，如图 8-37所示。

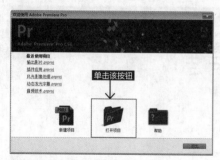

图 8-37 单击"打开项目"按钮

02 在弹出的"打开项目"对话框中选中项目文件，单击"打开"按钮，如图 8-38所示。

图 8-38 打开项目文件

03 进入操作界面后，单击"时间轴"面板，然后按Enter键进行影片渲染，弹出如图 8-39所示的对话框。

04 待影片渲染完毕，单击"时间轴"窗口，按键盘Home键使时间标记回到首帧。然后执行"文件"/"导出"/"媒体"命令，如图 8-40所示。

图 8-39 渲染项目

图 8-40 执行命令

05 弹出"导出设置"对话框，在该对话框中点击"格式"下拉列表，选择MPEG选项，如图 8-41所示。

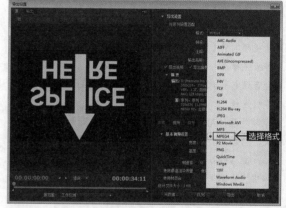

图 8-41 "导出设置"对话框

06 单击"输出名称"右侧的文字，弹出"另存为"对话框，设置影片名称为"动画影片"，并设置保存路径，如图 8-42所示。

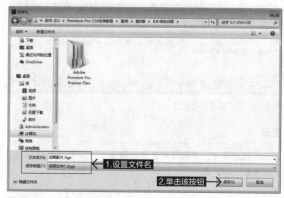

图 8-42 "另存为"对话框

07 单击"保存"按钮，回到"导出设置"对话框，单击打开"源"选项卡，并单击"裁剪输出视频"按钮，激活裁剪选项栏，如图 8-43所示。

图 8-43 激活裁剪选项栏

08 在裁剪选项栏中，单击打开系统预设的裁剪宽高比下拉列表，选择其中的16:9选项，如图 8-44所示。

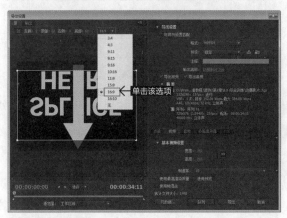

图 8-44 设置纵横比

09 在"音频"选项卡中设置基本参数，如图 8-45所示。

10 设置完成后单击"导出"按钮，影片开始导出，如图 8-46所示。

图 8-45 "音频"选项卡

图 8-46 导出影片

11 导出完毕后，计算机自动关闭对话框。用户可以在先前设置的导出文件夹中查看已经导出的文件，并用媒体播放器进行播放，如图 8-47所示。

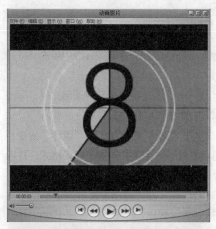

图 8-47 播放影片

8.9 课后习题

◆ **习题1：将影片导出为MPEG格式**

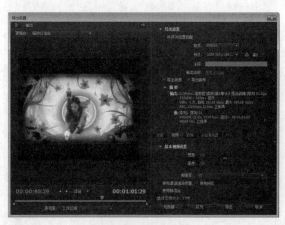

源文件路径	素材\第8章\8.9课后习题
视频路径	无
难易程度	★★★

01 启动Premiere Pro CS6，在欢迎界面中单击"打开项目"按钮。

02 在弹出的"打开项目"对话框中选择项目文件"导出为MPEG格式"，单击"打开"按钮。

03 在操作界面执行"文件"/"导出"/"媒体"命令，在弹出的"导出设置"对话框中选择MPEG格式，并设置名称、保存位置等相关参数。

04 设置好所有参数后，在"导出设置"对话框中单击"导出"按钮，将影片导出。

◆习题2：导出单帧图像

源文件路径	素材\第8章\8.9课后习题
视频路径	无
难易程度	★★★

01 启动Premiere Pro CS6，在欢迎界面中单击"打开项目"按钮。

02 在弹出的"打开项目"对话框中选择项目文件"导出单帧图像"，单击"打开"按钮。

03 进入操作界面后，在"节目"监视器窗口中移动时间标记到00：00：02：12处。

04 执行"文件"/"导出"/"媒体"命令，在弹出的"导出设置"对话框中选择JPEG格式，并设置名称、保存位置等相关参数。

05 在"视频"选项卡中，取消勾选"导出为序列"复选框。

06 设置好所有参数后，在"导出设置"对话框中单击"导出"按钮，将文件导出。

心得笔记

本章视频时长
33 分钟

第 9 章

多机位剪辑实战

在拍摄采访或是制作MV的时候，为了提升拍摄效率，往往会使用多个机位进行拍摄。但多机位拍摄所产生的素材量是非常大的，以致在后期剪辑处理时所要花费的时间就更多。这时，我们就可以利用多机位剪辑手法来提高工作效率。

多机位剪辑是我们在剪辑中常用的一种手法，特别是在处理两个及两个以上机位的时候，它可以极大地提高我们的工作效率。在Premiere Pro CS6中进行视频编辑时，"序列"可以被多次或者多层嵌套编辑。本章将通过详细的案例教学，来帮助读者掌握多机位剪辑的流程和方法，使日后的剪辑工作更加方便和高效。

本章学习目标

- 掌握创建多机位源序列的方法
- 掌握嵌套素材创建多摄像机的方法
- 掌握多机位镜头的替换方法
- 了解精剪视音频素材的方法

本章重点内容

- 创建多机位源序列
- 嵌套素材创建多摄像机
- 替换多机位镜头
- 精剪视音频素材

扫 码 看 课 件　　扫 码 看 视 频

本实例将分为4个部分，分别是"新建序列与导入素材""多机位剪辑处理""镜头精剪与调节"和"输出视频"。其中"多机位剪辑处理"小节中介绍了两种针对多机位素材的剪辑手法，分别是"创建多机位源序列"和"嵌套素材创建多摄像机"。另外在"镜头精剪与调节"小节中为读者详细地介绍了替换多机位镜头、精剪视音频素材和改变素材长度的方法。效果如图 9-1 所示。

图 9-1 多机位剪辑处理后效果

9.1 多机位拍摄概述

多机位即多机拍摄，是指使用两台或两台以上摄影机，对同一场面同时做多角度、多方位的拍摄。例如，某些场景规模宏大，单一的镜头无法体现效果，又或者场景固定，需要不同的视角来展现多方位的效果等等，为使拍摄一次成功，并提高拍摄效率，一般都会采取多机拍摄的方法。

图 9-2所示是某乒乓球教学栏目的拍摄现场，在左侧可见三位扛着摄像机的工作人员，正对着右侧的两位白衣人员进行拍摄，此即三机位拍摄。该拍摄的示意图如图 9-3所示，通过1、2、3三个不同机位的拍摄，就可以得到在不同位置对A、B两人的观察效果，如果后期再进行剪辑拼接，即可得到能在不同视角下进行切换的节目视频。

图 9-2 多机位拍摄现场

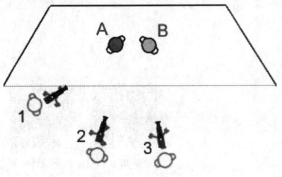

图 9-3 多机位拍摄示意图

9.2 新建项目与导入素材

前期多机位素材全部拍摄整理完毕后，将素材导入Premiere Pro CS6中进行编辑处理，首要任务是新建项目文件和序列。下面将介绍新建项目、序列，以及将素材导入到项目中的具体方法。

源文件路径	素材\第9章\9.2课堂范例——新建项目与导入素材
视 频 路 径	视频\第9章\9.2课堂范例——新建项目与导入素材.mp4
难 易 程 度	★★★

01 启动Premiere Pro CS6，在欢迎界面中单击"新建项目"按钮，如图9-4所示。

图9-4 新建项目

02 弹出"新建项目"对话框，输入项目的名称并设置项目的存储位置，设置好之后，单击"确定"按钮，如图9-5所示。

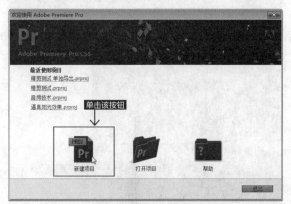

图9-5 "新建项目"对话框

03 弹出"新建序列"对话框，在其中选择合适的序列预设后，单击"确定"按钮，如图9-6所示。

图9-6 "新建序列"对话框

04 进入Premiere Pro CS6操作界面后，执行"文件"/"导入"命令，如图9-7所示。在弹出的"导入"对话框中选择需要的素材，单击"打开"命令，如图9-8所示。

图9-7 命令菜单

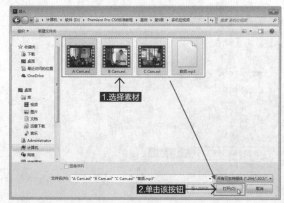

图9-8 导入素材

241

9.3 多机位剪辑处理

借助Premiere Pro CS6的"多机位"模式，可编辑来自不同角度的多个摄像机的剪辑镜头。本节将为读者介绍两种多机位剪辑手法。

9.3.1 创建多摄像机源序列

通过为"项目"面板中的多个不同角度素材创建多摄像机源序列，能快速建立多机位模式，并进行剪辑。创建多摄像机源序列的具体方法如下。

源文件路径	素材\第9章\9.3.1课堂范例——创建多摄像机源序列
视频路径	视频\第9章\9.3.1课堂范例——创建多摄像机源序列.mp4
难易程度	★★★

01 在"项目"面板中选中"A Cam""B Cam""C Cam"视频素材，如图9-9所示。然后单击鼠标右键，在弹出的快捷菜单中选择"创建多摄像机源序列"命令，如图9-10所示。

图9-9 "项目"面板

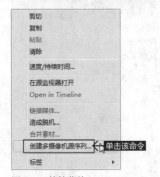

图9-10 快捷菜单

02 弹出"创建多摄像机源序列"对话框，在该对话框中输入自定义的源序列的名称，然后将"同步点"设置成时间码选项，单击"确定"按钮，如图9-11所示。

图9-11 "创建多摄像机源序列"对话框

03 在"项目"面板中选择新创建的"多机位源序列"素材，如图9-12所示。然后单击鼠标右键，在弹出的快捷菜单中选择"由当前素材新建序列"命令，如图9-13所示。

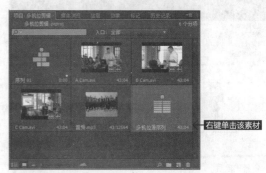

图9-12 "项目"面板

图9-13 快捷菜单

04 执行完上述命令之后，"多机位源序列"素材自动嵌套进了"时间轴"窗口，如图9-14所示。

图 9-14 素材自动嵌套进"时间轴"窗口

05 同时在"项目"面板中新生成了一个"多机位源序列"素材，如图 9-15所示。

图 9-15 "项目"面板

06 在"节目"监视器窗口中可以对"时间轴"窗口中的"多机位源序列"素材进行播放预览，默认的视频图像为"A Cam"素材图像，如图 9-16所示。

图 9-16 预览效果

07 播放预览完视频素材之后，在Premiere Pro CS6操作界面中执行"窗口"/"多机位监视器"命令，如图 9-17所示。

图 9-17 命令菜单

08 执行上述命令之后，弹出"多机位"监视器窗口，窗口左边分别显示的是三个机位的素材画面，右边的大图显示的是最终合成画面，如图 9-18所示。

图 9-18 "多机位"监视器窗口

09 在多机位素材小窗内点选不同的素材，则相应地在右边的最终合成画面窗口中会出现选中的素材，如图 9-19所示。

图 9-19 "多机位"监视器窗口

10 在"多机位"监视器窗口中单击选中"A Cam"素材，使右边的最终合成画面显示为"A Cam"素材的图像，黄色方框代表选中素材，如图 9-20所示。

图 9-20 "多机位"监视器窗口

11 单击选中"时间轴"窗口,确定时间线处于首帧位置,如果没有在首帧位置,可以按快捷键Home键使时间线自动退回到首帧位置,如图 9-21所示。

图 9-21 "时间轴"窗口

12 选择"时间轴"窗口中的"多机位源序列"素材,单击鼠标右键,在弹出的快捷菜单中选择"解除视音频链接"命令,如图 9-22所示。

图 9-22 快捷菜单

13 然后选择"音频1"轨道上的音频素材,按Delete键将其删除,如图 9-23所示。

图 9-23 删除音频素材

14 在"项目"面板中选择"音频.mp3"素材,将其拖入"音频1"轨道,如图 9-24所示。

图 9-24 将新的音频素材拖入音频轨道

15 在"时间轴"窗口中框选视音频素材,单击鼠标右键,在弹出的快捷菜单中选择"链接视频和音频"命令,如图 9-25所示。

图 9-25 快捷菜单

16 执行上述命令之后,在"时间轴"窗口中,新的音频素材和"多机位源序列"视频素材被重新链接组合在了一起,如图 9-26所示。按空格键进行素材预览,可以发现原来的声音已经替换成了无杂音的新音频。

图 9-26 "时间轴"窗口

17 选择"多机位"监视器窗口,将时间标记 移动到00:00:00:00处,然后按空格键进行播放(或单击该窗口中的播放按钮),如图 9-27所示。

图 9-27 "多机位"监视器窗口

18 左边的多机位素材小窗会同时播放画面，三个素材是从不同的角度拍摄而成的，播放时只需要点击中意的镜头，该窗口边框会变成红色，代表正在录制，如图 9-28 所示。

图 9-28 "多机位"监视器窗口

19 继续在播放的同时单击选择多机位素材小窗中需要的镜头。待镜头挑选完成后，点击"多机位"监视器窗口的"关闭"按钮⊠，暂时将该窗口关闭。然后回到"时间轴"窗口，可以看到该窗口中的"多机位源序列"素材已经自动剪辑重组，如图 9-29 所示。

图 9-29 "时间轴"窗口

20 按空格键进行播放，可以在"节目"监视器窗口中预览编辑后的合成视频效果，如图 9-30 所示。

图 9-30 预览效果

9.3.2 嵌套素材创建多摄像机

上述方法是针对已经音画同步的素材，如果素材没有经过前期校正，那么势必要在"时间轴"窗口中先进行一定的调整，并将素材同步。针对"时间轴"窗口中的素材，我们可以采取先嵌套素材，再创建摄像机的方法。下面将为读者讲解第二种多机位剪辑处理方法，具体如下。

源文件路径	素材\第9章\9.3.2课堂范例——嵌套素材创建多摄像机
视频路径	视频\第9章\9.3.2课堂范例——嵌套素材创建多摄像机.mp4
难易程度	★★★★

01 将素材导入之后，打开"项目"面板，将"A Cam""B Cam""C Cam"素材分别拖入"时间轴"窗口，每一段素材分别放入一个轨道，并使三段素材首尾对齐，如图 9-31 所示。

图 9-31 将素材拖入"时间轴"窗口

图 9-32 警告对话框

02 弹出警告对话框，单击"更改序列设置"选项，如图 9-32 所示。

245

03 同时选中"时间轴"窗口中的所有视音频素材,然后单击鼠标右键,在弹出的快捷菜单中选择"解除视音频链接"命令,如图9-33所示。

图9-33 解除视音频链接

04 执行上述命令之后,选择三个音频轨道上的声音素材,按Delete键将它们删除,如图9-34所示。

图9-34 删除声音素材

05 在"项目"面板中选择"音频.mp3"素材,将其拖入"音频1"轨道,如图9-35所示。

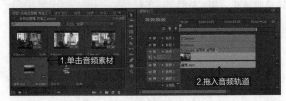

图9-35 将新的音频素材拖入音频轨道

06 同时选择"时间轴"窗口中的所有视音频素材,然后单击鼠标右键,在弹出的快捷菜单中选择"嵌套"命令,如图9-36所示。

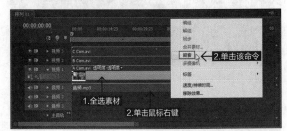

图9-36 执行"嵌套"命令

07 执行"嵌套"命令后,所有的视音频素材被合并成了一个绿色的"嵌套序列01"视音频素材,代表素材嵌套成功,如图9-37所示。

图9-37 "时间轴"窗口

08 在"时间轴"窗口中选择"嵌套序列01"素材,单击鼠标右键,然后在弹出的快捷菜单中执行"多摄像机"/"启用"命令,如图9-38所示。

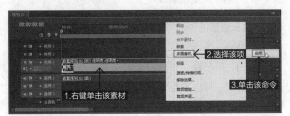

图9-38 启用多摄像机

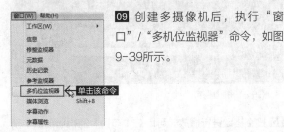

09 创建多摄像机后,执行"窗口"/"多机位监视器"命令,如图9-39所示。

图9-39 快捷菜单

10 打开"多机位"监视器窗口,点击播放按钮,左边的多机位素材小窗会同时播放画面,只需要点击中意的镜头,该窗口边框会变成红色,代表正在录制,如图9-40所示。

图9-40 "多机位"监视器窗口

11 反复循环执行上述步骤，挑选完所有镜头之后点击停止播放，回到"时间轴"窗口，会发现刚刚嵌套的序列已经按之前点选镜头的顺序自动剪辑排列好，而不需要的镜头则没有显示出来，如图 9-41所示。

图 9-41 "时间轴"窗口

12 按空格键进行播放，可以在"节目"监视器窗口预览编辑后的合成视频效果，如图 9-42所示。

图 9-42 预览效果

9.4 镜头精剪与调节

在多机位素材剪辑完成之后，有很多镜头由于点选

操作中的延迟，可能会与我们最初想选择的镜头有些不一样。此时，就需要对镜头持续时间进行调整，或者对一些不满意的镜头进行替换。本节将为读者介绍在多机位剪辑素材之后，如何对时间线上的素材进行精剪和调节。

9.4.1 替换多机位镜头

在进行多机位切换剪辑之后，播放预览素材，可能会发现一些镜头之间的切换生硬，或是由于操作不当将原定的远景镜头切成了特写镜头。针对这种失误操作，我们后期可以在"时间轴"窗口中将不满意的镜头重新替换成想要的镜头。替换多机位镜头的具体方法如下。

源文件路径	素材\第9章\9.4.1课堂范例——替换多机位镜头
视频路径	视频\第9章\9.4.1课堂范例——替换多机位镜头.mp4
难易程度	★ ★ ★

01 在"时间轴"窗口中按Home键使时间标记回到00：00：00：00位置，如图 9-43所示。

图 9-43 "时间轴"窗口

02 执行"窗口"/"多机位监视器"命令，打开"多机位"监视器窗口，方便在后续操作中随时替换镜头，如图 9-44所示。

图 9-44 "多机位"监视器窗口

03 回到"时间轴"窗口，单击"折叠-展开轨道"按钮 ▶️，将"视频1"轨道展开，同时拖动窗口下方滚动条，对"时间轴"窗口中的素材进行适当的放大，方便后续的观察及操作，如图9-45所示。

图9-45 展开视频轨道并适当放大

04 按空格键进行素材播放，等播放到衔接不流畅的镜头时，再次按下空格键可以暂停播放。然后来回拖动时间线进行观察，如图9-46所示。

图9-46 拖动时间线观察素材

05 如图9-47所示，假设"MC1多机位源序列"素材与"MC3多机位源序列"素材之间的切换效果不理想，那么我们就需要对其中的一个素材进行替换。

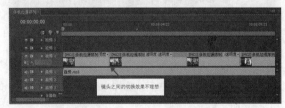

图9-47 "时间轴"窗口

06 将时间线移动到要进行替换的素材前端，这里我们要对"MC3多机位源序列"素材进行替换，所以把时间线移动到"MC3多机位源序列"素材的前端，如图9-48所示。

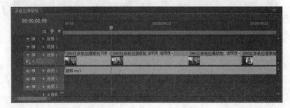

图9-48 "时间轴"窗口

07 在"多机位"监视器窗口中，可以看到被选中状态下的"MC3多机位源序列"素材小窗，如图9-49所示。

图9-49 "多机位"监视器窗口

08 这里我们要将"MC3多机位源序列"素材替换成为"B Cam"角度镜头（在"时间轴"窗口中该角度素材名称为"MC2多机位源序列"）。在"多机位"监视器窗口中单击"B Cam"素材小窗，可以看到小窗边框变成黄色，此时完成了镜头的替换，如图9-50所示。

图9-50 "多机位"监视器窗口

09 回到"时间轴"窗口中重新播放预览，会发现之前的"MC3多机位源序列"已经被替换成了我们选择的新素材"MC2多机位源序列"，如图9-51所示。

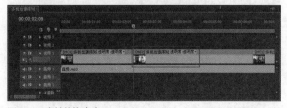

图9-51 素材替换成功

10 "节目"监视器窗口中的替换前后预览效果如图9-52所示。用同样的方法可以替换"时间轴"窗口中的任意素材镜头。

图 9-52 预览效果

9.4.2 精剪视音频素材

前期的拍摄和录制是很难达到完美效果的，在节目录制时，可能会出现主持人口误、长时间没有说话的情况。为了保证节目质量，后期肯定要将这些废弃的镜头和声音去掉，这就是精剪的目的。下面将讲解如何精剪视音频素材，具体方法如下。

源文件路径	素材\第9章\9.4.2课堂范例——精剪视音频素材
视频路径	视频\第9章\9.4.2课堂范例——精剪视音频素材.mp4
难易程度	★ ★ ★

01 单击"时间轴"窗口中的"折叠-展开轨道"按钮，将"音频1"轨道展开，并拖动手柄将轨道放大，如图9-53所示。按空格键进行素材播放的同时，观察"时间轴"窗口中的音频素材上的波形图。

图 9-53 展开音频轨道并进行放大

02 当素材播放至如图 9-54所示的位置时，来回拖动时间线反复听声音，发现此时人物说话停顿时间过长，造成某一区域没有任何声音。观察波形图不难发现，框选区域波形平缓，没有声音起伏。

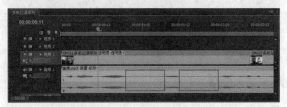

图 9-54 波形平缓无起伏

03 将时间线移动到空白区域的开始位置，然后在工具栏面板中选择"剃刀工具" （快捷键C），移动光标到时间线上，单击鼠标左键即可在该位置将素材分割开来，如图 9-55所示。

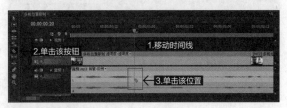

图 9-55 切割素材

04 在工具栏面板中单击"选择"工具 （快捷键V），拖动时间线到空白区域的结束位置，如图 9-56所示。

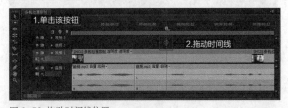

图 9-56 拖动时间线位置

05 在工具栏面板中单击"剃刀工具" ，移动光标到时间线位置，单击鼠标左键切割素材，如图 9-57所示。

图 9-57 切割素材

06 上述操作完成之后，空白区域的素材被单独分离出来了，如图 9-58所示。

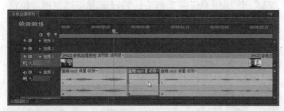

图 9-58 选择素材并进行删除

07 按快捷键V切换至选择工具，然后单击选中该段素材，按Delete键进行删除，如图 9-59所示。

图 9-59 切割完成后的素材

08 删除素材后，时间线上留出了一段空白区域，如图 9-60所示。

图 9-60 空白区域

09 右键单击空白区域，弹出如图 9-61所示的"波纹删除"选项（快捷键Shift+Delete），单击选择该命令。

图 9-61 选择"波纹删除"

10 执行"波纹删除"命令后，素材被自动拼接对齐，如图 9-62所示。

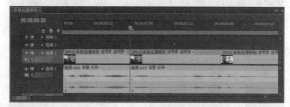

图 9-62 素材自动对齐

11 对切割后的素材重新进行预览，会发现重新组合后的画面之间出现了跳帧的情况，如图 9-63所示。这是由于我们在上述操作中，连同音频一起删除了其中的一些画面，使人物原本流畅衔接的动作画面出现了中断。

图 9-63 镜头之间衔接不流畅

12 将时间线移动到要替换素材的前端位置，如图 9-64所示。由于该段素材镜头时间较短，不考虑将其换成前后不一致的角度画面，因为与前面的镜头衔接不畅，所以可以换成与后面镜头一致的画面。

图 9-64 移动时间线

13 执行"窗口"/"多机位监视器"命令，打开"多机位"监视器窗口，如图 9-65所示。

图 9-65 "多机位"监视器窗口

14 在"多机位监视器"窗口中移动光标至如图 9-66所示的画面中,并单击鼠标左键。

图 9-66 "多机位"监视器窗口

15 执行上述操作之后,"时间轴"窗口中的素材被成功替换,如图 9-67所示。

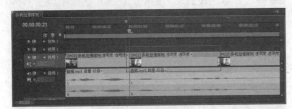

图 9-67 素材被成功替换

9.4.3 改变素材长度

我们在进行视频精剪时,会遇到时间线上的一些镜头时间过长或过短的情况,针对这种情况,需要对镜头进行适当的延长或是裁剪。改变素材长度的具体方法如下。

源文件路径	素材\第9章\9.4.3课堂范例——改变素材长度
视 频 路 径	视频\第9章\9.4.3课堂范例——改变素材长度.mp4
难 易 程 度	★ ★ ★

01 在"时间轴"窗口中播放预览素材,当播放到如图 9-68所示的"MC1 多机位源序列"位置,发现该素材镜头持续的时间太短。因此,我们可以对这一小段素材进行适当的延长,使画面出现的时间久一些。

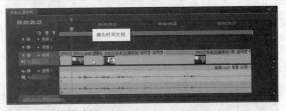

图 9-68 镜头时间太短

02 将时间线移动到"MC1 多机位源序列"素材的尾端,如图 9-69所示。

图 9-69 移动时间线

03 然后单击选中时间线后面的"MC2 多机位源序列"素材,如图 9-70所示。

图 9-70 选中素材

04 移动光标到时间线上,并使光标变成向右方向的手柄,如图 9-71所示。

图 9-71 移动光标至时间线上

05 按住鼠标左键，向右边拖动，使"MC2 多机位源序列"素材的持续时间变短一些，如图 9-72所示。

图 9-72 向右拖动手柄

06 将光标移动到时间线上，并使光标变成向左方向的手柄，如图 9-73所示。

图 9-73 移动光标至时间线上

07 按住鼠标左键，向右边进行拖动，如图 9-74所示。

图 9-74 向右拖动手柄

08 拖动手柄到"MC2 多机位源序列"素材的前端，手柄会被自动吸附，将"MC1 多机位源序列"和"MC2 多机位源序列"这两段素材拼接到一起，如图 9-75所示。

图 9-75 手柄被自动吸附

09 至此，之前过短的"MC1 多机位源序列"素材的镜头时间就被延长了，如图 9-76所示。

图 9-76 镜头被延长

9.5 输出视频

所有的素材处理完毕后，可以按Ctrl+S进行保存，或者直接导出视频文件。输出视频的具体方法如下。

源文件路径	素材\第9章\9.4课堂范例——输出视频
视频路径	视频\第9章\9.4课堂范例——输出视频.mp4
难易程度	★★★

01 执行"文件"/"导出"/"媒体"命令，如图 9-77所示。

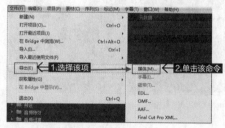

图 9-77 命令菜单

02 弹出"导出设置"对话框，在该对话框中点击"格式"下拉列表，在该下列表中选择Microsoft AVI选项，如图 9-78所示。

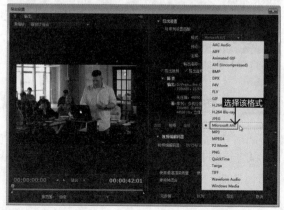

图 9-78 设置格式参数

03 点击"预设"下拉列表，在该下列表中选择PAL DV 选项，如图9-79所示。

图9-79 设置预设参数

04 单击"输出名称"右侧的文字，弹出"另存为"对话框，在该对话框中设置输出影片的名称，并设置保存路径，如图9-80所示。

图9-80 "另存为"对话框

05 设置好参数后单击"保存"按钮，可以在其他选项中进行更详细的设置，设置完成后单击"导出"按钮，影片开始导出，如图9-81所示。

图9-81 影片开始导出

06 导出完毕后，计算机自动关闭对话框。用户可以在先前设置的导出文件夹中查看已经导出的文件，并用媒体播放器进行播放，如图9-82所示。

图9-82 播放器预览效果

本章视频时长
94 分钟

第 10 章

电商广告制作

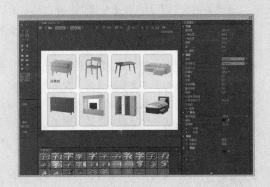

随着互联网时代电子商务业的飞速发展，基于电子商务衍生出了一种新型热门的广告形式——电商广告。本章将为读者介绍关于电商广告的一些基础知识，然后通过详细实例讲解如何利用Premiere Pro CS6进行电商广告的制作。

本章学习目标

- 掌握素材的相互组合方法
- 掌握转场特效的添加手法
- 掌握关键帧的设置
- 掌握精剪素材方法

本章重点内容

- 组合素材
- 转场的设置与应用
- 关键帧的设置及应用
- 精剪素材

扫 码 看 课 件　　扫 码 看 视 频

10.1 了解电商广告

电子商务（Electronic Commerce），通常是指在全球各地广泛的商业贸易活动中，在因特网开放的网络环境下，基于浏览器服务器应用方式，买卖双方不进行碰面地进行各种商贸活动，实现消费者的网上购物、商户之间的网上交易和在线电子支付以及各种商务活动、交易活动、金融活动和相关的综合服务活动的一种新型的商业运营模式。

10.1.1 什么是电商广告

电子商务传播的途径、载体上进行的广告宣传活动称为电子商务广告，简称电商广告。电商广告是基于电子商务兴起而衍生的一种新型广告形式。我们常常在浏览网页时见到的如图 10-1 所示的广告便是电商广告的一种。

图 10-1 电商广告

电商广告大致可以分为以下几类。

- 网幅广告（包含Banner、Button、通栏、竖边、巨幅等）：是以GIF、JPG、Flash等格式建立的图像文件，定位在网页中，大多用来表现广告内容，同时还可使用Java等语言使其产生交互性，用Shockwave等插件工具增强表现力。
- 文本链接广告：文本链接广告是以一排文字作为一个广告，点击可以进入相应的广告页面，这是一种对浏览者干扰最少，但却较为有效的网络广告形式。有时候，最简单的广告形式效果却最好。
- 电子邮件广告：电子邮件广告具有针对性强、费用低廉的特点，且广告内容不受限制。特别是有针对性强的特点，它可以针对具体某一人发送特定的广告，为其他网上广告方式所不及。
- 赞助：赞助式广告是把广告主的营销活动内容与网络媒体本身的内容有机地融合起来，并取得较好的广告效

果。常见的形式有三种，分别是内容赞助、节日赞助和节目赞助。赞助式广告的形式有多种，广告主可以根据自己的兴趣、网站内容或网站节目进行赞助。其优点是适应面广，创意可无限发挥，十分适合某些品牌形象的广告，缺点是信息内容与广告营销活动界限模糊，定位不易把握，并不适合所有的产品。

- 与内容相结合的广告：广告与内容的结合可以说是赞助式广告的一种，从表面上看起来它们更像网页上的内容而并非广告。在传统的印刷媒体上，这类广告都会有明显的标示，指出这是广告，而在网页上通常没有清楚的界限。
- 插播式广告（弹出式广告）：访客在请求登录网页时强制插入一个广告页面或弹出广告窗口。它们有点类似电视广告，都是打断正常节目的播放，强迫观看。插播式广告有各种尺寸，有全屏的也有小窗口的，而且互动的程度也不同，从静态到全部动态的都有。浏览者可以通过关闭窗口不看广告（电视广告是无法做到这点的），但是它们的出现没有任何征兆，而且肯定会被浏览者看到。
- Rich Media：一般指使用浏览器插件或其他脚本语言、Java语言等编写的具有复杂视觉效果和交互功能的网络广告。这些效果的使用是否有效，一方面取决于站点的服务器端设置，另一方面取决于访问者浏览器是否能查看。一般来说，Rich Media能表现更多、更精彩的广告内容。
- 其他新型广告：视频广告、路演广告、巨幅连播广告、翻页广告、祝贺广告、论坛板块广告等。
- EDM直投：通过EDMSOFT、EDMSYS向目标客户定向投放对方感兴趣或者是需要的广告及促销内容，以及派发礼品、调查问卷，并及时获得目标客户的反馈信息。
- 定向广告：可按照人口统计特征，针对指定年龄、性别、浏览习惯等的受众进行广告投放，并为客户找到精确的受众群。

10.1.2 电商广告的作用

在我们搜索浏览网页时，经常会看到一些新颖显眼的广告分布在页面上。当广告上呈现出你感兴趣的内容时，难免会因为好奇心想点进去看看，这时也就达到了商家在网上做广告的目的。

电商广告有针对性地定向投放市场，可以使用户变

被动为主动，从而给企业带来良好的广告效应。随着国内互联网，尤其是电子商务的迅速发展，电商广告在企业营销中的地位和价值越显重要。许多企业为了缩减开支和控制成本，在广告的投放上更加倾向于选择低成本、高效率的投放渠道，电商广告恰恰可以满足企业的这一需求。

电商广告从本质上来说，就是通过与目标受众进行沟通，传递销售信息，引导目标受众产生实际的购买行为。其主要作用表现在：传递产品信息、创造品牌价值、引导消费者进行购买、提高企业和产品的知名度、广告商赚取大量广告费、提高销量并获得利益。

10.1.3 创意构思

在制作电商广告之前，需要根据网络广告受众的阅读习惯和电商产品利益诉求点来设计更具创意的主题和构思、简洁明快的文字、独特的图形表现和细腻均衡的编排技巧，让网络广告达到外形和内容相互呼应的艺术境界，从未帮助网络广告受众获得强烈的阅读快感和艺术冲击。

电商网络广告制造的整个流程和传统平面一样包括市场调研、广告对象的解析、广告制作、广告发布和信息反馈等几个方面，而在实际的操作中，网络广告的市场调研依赖于网络信息数据统计，并且其宏观指导性极为可靠，而网络广告的制作过程除了要求广告表现形式呼应和突显广告主题以外，还具有更为丰富的广告表现形式。广告的制作环节是网络广告整体流程中极为重要的一个环节，广告效果的根本来源于其制作过程。网络广告的制作环节主要包括：创意主题的确立、广告的构思、文案的制作、图形挑选、广告编排等。

在制作一个电商广告前，首先要明确广告要表达的核心思想，从而确立一个广告主题，然后根据主题确定基本的文化元素组成。网络广告的主题和基本文化元素构成正是电商产品信息和理念的切入点。

其中，电商网络广告的创意主体必备的要素是创新和鲜明。创新指的是网络广告必须具备独特和新颖的特点，鲜明指的是网络广告必须凸现出创意主题，清晰明确地表达广告的诉求，传递电商产品卖点等利益诉求。

此外，一个成功的电商广告构思要准确地把握广告的主题，用生动形象的艺术形式将其表现出来。一个优秀的广告构思不仅能够突出广告的主题，同时能够形成一种独特的艺术形式，使广告在传达利益诉求的同时更具感染力和煽动力。在广告构思中运用丰富细腻的艺术手段表达广告的创意主题将会使广告主题变得层次分明、细腻生动。在广告构思的具体过程中，广告构思的进行必须基于广告的创意主题，不可为了炫耀广告构思而偏离或者弱化广告主题。广告构思必须始终为表达广告主题服务。只有广告构思和广告主题达到高度的契合，才能够让广告效果达到最佳。

本章的实例是制作一段电商广告，通过将图像、视频和字幕相互搭配，产生视频效果。实例的主要内容分为三大部分，分别是"新建项目与导入素材""组合素材并编辑特效"及"输出视频"。其中的"组合素材并编辑特效"为核心部分，包括了"组合素材""字幕的创建与应用""添加转场特效""设置关键帧"和"精剪素材"这几个重要精华知识点，相信读者熟练掌握了这些知识点，今后也能轻松自如地营造出各种式样的视频效果。效果如图10-2所示。

图 10-2 电商广告效果

¥999 竹纤维板餐桌

¥4799 三人布艺沙发

¥1999 八斗抽屉柜

¥5509 视听储物组合

¥2970 仿橡木纹衣柜

¥1799 实木单人床

用心挑选
只为更好的你

图 10-2 电商广告效果（续）

10.2 新建项目与导入素材

确定好电商广告的主题，想好创意，并准备好相关素材，然后就可以着手制作电商广告了。首先启动Premiere Pro CS6，新建项目文件和序列。下面将介绍新建项目、新建序列并将素材导入到项目中的具体操作。

源文件路径	素材\第10章\10.2课堂范例——新建项目与导入素材
视 频 路 径	视频\第10章\10.2课堂范例——新建项目与导入素材.mp4
难 易 程 度	★ ★ ★

01 启动Premiere Pro CS6，在欢迎界面中单击"新建项目"按钮，如图 10-3所示。

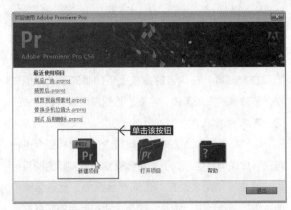

图 10-3 新建项目

02 在弹出的"新建项目"对话框中，输入项目的名称并设置项目的存储位置，设置好之后，单击"确定"按钮，如图 10-4所示。

图 10-4 "新建项目"对话框

03 弹出"新建序列"对话框，在其中选择合适的序列预设后，单击"确定"按钮，如图 10-5所示。

图 10-5 "新建序列"对话框

04 进入Premiere Pro CS6操作界面后，执行"文件"/"导入"命令，如图 10-6所示。在弹出的"导入"对话框中选择需要的素材，单击"打开"命令，如图 10-7所示。

图 10-6 命令菜单

图 10-7 导入素材

05 再次执行"文件"/"导入"命令，在弹出的"导入"对话框中选择"家具图"文件夹，然后单击"导入文件夹"命令，如图 10-8所示。

图 10-8 导入文件夹

提示

在进行文件导入时，如果需要直接将整个文件夹导入Premiere Pro CS6，则在"导入"对话框中选中该文件夹，执行"导入文件夹"命令，而非"打开"命令。

10.3 组合素材并编辑特效

10.3.1 组合素材

组合素材是进行视频编辑之前首要的任务，俗称"搭架子"，譬如在修葺房子时，通常都是先堆砌出房屋的架构，后期再一步步添砖加瓦，剪辑视频也是如此。前期将导入Premiere Pro CS6中的素材文件大致地组合拼接在一起可以帮助我们在编辑的初期看到视频的全局效果，组合素材的具体操作方法如下。

源文件路径	素材\第10章\10.3.1课堂范例——组合素材
视 频 路 径	视频\第10章\10.3.1课堂范例——组合素材.mp4
难 易 程 度	★ ★ ★

01 打开"项目"面板，在该面板中找到"白色背景.png"素材，将其拖入"时间轴"窗口中的"视频1"轨道，如图 10-9所示。

图 10-9 将素材拖入视频轨道

02 右键单击时间线上的"白色背景.png"素材，在弹出的快捷菜单中选择"速度/持续时间"命令，如图 10-10所示。

图 10-10 选择"速度/持续时间"命令

03 在弹出的"素材速度/持续时间"对话框中修改"白

色背景.png"素材的持续时间为00：00：06：00，如图 10-11所示。

图 10-11 修改持续时间

04 选择"项目"面板中的"方框.mov"素材，将其拖入"视频2"轨道，如图 10-12所示。

图 10-12 将素材拖入视频轨道

05 将时间标记[■]移动到00：00：03：00处，如图 10-13所示。

图 10-13 移动时间标记

06 单击选择"方框.mov"素材，然后在工具栏中单击"剃刀工具"按钮[■]（快捷键C），并将光标移动到时间线上，单击鼠标左键，对素材进行切割，如图 10-14所示。

图 10-14 切割素材

07 在工具栏中单击"选择工具"按钮[■]（快捷键V），选择"方框.mov"素材的后半段，按Delete键将其删除，如图 10-15所示。

图 10-15 删除选中的素材

08 在"项目"面板中选择"展示栏.mov"素材，将其拖入"视频1"轨道，并与"白色背景.png"素材尾端对齐，如图 10-16所示。

图 10-16 将素材拖入视频轨道

提示

在"时间轴"面板中单击选中"吸附"按钮[■]，能使素材产生吸附效果，方便素材之间进行对接。

09 在"时间轴"窗口左侧单击鼠标右键，在弹出的快捷菜单中选择"添加轨道"命令，如图 10-17所示。

图 10-17 添加轨道

10 在弹出的"添加视音轨"对话框中设置"添加"参数为9，具体如图 10-18所示。设置完成后单击"确定"按钮。

图 10-18 "添加视音轨"对话框

11 执行上述命令之后，可以将"时间轴"窗口放大，可以看到该窗口中的视频轨道数增加到了12条，如图10-19所示。

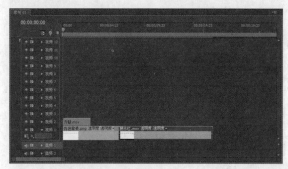

图 10-19 增加轨道效果

12 执将时间标记移动 到00：00：08：05位置，如图10-20所示。

图 10-20 移动时间标记

13 在"项目"面板中双击"家具图"文件夹，可以在弹出的对话框中查看文件夹中的素材，如图10-21所示。

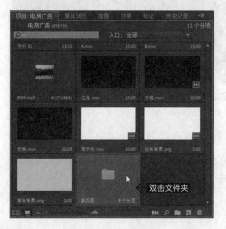

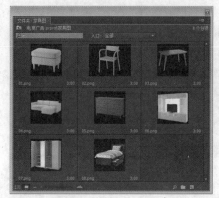

图 10-21 素材文件夹

14 选择文件夹对话框中的"01.png"素材，将其拖入"时间轴"窗口中的"视频5"轨道，并将其放置在时间线之后，如图10-22所示。

图 10-22 将素材拖入视频轨道

15 选择"时间轴"窗口中的"01.png"素材，打开其"特效控制台"面板，按照图10-23设置"位置"及"缩放"参数值，"节目"监视器窗口中的预览效果如图10-24所示。

图 10-23 设置参数

图 10-24 预览效果

16 选择文件夹对话框中的"02.png"素材，将其拖入"时间轴"窗口中的"视频6"轨道，并将其放置在时间线之后，如图10-25所示。

图10-25 将素材拖入视频轨道

17 选择"时间轴"窗口中的"02.png"素材，打开其"特效控制台"面板，按照图10-26设置"位置"及"缩放"参数值，"节目"监视器窗口中的预览效果如图10-27所示。

图10-26 设置参数

图10-27 预览效果

18 选择文件夹对话框中的"03.png"素材，将其拖入"时间轴"窗口中的"视频7"轨道，并将其放置在时间线之后，如图10-28所示。

图10-28 将素材拖入视频轨道

19 选择"时间轴"窗口中的"03.png"素材，打开其"特效控制台"面板，按照图10-29所示设置"位置"及"缩放"参数值，"节目"监视器窗口中的预览效果如图10-30所示。

图10-29 设置参数

图10-30 预览效果

20 参照上述方法，分别将"04.png"素材~"08.png"素材放置到"视频8"~"视频12"轨道中，并统一摆放在时间线之后，如图10-31所示。

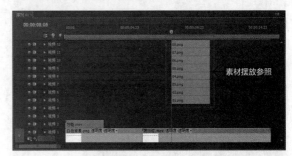

图10-31 添加完素材后效果

21 然后分别打开素材的"特效控制台"调整"位置"及"缩放"参数值，最终"节目"监视器中的预览效果如图10-32所示。

图 10-32 预览效果

22 在"项目"面板中选择"黄色背景.png"素材，将其拖入"视频1"轨道，并使其与"展示栏.mov"素材末端对齐，如图 10-33所示。

图 10-33 将素材拖入视频轨道

23 选择"时间轴"窗口中的"黄色背景.png"素材，单击鼠标右键，在弹出的快捷菜单中选择"速度/持续时间"命令，如图 10-34所示。

图 10-34 选择"速度/持续时间"命令

24 在弹出的"素材速度/持续时间"对话框中修改"持续时间"参数为00：00：48：00，如图 10-35所示。

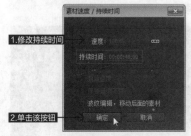

图 10-35 修改持续时间

25 将时间标记移动到00：00：15：23位置，如图

10-36所示。

图 10-36 移动时间标记

26 在"项目"面板中选择"切换.mov"素材，将其拖入"视频2"轨道，并放置在时间线之后，如图 10-37所示。

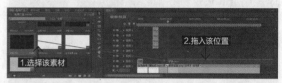

图 10-37 将素材拖入视频轨道

27 将时间标记移动到00：00：20：23位置，如图 10-38所示。

图 10-38 移动时间标记

28 单击选中"切换.mov"素材，然后按快捷键C切换至"剃刀工具"，在时间线位置单击鼠标左键，完成素材切割，如图 10-39所示。

图 10-39 切割素材

29 按快捷键V切换至"选择工具"，选中"切换.mov"素材的前端部分，如图 10-40所示。按Delete键将其删除。

263

图 10-40 删除选中的素材

30 然后在"时间轴"窗口中按住鼠标左键拖动"切换.mov"素材，使其与"黄色背景.png"素材前端对齐，如图 10-41所示。

图 10-41 拖动素材使对齐

31 在"项目"面板中选择"边角.mov"素材，将其拖入"视频4"轨道，并使其与下方素材对齐，如图 10-42所示。

图 10-42 将素材拖入视频轨道

32 在"项目"面板中选择"A.mov"素材，将其拖入"视频5"轨道，并使其与下方素材对齐，如图 10-43所示。

图 10-43 将素材拖入视频轨道

33 将时间标记 移动到00：00：20：10位置，如图 10-44所示。

图 10-44 移动时间标记

34 单击选中"A.mov"素材，按快捷键C切换至"剃刀工具"，在时间线位置单击鼠标左键，完成素材切割，如图 10-45所示。

图 10-45 切割素材

35 按快捷键V切换至"选择工具"，然后选中"A.mov"素材的前半段，如图 10-46所示。按Delete键将其删除。

图 10-46 将选中的素材删除

36 按住鼠标左键，将"A.mov"素材向左拖动，使其与下方素材对齐，如图 10-47所示。

图 10-47 拖动素材使其对齐

37 在"项目"面板中双击打开"家具图"文件夹,在弹出的文件夹对话框中选择"01.png"素材,将其拖入"视频6"轨道,并与下方素材对齐,如图10-48所示。

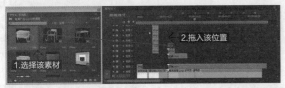

图10-48 将素材拖入视频轨道

38 在"时间轴"窗口中单击选中"01.png"素材,打开其"特效控制台"面板,打开"运动"属性栏,按照图10-49设置"位置"及"缩放"参数。设置参数后在"节目"监视器中预览效果,如图10-50所示。

图10-49 设置参数

图10-50 预览效果

39 在"时间轴"窗口中选择"01.png"素材,单击鼠标右键,在弹出的快捷菜单中选择"速度/持续时间"命令,如图10-51所示。

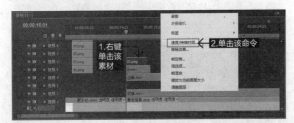

图10-51 选择"速度/持续时间"命令

40 在弹出的"素材速度/持续时间"对话框中修改持续时间为00:00:06:07,设置完成后单击"确定"按钮,如图10-52所示。

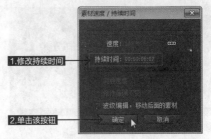

图10-52 修改持续时间

41 在"时间轴"窗口中选择"边角.mov"素材,单击鼠标右键,在弹出的快捷菜单中选择"速度/持续时间"命令,如图10-53所示。

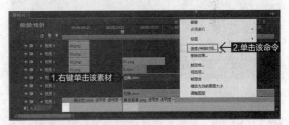

图10-53 选择"速度/持续时间"命令

图10-54 修改持续时间

42 在弹出的"素材速度/持续时间"对话框中修改持续时间为00:00:06:07,设置完成后单击"确定"按钮,如图10-54所示。

43 将时间标记 移动到00:00:17:13位置,如图10-55所示。

图10-55 移动时间标记

44 在"时间轴"窗口中同时选中"01.png""A.mov"和"边角.mov"素材,按住鼠标左键将素材统一拖到时间线后面,如图10-56所示。

图 10-56 拖动素材

45 将时间标记 ▽ 移动到00:00:23:20位置,并在"项目"面板中找到"02.png"素材,将其添加到"视频6"轨道中,并放置在时间线后面,如图10-57所示。

图 10-57 将素材拖入视频轨道

46 在"时间轴"窗口中单击选中"02.png"素材,打开其"特效控制台"面板,打开"运动"属性栏,按照图10-58设置"位置"及"缩放"参数。设置参数后在"节目"监视器中预览效果,如图10-59所示。

图 10-58 设置参数

图 10-59 预览效果

47 右键单击位于"时间轴"窗口中的"02.png"素材,在弹出的快捷菜单中选择"速度/持续时间"命令,如图10-60所示。

图 10-60 选择"速度/持续时间"命令

48 在弹出的"素材速度/持续时间"对话框中修改持续时间为00:00:06:07,设置完成后单击"确定"按钮,如图10-61所示。

图 10-61 修改持续时间

49 在"时间轴"窗口中同时选中"A.mov"和"边角.mov"素材,然后按住Alt键,同时按住鼠标左键拖动素材到时间线后面,可以将这两个素材连带属性一起进行复制,如图10-62所示。

图 10-62 拖动复制素材

50 将时间标记 ▽ 移动到00:00:30:03位置,并在"项目"面板中找到"03.png"素材,将其添加到"视频6"轨道中,并放置在时间线后面,如图10-63所示。

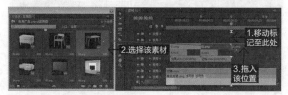

图 10-63 将素材拖入视频轨道

51 在"时间轴"窗口中单击选中"03.png"素材，打开其"特效控制台"面板，打开"运动"属性栏，按照图 10-64 所示设置"位置"及"缩放"参数。设置参数后在"节目"监视器中预览，效果如图 10-65 所示。

图 10-64 修改参数

图 10-65 预览效果

52 右键单击位于"时间轴"窗口中的"03.png"素材，在弹出的快捷菜单中选择"速度/持续时间"命令，如图 10-66 所示。

图 10-66 选择"速度/持续时间"命令

53 在弹出的"素材速度/持续时间"对话框中修改持续时间为00：00：06：07，设置完成后单击"确定"按钮，如图 10-67 所示。

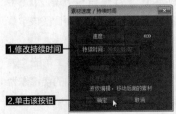

图 10-67 修改持续时间

54 然后在"时间轴"窗口中按住Alt键，拖动复制"A.mov"和"边角.mov"素材到时间线后面，如图 10-68 所示。

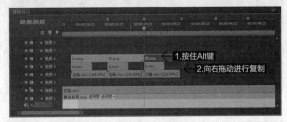

图 10-68 拖动复制素材

55 用同样的方法将"项目"面板中的"04.png"～"08.png"素材添加到"时间轴"窗口中，统一修改素材时间为00：00：06：07，同时在"特效控制台"面板中调整位置和大小。在"时间轴"窗口中素材排列如图 10-69 所示。

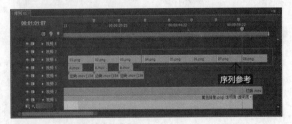

图 10-69 复制完素材后的效果

56 然后在"时间轴"窗口中按住快捷键Alt复制"A.mov"和"边角.mov"素材到"04.png"～"08.png"素材下方的轨道中，最终效果如图 10-70 所示。

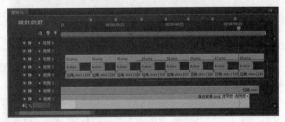

图 10-70 复制素材

57 至此，素材完成了大致组合，"时间轴"窗口中的序列效果如图 10-71 所示。

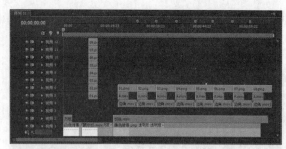

图 10-71 序列效果

10.3.2 字幕的创建与应用

在电商广告中，不同的商品需要备注相应的价格和产品信息，让观众一目了然。经过上一节的操作后，广告的雏形已经大致出来了，这时就需要添加一些字幕来达到解说产品的目的。下面将介绍字幕的编辑与处理操作。

源文件路径	素材\第10章\10.3.2课堂范例——字幕的创建与应用
视频路径	视频\第10章\10.3.2课堂范例——字幕的创建与应用.mp4
难易程度	★ ★ ★

01 在"时间轴"窗口中将时间标记 ▮ 移动到 00：00：02：00 位置，然后执行"文件"/"新建"/"字幕"命令，如图 10-72 所示。

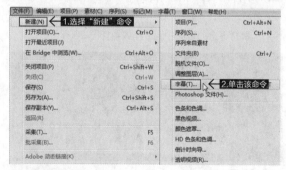

图 10-72 命令菜单

02 弹出"新建字幕"对话框，设置好属性及名称，单击"确定"按钮，完成字幕创建。如图 10-73 所示。

图 10-73 "新建字幕"对话框

03 进入"字幕"编辑窗口，在工具栏中选择文本输入工具 T，移动光标到编辑区并单击，输入文字"智慧生活 由你制定"。然后在工具栏中单击"选择工具"按钮 ，在编辑区调整文字到中心位置。效果如图 10-74 所示。

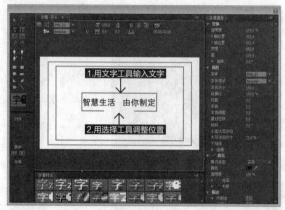

图 10-74 调整文字

04 选中输入的文字，然后在右侧的"字幕属性"面板中选择一款合适的中文字体（此处选择的是"YouYuan"字体）。同时调整字体相应参数，具体设置及效果如图 10-75 所示。

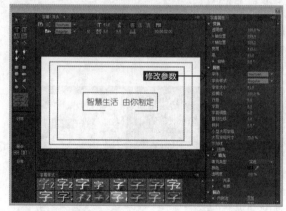

图 10-75 设置参数及效果

05 继续在该窗口的方框下方空白位置输入文字"Furniture"，然后在"字幕属性"面板中调整该字幕的大小及位置等参数，效果如图 10-76 所示。

06 完成设置后，单击"字幕"编辑窗口右上角的"关闭"按钮 。回到操作界面，可以看到创建的字幕作为一种可用的素材被自动放置到"项目"面板中了，如图 10-77 所示。

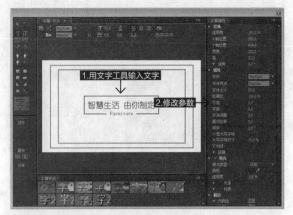

图 10-76 调整文字

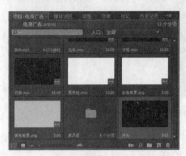

图 10-77 "项目"面板

07 在"时间轴"窗口中将时间标记🎬移动到00：00：00：09位置，如图10-78所示。

图 10-78 移动时间标记

08 在"项目"面板中选择"开头"字幕素材，将其拖入"视频3"轨道，并放置在时间线后面，如图 10-79 所示。

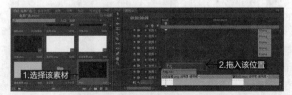

图 10-79 将素材拖入视频轨道

09 右键单击"时间轴"窗口中的字幕素材，在弹出的快捷菜单中选择"速度/持续时间"命令，如图 10-80 所示。

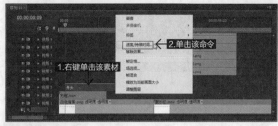

图 10-80 选择"速度/持续时间"命令

10 在弹出的"素材速度/持续时间"对话框中修改持续时间为00：00：03：05，如图10-81所示。

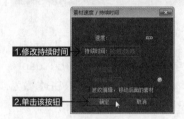

图 10-81 修改持续时间

11 在"时间轴"窗口中移动时间标记🎬到00：00：03：14位置，如图10-82所示。

图 10-82 移动时间标记

12 执行"文件"/"新建"/"字幕"命令，在弹出的"新建字幕"对话框中设置好属性及名称，如图 10-83 所示。然后单击"确定"按钮完成字幕创建。

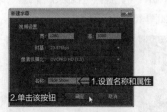

图 10-83 "新建字幕"对话框

13 进入"字幕"编辑窗口，在工具栏中选择文本输入工具 T，移动光标到编辑区并单击，输入文字"麓山家居"。默认效果如图10-84所示。

图 10-84 调整文字

14 选中输入的文字，然后在右侧的"字幕属性"面板中选择一款合适的中文字体，这里选择的是"YouYuan"字体。同时调整字体相应参数，修改颜色RGB参数为58、55、55，具体设置及效果如图10-85所示。

图 10-85 参数设置及效果

15 完成设置后，单击"字幕"编辑窗口右上角的"关闭"按钮 ⊠，回到操作界面。在"项目"面板中选择"Slide Show"字幕素材，将其拖入"视频3"轨道，并放置在时间线后面，如图10-86所示。

图 10-86 将素材拖入视频轨道

16 右键单击"时间轴"窗口中的"Slide Show"字幕素材，在弹出的快捷菜单中选择"速度/持续时间"命令，如图10-87所示。

图 10-87 选择"速度/持续时间"命令

17 在弹出的"素材速度/持续时间"对话框中修改持续时间为00：00：02：08，如图10-88所示。

图 10-88 修改持续时间

18 在"时间轴"窗口中移动时间标记 ▣ 到00：00：08：05位置，如图10-89所示。

图 10-89 移动时间标记

19 依次选中"视频5"~"视频8"轨道的图像素材，打开"特效控制台"面板调整"位置"参数，使图像统一上移一段距离，调整后"节目"监视器中的预览效果如图10-90所示。

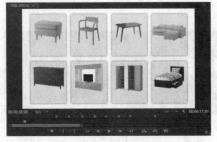

图 10-90 预览效果

20 执行"文件"/"新建"/"字幕"命令，在弹出的"新建字幕"对话框中设置好属性及名称，如图 10-91 所示。然后单击"确定"按钮完成字幕创建。

图 10-91 "新建字幕"对话框

21 进入"字幕"编辑窗口，在工具栏中选择文本输入工具 T，移动光标到编辑区并单击，输入文字"浅青绿"。然后在"字幕属性"面板中选择一款合适的字体使中文字正常显示，并调整大小及位置等参数，效果如图 10-92 所示。

图 10-92 效果图

22 继续在"字幕"编辑窗口中分别输入文字"脚凳"和"¥399"，并使用选择工具移动至如图 10-93 所示的位置。这样，一组价格标签就制作完成了。

图 10-93 移动字幕

23 按照同样的方法，在该"字幕"编辑窗口输入其他商品的价格标签，并调整相应位置，最终效果如图 10-94 所示。

图 10-94 效果图

24 设置好所有文字后，单击"字幕"编辑窗口右上角的"关闭"按钮 ✖，返回操作界面。在"项目"面板中选择"Tips 01"字幕素材，将其拖入"视频3"轨道，并放置在时间线后面，如图 10-95 所示。

图 10-95 将素材拖入视频轨道

25 在"时间轴"窗口中移动时间标记 💡 到00：00：17：13位置，如图 10-96 所示。

图 10-96 移动时间标记

26 执行"文件"/"新建"/"字幕"命令，在弹出的"新建字幕"对话框中设置好属性及名称，如图 10-97 所示。然后单击"确定"按钮完成字幕创建。

图 10-97 "新建字幕"对话框

27 进入"字幕"编辑窗口，在工具栏中单击"圆矩形工具"按钮▣，在编辑区绘制一个圆角矩形。然后在"字幕属性"面板中调整该圆角矩形的位置及宽高参数，将填充颜色设置为白色。具体参数值及效果如图 10-98 所示。

图 10-98 参数值及效果

28 在工具栏中单击"输入工具"按钮▣，移动光标到编辑区并单击，输入文字"¥399"，然后在"字幕属性"面板中设置相应的大小及颜色等参数，具体参数值及效果如图 10-99所示。

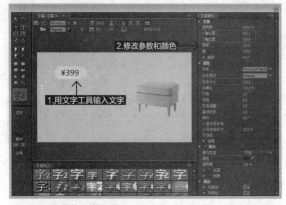

图 10-99 参数值及效果

29 在"输入工具"状态下，继续在"字幕"编辑窗口中输入文字"浅青绿"，然后在"字幕属性"面板中选择一款合适的字体，并调整该文字的位置及字体大小，将填充颜色设置为白色。具体参数值及效果如图 10-100 所示。

30 使用上述步骤中文字的默认格式，继续在"字幕"编辑窗口中输入文字"脚凳"，然后单击工具栏中的"选

择工具"按钮切换为选择工具，直接拖动该文字与上述文字对齐，效果如图 10-101所示。

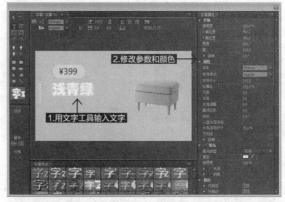

图 10-100 参数值及效果

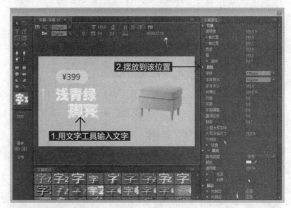

图 10-101 效果图

31 在工具栏面板中单击"直线工具"按钮▧，移动光标至编辑区，绘制一条直线，然后在"字幕属性"面板中设置"线宽"为10，颜色为白色，具体参数值和效果如图 10-102所示。

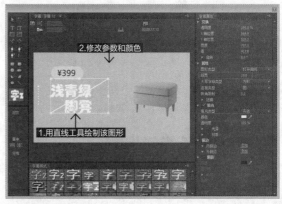

图 10-102 参数值及效果

32 至此，对应素材图像"01.png"的一组广告字幕就制作完成了，最终效果如图 10-103所示。完成设置后，单击"字幕"编辑窗口右上角的"关闭"按钮▣，返回操作界面。

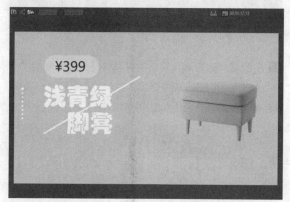

图 10-103 效果图

33 在"项目"面板中选择"字幕01"素材，将其拖入"视频3"轨道，并放置在时间线后面，如图 10-104所示。

图 10-104 将素材拖入视频轨道

34 在"项目"面板中选择"字幕01"素材，单击鼠标右键，在弹出的快捷菜单中选择"复制"命令，如图10-105所示。

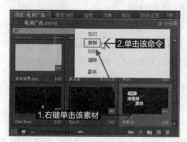

图 10-105 复制素材

35 在"项目"面板中再次单击鼠标右键，在弹出的快捷菜单中选择"粘贴"命令。执行该命令后，在"项目"面板中出现了被复制出来的"字幕01"素材，如图10-106所示。

图 10-106 粘贴素材

36 右键单击被复制出来的"字幕01"素材，在弹出的快捷菜单中选择"重命名"命令，如图 10-107所示。然后修改该素材名称为"字幕02"，如图 10-108所示。

图 10-107 重命名

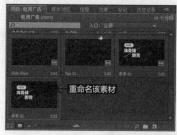

图 10-108 修改素材名称

37 在"时间轴"窗口中移动时间标记▼到00：00：23：20位置，如图10-109所示。

图 10-109 移动时间标记

38 在"项目"面板中选择"字幕02"素材，将其拖入"视频3"轨道，并放置在时间线后面，如图 10-110所示。

图 10-110 将素材拖入视频轨道

39 双击"时间轴"窗口中的"字幕02"素材，打开该字幕素材的"字幕"编辑窗口。在工具栏中单击"输入工具"按钮 **T**，然后在编辑区逐一全选每一排文字进行修改，最终修改完的文字效果如图 10-111所示。文字修改完成后，单击"字幕"编辑窗口右上角的"关闭"按钮 **X**，返回操作界面。

图 10-111 参照效果

40 按照同样的方法，在"项目"面板中再复制出6个字幕素材，并分别将这6个字幕素材命名为"字幕03"~"字幕08"，如图 10-112所示。

图 10-112 复制并重命名素材

41 在"项目"面板中分别将"字幕03"~"字幕08"素材拖动到"视频3"轨道中，并使字幕素材与"视频6"轨道的图像素材开端对齐，字幕素材全部添加至"时间轴"窗口中后的效果如图 10-113所示。

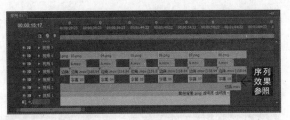

图 10-113 "时间轴"窗口

42 按照同样的方法，双击字幕素材打开其对应的"字幕"编辑窗口，并在其中修改文字。"字幕03"~"字幕08"素材对应的广告语如图 10-114~图 10-119所示。

图 10-114 字幕03

图 10-115 字幕04

图 10-116 字幕05

图 10-117 字幕06

图 10-118 字幕07

图 10-119 字幕08

10.3.3 添加转场特效

在镜头之间适当地添加一些转场特效，能增加影片的精彩程度。不同的转场特效会使影片具有不一样的观感效果。电商广告中的主要素材是一张张的图片，在这些图片之间添加转场特效能使图片之间的切换平和自然，不至于产生像幻灯片放映一样的感觉，从而进一步营造出画面的视觉感染力。下面将介绍添加转场特效的具体操作。

源文件路径	素材\第10章\10.3.3课堂范例——添加转场特效
视频路径	视频\第10章\10.3.3课堂范例——添加转场特效.mp4
难易程度	★★★

01 在"时间轴"窗口中按快捷键Home使时间标记📌回到首帧，然后打开"效果"面板，展开"视频切换"文件夹，选择"叠化"文件夹中的"交叉叠化"效果，如图10-120所示。

图 10-120 选择"交叉叠化"效果

02 将"交叉叠化"效果添加到位于"时间轴"窗口中的"开头"字幕素材的最左端位置，如图10-121所示。

图 10-121 添加效果

03 单击选择"时间轴"窗口中的"交叉叠化"效果，打开它的"特效控制台"面板，修改持续时间为00：00：00：15，如图 10-122所示。

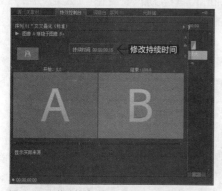

图 10-122 修改持续时间

04 在"时间轴"窗口中将时间标记移动到00：00：03：16位置，然后将"Slide Show"字幕素材拖动到时间线之后，如图 10-123所示。

图 10-123 拖动素材

05 在"效果"面板中选择"叠化"文件夹中的"渐隐为白色"效果，将其添加到位于"时间轴"窗口中的"开头"字幕素材的最右端位置，如图 10-124所示。

图 10-124 为素材添加效果

06 单击选择"时间轴"窗口中的"渐隐为白色"效果，打开它的"特效控制台"面板，修改持续时间为00：00：00：20，如图 10-125所示。

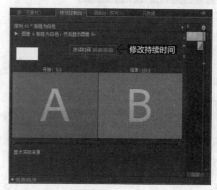

图 10-125 修改持续时间

07 将时间标记📌移动到00：00：03：14位置。选中"视频2"轨道上的"方框.mov"素材，然后移动光标至该素材的最右端，向右拖动素材，使其延长至时间线位置，如图 10-126所示。

图 10-126 拖动延长素材

08 在"效果"面板中选择"叠化"文件夹中的"渐隐为白色"效果，将其添加到"方框.mov"素材的最右端位置，如图10-127所示。

图 10-127 为素材添加效果

09 单击选择该效果，打开其"特效控制台"面板，修改持续时间为00：00：00：20，如图10-128所示。

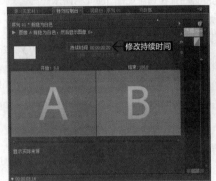

图 10-128 修改持续时间

10 在"效果"面板中选择"叠化"文件夹中的"交叉叠化"效果，将其添加到"Slide Show"素材的最左端位置，如图10-129所示。

图 10-129 为素材添加效果

11 单击选择该效果，打开其"特效控制台"面板，修改持续时间为00：00：00：15，如图10-130所示。

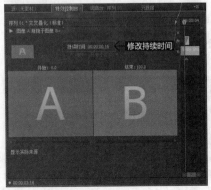

图 10-130 修改持续时间

12 将时间标记移动到00：00：08：05位置，在"效果"面板中选择"叠化"文件夹中的"交叉叠化"效果，将其添加到"Tips 01"素材的最左端位置，如图10-131所示。

图 10-131 为素材添加效果

13 单击选择该效果，打开其"特效控制台"面板，修改持续时间为00：00：00：23，如图10-132所示。

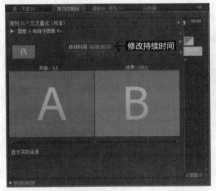

图 10-132 修改持续时间

14 用同样的方法，继续在"时间轴"窗口中为"01.png"~"08.png"素材添加"交叉叠化"效果，并统一添加至素材的最左端。同时在"特效控制台"中修改"交叉叠化"效果的持续时间为00：00：00：23。添加完成后的序列效果如图10-133所示。

图 10-133 序列效果

15 将时间标记移动到00：00：14：00位置，按快捷键C切换至"剃刀工具"，然后移动光标至"展示栏.mov"素材上方，在时间线位置单击鼠标左键进行切

276

割，如图 10-134 所示。

图 10-134 切割素材

16 按快捷键 V 切换为"选择工具"，单击选择时间线后的"展示栏.mov"素材，如图 10-135 所示。然后按快捷键 Shift+Delete 对该素材进行波纹删除。

图 10-135 删除选中素材

17 将光标移动到"Tips 01"素材的最右端位置，然后按住鼠标左键向右拖动，延长至时间线位置，如图 10-136 所示。

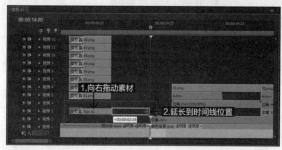

图 10-136 拖动延长素材

18 在"时间轴"窗口中同时选中"01.png"~"08.png"素材，用同样的方法将素材统一拖动延长至时间线位置，如图 10-137 所示。

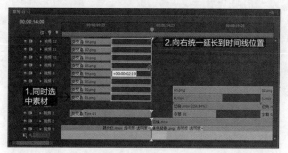

图 10-137 统一拖动延长素材

19 在"时间轴"窗口中同时选中"展示栏.mov""Tips 01"以及"01.png"~"08.png"素材，单击鼠标右键，在弹出的快捷菜单中选择"嵌套"命令，如图 10-138 所示。

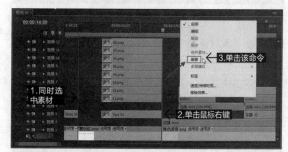

图 10-138 选择"嵌套"命令

20 执行上述操作后，选中的素材被转化为了一个绿色的嵌套序列，如图 10-139 所示。如果想编辑修改之前的素材，双击该嵌套序列打开序列窗口即可。

图 10-139 嵌套序列

10.3.4 设置关键帧

在进行视频编辑时，有些特殊的视频效果用内置特效可能比较难达到。这时，我们可以通过设置关键帧来达到自己想要的特殊效果。下面将介绍关键帧的设置及运用。

源文件路径	素材\第10章\10.3.4课堂范例——设置关键帧
视频路径	视频\第10章\10.3.4课堂范例——设置关键帧.mp4
难易程度	★★★★

01 在"时间轴"窗口中将时间标记移动到00：00：15：13位置，同时选中时间线后的所有字幕素材，单击鼠标右键，在弹出的快捷菜单中选择"速度/持续时间"命令，如图10-140所示。

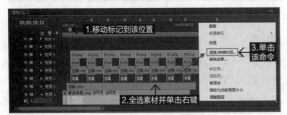

图 10-140 选择"速度/持续时间"命令

02 弹出"素材速度/持续时间"对话框，在其中修改持续时间为00：00：06：07，修改后"时间轴"窗口中的序列效果如图10-141所示。

图 10-141 序列效果

03 在"时间轴"窗口中同时选中"01.png""字幕01"和与之对应的"边角.mov"素材，单击鼠标右键，在弹出的快捷菜单中选择"嵌套"命令，如图10-142所示。

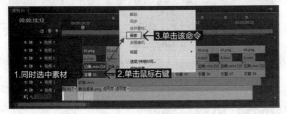

图 10-142 选择"嵌套"命令

提示

按住快捷键Shift可加选素材。

04 执行该命令后在"时间轴"窗口中的序列效果如图

10-143所示。

图 10-143 序列效果

05 用同样的方法继续嵌套后面的素材，最终序列效果如图10-144所示。

图 10-144 最终序列效果

06 在"时间轴"窗口中单击选择"嵌套序列02"素材，打开该素材的"特效控制台"面板，单击"位置"属性前的"切换动画"按钮，然后设置位置参数为640、-330，如图10-145所示。

图 10-145 设置参数

07 在该"特效控制台"面板底部修改时间参数为00：00：16：18，然后设置位置参数为640、530，如图10-146所示。

图 10-146 设置参数

08 在该"特效控制台"面板底部修改时间参数为00：00：20：05，然后设置位置参数为640、530，如图10-147所示。

图 10-147 设置参数

09 在该"特效控制台"面板底部修改时间参数为00：00：21：19，然后设置位置参数为640、1 470，如图10-148所示。

图 10-148 设置参数

10 展开该"特效控制台"面板右侧的关键帧面板，按住快捷键Shift逐个选中四个关键帧，如图10-149所示。变为黄色代表关键帧为被选中状态。

图 10-149 选中所有关键帧

11 单击鼠标右键，在弹出的快捷菜单中选择"复制"命令，如图10-150所示。

图 10-150 复制关键帧

12 在"时间轴"窗口中移动时间标记到00：00：21：20位置，单击选择"嵌套序列03"素材，如图 10-151所示。

图 10-151 单击素材

13 此时已切换到"嵌套序列03"素材的"特效控制台"面板，展开"运动"属性卷展栏，在右侧的关键帧面板空白处单击鼠标右键，在弹出的快捷菜单中选择"粘贴"命令，如图10-152所示。

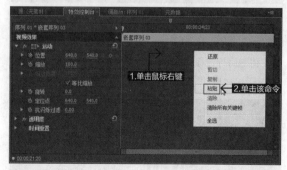

图 10-152 粘贴关键帧

14 执行"粘贴"命令后，之前复制的4个位置关键帧被粘贴到了"嵌套序列03"的关键帧面板中，如图10-153所示。

图 10-153 粘贴至关键帧面板

15 在"时间轴"窗口中移动时间标记 到"嵌套序列04"素材的首帧位置，然后在其"特效控制台"的右侧关键帧面板中粘贴之前复制的4个位置关键帧，效果如图10-154所示。用同样的方法分别在"嵌套序列05"~"嵌套序列09"素材的关键帧面板中粘贴这些位置关键帧。

图 10-154 粘贴关键帧

16 为在"视频3"轨道中的所有嵌套素材设置完关键帧后，将时间标记移动 到00：00：12：10位置，然后框选如图10-155所示的所有素材。

图 10-155 框选素材

17 将框选的素材统一上移一个视频轨道，并放置在时间线后面。序列摆放效果如图10-156所示。

图 10-156 序列摆放效果

18 在"时间轴"窗口中单击"黄色背景.png"素材，打开该素材的"特效控制台"面板，单击"位置"属性前的"切换动画"按钮 ，然后设置位置参数为640、-540，如图10-157所示。

图 10-157 设置参数

19 在"时间轴"窗口中单击"嵌套序列01"素材，打开该素材的"特效控制台"面板，单击"位置"属性前的"切换动画"按钮 ，为当前默认位置设置一个关键帧，如图10-158所示。

图 10-158 设置参数

20 在"时间轴"窗口中移动时间标记 到00：00：14：00位置，单击"黄色背景.png"素材，打开该素材的"特效控制台"面板，在其中设置位置参数为640、540，如图10-159所示。

21 在"时间轴"窗口中单击"嵌套序列01"素材，打开该素材的"特效控制台"面板，在其中设置位置参数为640、1 615，如图10-160所示。

图 10-159 设置参数

图 10-160 设置参数

10.3.5 精剪素材

经过上一小节的一系列操作之后，作为一个电商广告视频，还需要继续优化。修改不足的地方，并添加结尾及音效等，使广告视频更加完善。具体的操作方法如下。

源文件路径	素材\第10章\10.3.5课堂范例——精剪素材
视频路径	视频\第10章\10.3.5课堂范例——精剪素材.mp4
难易程度	★ ★ ★ ★ ★

01 在"时间轴"窗口中移动时间标记⏮到00：00：13：08位置，然后框选如图10-161所示的素材。

图 10-161 框选素材

02 将所框选的素材统一移动摆放到时间线后面，如图10-162所示。

图 10-162 摆放到时间线之后

03 打开"效果"面板，选择"叠化"文件夹中的"交叉叠化"效果，将其添加到"切换.mov"素材的最左端位置，如图10-163所示。

图 10-163 为素材添加效果

04 单击选择该效果，打开其"特效控制台"面板，修改持续时间为00：00：01：13，如图10-164所示。

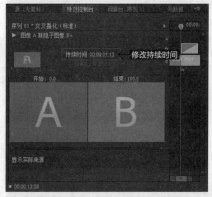

图 10-164 修改持续时间

05 在"时间轴"窗口中将时间标记⏮移动到00：00：20：08位置，然后同时选择"嵌套序列03"和与之对应的"A.mov"素材，统一上移一个视频轨道，并放置在时间线后面。序列摆放效果如图10-165所示。

图 10-165 序列摆放效果

06 在"时间轴"窗口中将时间标记🔑移动到00：00：25：20位置，然后同时选择"嵌套序列04"和与之对应的"A.mov"素材，向左拖动放置到时间线后面。序列摆放效果如图 10-166 所示。

图 10-166 序列摆放效果

07 在"时间轴"窗口中将时间标记🔑移动到00：00：31：08位置，然后同时选择"嵌套序列05"和与之对应的"A.mov"素材，统一上移一个视频轨道，并放置在时间线后面。序列摆放效果如图 10-167 所示。

图 10-167 序列摆放效果

08 在"时间轴"窗口中将时间标记🔑移动到00：00：36：20位置，然后同时选择"嵌套序列06"和与之对应的"A.mov"素材，向左拖动放置到时间线后面。序列摆放效果如图 10-168 所示。

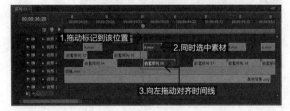

图 10-168 序列摆放效果

09 在"时间轴"窗口中将时间标记🔑移动到00：00：42：08位置，然后同时选择"嵌套序列07"和与之对应的"A.mov"素材，统一上移一个视频轨道，并放置在时间线后面。序列摆放效果如图 10-169 所示。

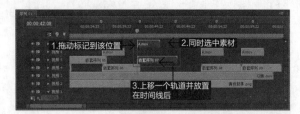

图 10-169 序列摆放效果

10 在"时间轴"窗口中将时间标记🔑移动到00：00：47：20位置，然后同时选择"嵌套序列08"和与之对应的"A.mov"素材，向左拖动放置到时间线后面。序列摆放效果如图 10-170 所示。

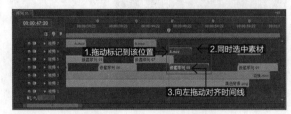

图 10-170 序列摆放效果

11 在"时间轴"窗口中将时间标记🔑移动到00：00：53：08位置，然后同时选择"嵌套序列09"和与之对应的"A.mov"素材，统一上移一个视频轨道，并放置在时间线后面。序列摆放效果如图 10-171 所示。

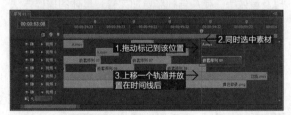

图 10-171 序列摆放效果

12 右键单击"切换.mov"素材，在弹出的快捷菜单中选择"速度/持续时间"命令，在弹出的"素材速度/持续时间"对话框中修改持续时间参数为00：00：46：07，如图 10-172 所示。设置完成后单击"确定"按钮。

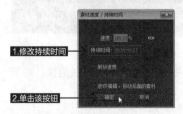

图 10-172 修改持续时间

13 移动时间标记🖉到00：01：00：10位置，在"项目"面板中选择"白色背景.png"素材，添加到"视频2"轨道，并放置在时间线后面，如图10-173所示。

图10-173 将素材添加到视频轨道中

14 右键单击该素材，在弹出的快捷菜单中选择"速度/持续时间"命令，在弹出的"素材/持续时间"对话框中修改持续时间为00：00：06：10，如图10-174所示。

图10-174 修改持续时间

15 在"效果"面板中选择"叠化"文件夹中的"渐隐为白色"效果并添加到"白色背景.png"素材的最左端，如图10-175所示。

图10-175 为素材添加效果

16 单击该效果，打开它的"特效控制台"面板并修改持续时间为00：00：01：00，如图10-176所示。

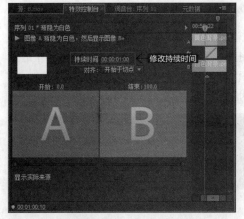

图10-176 修改持续时间

17 在"效果"面板中选择"叠化"文件夹中的"渐隐为黑色"效果并添加到"白色背景.png"素材的最右端，如图10-177所示。

图10-177 为素材添加效果

18 单击该效果，在其"特效控制台"面板并修改持续时间为00：00：01：00，如图10-178所示。

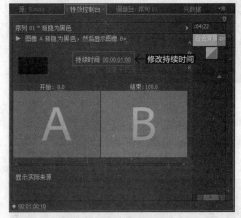

图10-178 修改持续时间

19 在"时间轴"窗口中移动时间标记🖉到00：01：01：11位置，然后在"项目"面板中选择"B.mov"素材，将该素材添加到"视频4"轨道中，并放置在时间线后面，如图10-179所示。

图10-179 将素材添加到视频轨道中

20 移动时间标记🖉到00：01：13：16位置，按快捷键C切换为"剃刀工具"，然后移动到时间线上，单击鼠标左键对"B.mov"素材进行切割，如图10-180所示。

图 10-180 切割素材

21 按快捷键V切换为"选择工具"，单击选择时间线前面的"B.mov"素材，如图 10-181所示。按Delete键将其删除。

图 10-181 删除选中的素材

22 移动时间标记 到00：01：01：11位置，将切割好的"B.mov"素材向左拖动至时间线后面，如图 10-182所示。

图 10-182 拖动素材

23 在"时间轴"窗口中将时间标记 移动到00：01：00：23位置，然后执行"文件"/"新建"/"字幕"命令，如图 10-183所示。

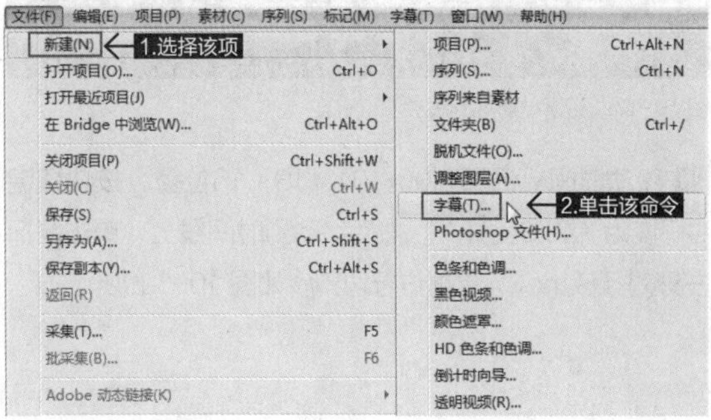

| 文件(F) | 编辑(E) | 项目(P) | 素材(C) | 序列(S) | 标记(M) | 字幕(T) | 窗口(W) | 帮助(H) |

图 10-183 命令菜单

24 在弹出的"新建字幕"对话框中设置好属性及名称，单击"确定"按钮，完成字幕创建，如图 10-184所示。

图 10-184 "新建字幕"对话框

25 进入"字幕"编辑窗口，在工具栏中单击选择"垂直文字工具"按钮，移动光标到编辑区并单击，输入文字"用心挑选"，并在"字幕属性"面板中选择一款字体（这里选择的是"书体坊赵九江钢笔楷书"字体）。然后在"字幕属性"面板中设置颜色RGB参数为57、56、56。另起一行输入文字"只为更好的你"。然后在工具栏中单击"选择工具"按钮，在编辑区分别调整文字到如图 10-185所示的位置。

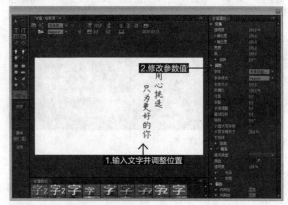

图 10-185 参数值及效果

26 完成设置后，单击"字幕"编辑窗口右上角的"关闭"按钮。回到操作界面，在"项目"面板中选择"结束语"字幕素材，将其拖动到"视频3"轨道中，并放置在时间线后面，如图 10-186所示。

图 10-186 将素材拖入视频轨道

27 右键单击"结束语"素材，在弹出的快捷菜单中选择"速度/持续时间"命令。在弹出的"素材速度/持续时间"对话框中修改"结束语"字幕素材的持续时间为 00：00：05：21，如图 10-187所示。

图 10-187 修改持续时间

28 在"效果"面板中选择"叠化"文件夹中的"交叉叠化"效果，将该效果添加到"结束语"字幕素材的最左端位置，如图 10-188所示。并在"特效控制台"面板中修改持续时间参数为00：00：01：00。

图 10-188 为素材添加效果

29 在"效果"面板中选择"叠化"文件夹中的"渐隐为黑色"效果，将该效果添加到"结束语"字幕素材的最右端位置，如图 10-189所示。并在"特效控制台"面板中修改持续时间参数为00：00：01：00。

图 10-189 为素材添加效果

30 在"时间轴"窗口中按快捷键Home使时间标记回到00：00：00位置，在"项目"面板中选择"BGM.mp3"素材，将该素材拖入"音频1"轨道，并放置在时间线之后，如图 10-190所示。

图 10-190 将素材拖入音频轨道

31 移动时间标记到00：01：07：10位置，按快捷键C切换为"剃刀工具"，然后在时间线上单击切割"BGM.mp3"素材，如图 10-191所示。

图 10-191 切割素材

32 按快捷键V切换为"选择工具"，选择时间线后面的"BGM.mp3"素材，按Delete键进行删除，如图 10-192所示。

图 10-192 删除选中素材

33 在"效果"面板中展开"音频过渡"文件夹，选择"交叉渐隐"文件夹中的"指数型淡入淡出"效果，将该音频效果添加到"BGM.mp3"素材的末端，如图 10-193所示。

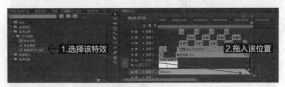

图 10-193 为素材添加效果

34 至此，所有素材和特效添加完毕，序列效果如图 10-194所示。

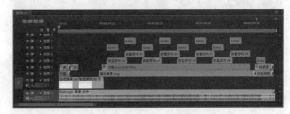

图 10-194 序列效果

10.4 输出视频

所有的素材处理完毕后，按Enter键渲染项目，如果满意视频效果，可以按快捷键Ctrl+S进行保存，或者直接导出视频文件。输出视频的具体方法如下。

源文件路径	素材\第10章\10.4课堂范例——输出视频
视 频 路 径	视频\第10章\10.4课堂范例——输出视频.mp4
难 易 程 度	★★★

01 执行"文件"/"导出"/"媒体"命令，如图10-195所示。

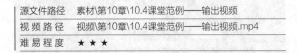

图 10-195 命令菜单

02 弹出"导出设置"对话框，在该对话框中点击"格式"下拉列表，选择QuickTime选项，如图 10-196所示。

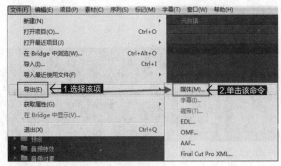

图 10-196 格式下拉列表

03 点击"预设"下拉列表，按照图 10-197所示选择预设。

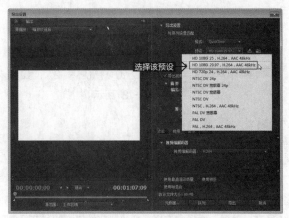

图 10-197 预设下拉列表

04 单击"输出名称"右侧的文字，弹出"另存为"对话框，在该对话框中设置输出影片的名称，并设置保存路径，如图 10-198所示。

图 10-198 "另存为"对话框

05 设置好参数后单击"保存"按钮，可以在其他选项中进行更详细的设置，设置完成后单击"导出"按钮，影片开始导出，如图 10-199所示。

图 10-199 导出影片

06 导出完毕后，计算机自动关闭对话框。用户可以在先前设置的导出文件夹中查看已经导出的文件，并用媒体播放器进行播放，如图 10-200所示。

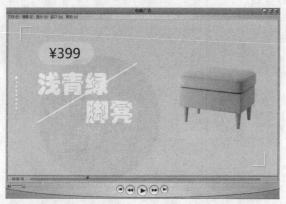

图 10-200 播放器预览效果

心得笔记

第 11 章

房地产广告制作

房地产广告往往代表着开发商及楼盘的品牌形象。在房地产项目的销售过程中，广告的作用是"巧传真实"，就是以深具吸引力、说服力及记忆点的广告语，以最震撼人心的方式把产品中与消费者最相关的部分，即所谓"真实"的东西巧妙地传达给消费者。生动的广告创意能使产品脱颖而出，并在消费者的心中把它提升到竞争者之上。本章将通过详细实例讲解如何利用Premiere Pro CS6进行房地产广告的制作。

本章学习目标

- 掌握素材的相互组合方法
- 掌握视频特效的添加手法
- 掌握字幕的创建及应用
- 掌握遮罩图层的设置

本章重点内容

- 组合素材
- 转场效果的添加与应用
- 视频特效的添加与应用
- 遮罩图层的设置

扫 码 看 课 件　　扫 码 看 视 频

本章的实例是制作一段房地产广告，通过添加遮罩，将视频和字幕相互搭配，将会使广告产生生动丰富的变化。同时在视频展示的同时配上解说广告词，即时在没有后期配音解说的情况下，也能令消费者了解到商品房的信息。本次将实例分解为五大部分，分别是"新建项目与导入素材""制作开场部分""制作主体部分""制作结尾部分"以及"输出视频"。最终输出的房地产广告效果如图11-1所示。

图 11-1 房地产广告效果

11.1 新建项目与导入素材

确定好房地产广告的主题，想好创意，并准备好相

关素材，就可以着手制作广告了。首先启动Premiere Pro CS6，新建项目文件和序列。下面将介绍新建项目、新建序列并将素材导入到项目中的具体操作。

源文件路径	素材\第11章\11.1课堂范例——新建项目与导入素材
视频路径	视频\第11章\11.1课堂范例——新建项目与导入素材.mp4
难易程度	★ ★ ★

01 启动Premiere Pro CS6，在欢迎界面中单击"新建项目"按钮，如图11-2所示。

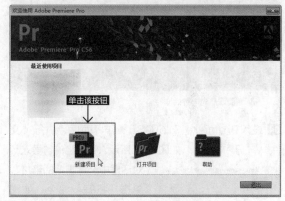

图 11-2 新建项目

02 弹出"新建项目"对话框，输入项目的名称并设置项目的存储位置，设置好之后，单击"确定"按钮，如图11-3所示。

图 11-3 "新建项目"对话框

03 弹出"新建序列"对话框，在其中选择合适的序列预设后，单击"确定"按钮，如图11-4所示。

图 11-4 "新建序列"对话框

04 进入Premiere Pro CS6操作界面后，执行"文件"/"导入"命令，如图 11-5所示。在弹出的"导入"对话框中选择需要的素材，单击"打开"命令，如图 11-6所示。

图 11-5 命令菜单

图 11-6 导入素材

05 再次执行"文件"/"导入"命令，在弹出的"导入"对话框中选择如图 11-7所示文件夹，单击"导入文件夹"命令。

图 11-7 导入文件夹

提示

如果需要把两个及以上文件夹导入Premiere Pro CS6中，则需要对每个文件夹单独执行一次"导入文件夹"命令，不可全选文件夹进行一次性导入。

11.2 制作开场部分

11.2.1 制作字幕

将素材全数导入"项目"面板后，可以开始构思广告的开场部分。开场决定了一个广告的根本质量，将产品的重要信息在第一时间展示在观众的面前很重要。在构思好开场广告词后，就可以开始字幕的制作工作了。具体的操作方法如下。

源文件路径	素材\第11章\11.2.1课堂范例——制作字幕
视 频 路 径	视频第11章\11.2.1课堂范例——制作字幕.mp4
难 易 程 度	★★★

01 执行"文件"/"新建"/"字幕"命令，如图 11-8所示。

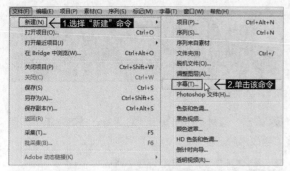

图 11-8 命令菜单

02 弹出"新建字幕"对话框，设置好属性和名称，单击"确定"按钮，完成字幕创建，如图 11-9所示。

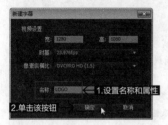

图 11-9 新建字幕

03 进入"字幕"编辑窗口，在工具栏中选择文本输入工具 T，移动光标到编辑区域，单击，输入文字"花园之家"。然后在右侧的"字幕属性"面板中选择一款合适的中文字体，同时调整字体大小位置等参数，具体设置及效果如图 11-10所示。

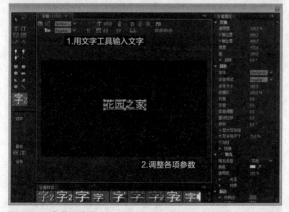

图 11-10 参数及效果

04 切换输入工具，单击编辑区域空白处，输入文字"Keller Williams Realty"。在工具栏中单击"选择"工具按钮，移动该字幕到"花园之家"字幕下方，并调

整字体大小参数，具体设置及效果如图 11-11所示。完成上述字幕的创建后，单击"字幕"编辑窗口右上角的"关闭"按钮 ▣。返回到操作界面。

图 11-11 参数及效果

05 再次执行"文件"/"新建"/"字幕"命令，在弹出的"新建字幕"对话框中设置好属性和名称，单击"确定"按钮，如图 11-12所示。

图 11-12 新建字幕

06 进入"字幕"编辑窗口，在工具栏中选择文本输入工具 T，移动光标到编辑区并单击，输入对应网址。然后在右侧的"字幕属性"面板中选择一款合适的字体，同时调整字体大小位置等参数，具体设置及效果如图 11-13所示。

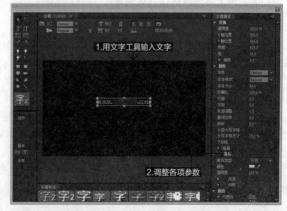

图 11-13 参数及效果

07 单击编辑区域空白处，输入对应的电话号码。在工具栏中单击"选择"工具按钮，移动该字幕到网址字幕下方，并调整字体大小参数，具体设置及效果如图 11-14 所示。完成上述字幕的创建后，单击"字幕"编辑窗口右上角的"关闭"按钮![x]。返回到操作界面。

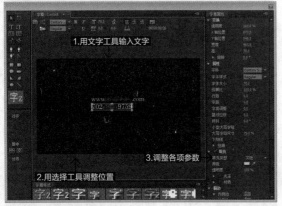

图 11-14 参数及效果

08 上述字幕创建的效果参照图 11-15所示。

图 11-15 参照效果

11.2.2 组合素材并编辑特效

前期制作完字幕素材后，就可以开始制作开场部分了。在"项目"面板中选择相应的素材进行排列组合，同时加上开场广告词及转场特效。具体的操作方法如下。

源文件路径	素材\第11章\11.2.2课堂范例——组合素材并编辑特效
视 频 路 径	视频\第11章\11.2.2课堂范例——组合素材并编辑特效.mp4
难 易 程 度	★ ★ ★

01 执在"项目"面板中选择"半推遮罩.mov"素材，将该素材拖入"时间轴"窗口中的"视频1"轨道，如图11-16所示。

图 11-16 将素材拖入"视频1"轨道

02 弹出"素材不匹配警告"对话框，在这里单击选择"更改序列设置"项，如图 11-17所示。

图 11-17 警告对话框

注意

在这里因为需要与导入的视频素材格式一致，所以必须先将MOV格式的素材拖入时间线窗口，然后在弹出的"素材不匹配警告"对话框中选择"更改序列设置"选项来匹配导入素材的格式。如果在这里先拖入时间线窗口中的是图片素材，那么后期的一些位置及缩放参数则需要用户自行调整匹配导入素材。

03 然后单击选择"视频1"轨道中的"半推遮罩.mov"素材，按快捷键Delete将其删除，如图11-18所示。

图 11-18 删除素材

04 右键单击"时间轴"窗口左边的视频轨道面板，在弹出的快捷菜单中选择"添加轨道"命令，如图 11-19所示。

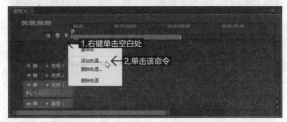

图 11-19 添加轨道

05 在弹出的"添加视音轨"对话框中修改添加轨道数为26，并且将新添加的轨道放置在"视频3"轨道后，具体设置如图11-20所示，完成设置后单击"确定"按钮。

图 11-20 设置轨道参数

06 在"项目"面板中选择"白色背景.png"素材，将该素材拖入"时间轴"窗口中的"视频1"轨道，如图11-21所示。

图 11-21 将素材拖入视频轨道

07 右键单击"时间轴"窗口中的"白色背景.png"素材，在弹出的快捷菜单中选择"速度/持续时间"命令，如图11-22所示。

图 11-22 快捷菜单

08 弹出"素材速度/持续时间"对话框，在其中修改持续时间为00：00：07：14，如图11-23所示。设置完成后单击"确定"按钮。

图 11-23 修改持续时间

09 在"项目"面板中选择"Logo"字幕素材，将其拖入"视频2"轨道，如图11-24所示。

图 11-24 将素材拖入视频轨道

10 右键单击"时间轴"窗口中的"Logo"字幕素材，在弹出的快捷菜单中选择"速度/持续时间"命令，如图11-25所示。

图 11-25 快捷菜单

11 弹出"素材速度/持续时间"对话框，在其中修改持续时间为00：00：07：00，如图11-26所示。设置完成后单击"确定"按钮。

图 11-26 修改持续时间

12 在"项目"面板中选择"白色背景.png"素材，将其拖入"视频3"轨道，如图11-27所示。

图 11-27 将素材拖入视频轨道

13 右键单击"视频3"轨道中的"白色背景.png"素材，在弹出的快捷菜单中选择"速度/持续时间"命令，如图11-28所示。

图 11-28 快捷菜单

图 11-29 修改持续时间

14 弹出"素材速度/持续时间"对话框，在其中修改持续时间为00：00：07：00，如图11-29所示。设置完成后单击"确定"按钮。

15 单击"视频3"轨道中的"白色背景.png"素材，打开其"特效控制台"面板，展开"运动"属性卷展栏，在其中设置"位置"参数为1215、529，设置"缩放"参数为26.4，如图11-30所示。设置后"节目"监视器中的预览效果如图11-31所示。

图 11-30 参数设置

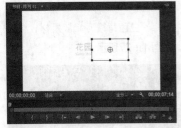

图 11-31 预览效果

16 单击"视频2"轨道中的"Logo"字幕素材，打开其"特效控制台"面板，展开"运动"属性卷展栏，在其中设置"位置"参数为1195、540，然后单击"位置"参数前的"切换动画"按钮，设置一个关键帧，如图11-32所示。

图 11-32 参数设置

17 在该"特效控制台"面板左下角的时间栏修中改时间参数为00：00：01：13，然后设置"位置"参数为692、540，如图11-33所示。

图 11-33 参数设置

18 在"时间轴"窗口中按Home键使时间标记回到首帧位置，然后在"项目"面板中选择"分割线.mov"素材，将其拖入"视频4"轨道，如图11-34所示。

图 11-34 将素材拖入视频轨道

19 单击"视频4"轨道中的"分割线.mov"素材，打开其"特效控制台"面板，修改其"位置"参数为739；540，并设置"缩放"参数为113，如图11-35所示。

图 11-35 参数设置

20 在"时间轴"窗口中双击"Logo"字幕素材，打开其"字幕"编辑窗口。调整"花园之家"字体大小为94，修改其颜色RGB为24、21、21。调整"Keller Williams Realty"字体大小为48，修改其颜色RGB为65、63、63。修改后整体效果如图11-36所示。

图 11-36 效果图

21 在"时间轴"窗口中移动时间标记▼到00：00：01：10位置，在"项目"面板中选择"Contact"字幕素材，将其拖入"视频5"轨道，并放置在时间线后，如图11-37所示。

图 11-37 将素材拖入视频轨道

22 单击"视频5"轨道中的"Contact"字幕素材，打开其"特效控制台"面板，展开"运动"属性卷展栏，在其中设置"位置"参数为1167、540，然后单击"位置"参数前的"切换动画"按钮，设置一个关键帧，如图11-38所示。

图 11-38 参数设置

23 在该"特效控制台"面板左下角的时间栏内修改时间参数为00：00：02：06，然后设置"位置"参数为1317；540，为当前位置自动设置一个关键帧，如图11-39所示。

图 11-39 参数设置

24 双击时间线窗口中的"Contact"字幕素材，打开其"字幕"编辑窗口。调整网址字体大小为76，修改其颜色RGB为65、63、63。调整电话号码字体大小为64，修改其颜色RGB为65、63、63。修改后效果如图11-40所示。

图 11-40 效果图

25 关闭"字幕"编辑窗口，在"时间轴"窗口中修改时间参数为00：00：01：10，按快捷键C切换道"剃刀工具"，移动光标到时间线位置，对"分割线.mov"素材进行切割，如图11-41所示。

图 11-41 切割素材

26 按快捷键V切换到"选择工具"，选择时间线前面的"分割线.mov"素材，如图 11-42所示。按Delete键将其删除。

图 11-42 删除素材

27 选中时间线后面的"分割线.mov"素材，将其向左拖动至00：00：00：00位置，如图 11-43所示。

图 11-43 拖动素材

28 移动光标到"分割线.mov"素材的末端，待光标变成手柄后向左拖动，直到与下方轨道素材对齐，如图 11-44所示。

图 11-44 改变素材长度

提示

在"吸附"图标■选中的状态下，拖动手柄可以自动吸附对齐上下轨道素材。未选中状态则无法自动吸附。

29 移动光标到"Contact"字幕素材的末端，待光标变成手柄后向右拖动，直到与下方轨道素材对齐，如图 11-45所示。

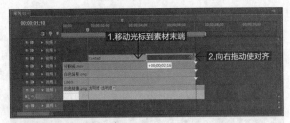

图 11-45 改变素材长度

30 打开"效果"面板，展开"视频切换"文件夹，选择"叠化"文件夹中的"交叉叠化"效果，将其添加到"Contact"字幕素材的最左端，如图 11-46所示。

图 11-46 为素材添加效果

31 同时选中"时间轴"窗口中的所有素材，单击鼠标右键，在弹出的快捷菜单中选择"嵌套"命令，如图 11-47所示。

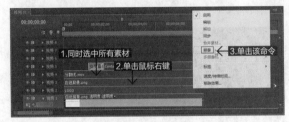

图 11-47 嵌套素材

32 执行"嵌套"命令后的序列效果如图 11-48所示。

图 11-48 序列效果

11.3 制作主体部分

11.3.1 编辑组合素材

　　主体部分是一个广告的精华所在，为了使主体部分与开场部分衔接紧凑，过渡自然，可以先在"时间轴"窗口中编辑组合素材，搭建好主体部分，以确定能否和开场部分完美结合。组合编辑素材的具体方法如下。

源文件路径	素材\第11章\11.3.1课堂范例——编辑组合素材
视频路径	视频\第11章\11.3.1课堂范例——编辑组合素材.mp4
难易程度	★ ★ ★

01 在"时间轴"窗口中将时间标记 ⏱ 移动到00：00：05：28位置，然后在"项目"面板中双击打开"展示"文件夹，选择该文件夹中的"大观.mov"素材，如图11-49所示。

图 11-49 打开素材文件夹

02 将"大观.mov"素材，添加到"视频2"轨道中，并放置在时间线后，如图11-50所示。

图 11-50 将素材拖入视频轨道

03 在"项目"面板中选择"半推遮罩.mov"素材，添加到"视频3"轨道中，并放置在时间线后，如图11-51所示。

图 11-51 将素材拖入视频轨道

提示

如果在之后的编辑中需要插入遮罩类视频特效，那么这里作为遮罩的图层和导入的视频素材的分辨率必须是同样的，否则在后续编辑操作中添加遮罩特效后，容易产生视频画面压缩的情况。

04 移动光标到"半推遮罩.mov"素材的末端，待光标变成手柄后向左拖动，直到与下方轨道素材对齐，如图11-52所示。

图 11-52 改变素材长度

05 在"项目"面板中选择"背景.png"素材，添加到"视频4"轨道中，并放置在时间线后，如图 11-53所示。

图 11-53 将素材拖入视频轨道

06 移动光标到"背景.png"素材的末端，待光标变成手柄后向右拖动，直到与下方轨道素材对齐，如图 11-54所示。

图 11-54 改变素材长度

07 在"项目"面板中选择"三分线.png"素材，添加到"视频5"轨道中，并放置在时间线后，如图 11-55所示。

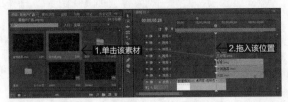

图 11-55 将素材拖入视频轨道

08 移动光标到"三分线.png"素材的末端，待光标变成手柄后向右拖动，直到与下方轨道素材对齐，如图 11-56所示。

图 11-56 改变素材长度

09 同时选中时间线后的四个素材，单击鼠标右键，在弹出的快捷菜单中选择"嵌套"命令，如图 11-57所示。

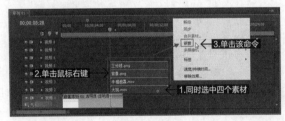

图 11-57 嵌套素材

10 执行"嵌套"命令后的序列效果如图 11-58所示。

图 11-58 序列效果

11 在"项目"面板中选择"全推遮罩.mov"素材，将该素材拖入"视频3"轨道，并放置在时间线后，如图 11-59所示。

图 11-59 将素材拖入视频轨道

12 在"项目"面板中选择"过渡线.mov"素材，将该素材拖入"视频4"轨道，并放置在时间线后，如图 11-60所示。

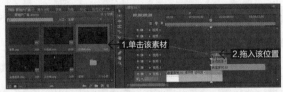

图 11-60 将素材拖入视频轨道

13 将时间标记🔻移动到00：00：11：06位置，在"项目"面板中选择"背景.png"素材，将该素材添加到"视频1"轨道中，并放置在时间线后，如图 11-61所示。

图 11-61 将素材拖入视频轨道

14 在"项目"面板中的"展示"文件夹中选择"客厅.mov"素材，将该素材添加到"视频3"轨道中，并放置在时间线后，如图 11-62所示。

图 11-62 将素材拖入视频轨道

15 移动光标到"背景.png"素材的末端，待光标变成手柄后向右拖动，直到与上方轨道的"客厅.mov"素材对齐，如图 11-63所示。

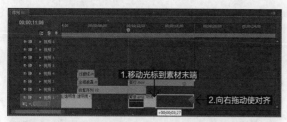

图 11-63 改变素材长度

16 在"项目"面板中选择"半推遮罩.mov"素材，将该素材添加到"视频4"轨道中，并放置在时间线后，如图 11-64所示。

图 11-64 将素材拖入视频轨道

17 移动光标到"半推遮罩.mov"素材的末端，待光标变成手柄后向左拖动，直到与下方轨道素材对齐，如图 11-65所示。

图 11-65 改变素材长度

18 在"项目"面板中的"图标"文件夹中选择"图标01.mov"素材，将该素材添加到"视频5"轨道中，并放置在时间线后，如图 11-66所示。

图 11-66 将素材拖入视频轨道

19 移动光标到"图标01.mov"素材的末端，待光标变成手柄后向左拖动，直到与下方轨道素材对齐，如图 11-67所示。

20 将时间标记移动到00：00：16：07位置，在"时间轴"窗口总结同时选中"视频3"~"视频5"轨道的素材，按住快捷键Alt拖动复制选中的素材到"视频6"及以上轨道中，并放置在时间线后，如图 11-68所示。

图 11-67 改变素材长度

图 11-68 复制素材

21 单击选中"视频8"轨道上的"图标01.mov"素材，如图 11-69所示。按Delete键将其删除。

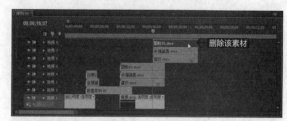

图 11-69 删除素材

22 在"项目"面板中的"图标"文件夹中选择"图标02.mov"素材，将该素材添加到"视频8"轨道中，并放置在时间线后，如图 11-70所示。

图 11-70 添加素材

23 移动光标到"图标02.mov"素材的末端，待光标变成手柄后向左拖动，直到与下方轨道素材对齐，如图 11-71所示。

图 11-71 改变素材长度

24 单击选择"视频1"轨道的"背景.png"素材，按住快捷键Alt拖动复制到"视频2"轨道中，并放置在时间线后，如图 11-72所示。

图 11-72 复制素材

25 将时间标记 ▼ 移动到00：00：21：04位置，在"时间轴"窗口中同时选中"视频6"~"视频8"轨道的素材，按住快捷键Alt拖动复制选中的素材到"视频9"及以上轨道中，并放置在时间线后，如图 11-73所示。

图 11-73 复制素材

26 单击选中"视频11"轨道上的"图标02.mov"素材，按Delete键将其删除，并在"项目"面板中的"图标"文件夹中选择"图标03.mov"素材，将该素材添加到"视频11"轨道中，并放置在时间线后，如图 11-74所示。

图 11-74 添加素材

27 移动光标到"图标03.mov"素材的末端，待光标变成手柄后向左拖动，直到与下方轨道素材对齐，如图 11-75所示。

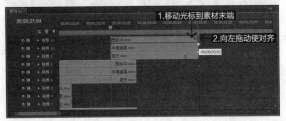

图 11-75 改变素材长度

28 单击选择"视频2"轨道的"背景.png"素材，按住快捷键Alt拖动复制到"视频1"轨道中，并放置在时间线后，如图 11-76所示。

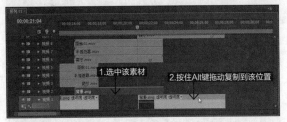

图 11-76 复制素材

29 将时间标记 ▼ 移动到00：00：26：07位置，在"时间轴"窗口中同时选中"视频9"~"视频11"轨道的素材，按住快捷键Alt拖动复制选中的素材到"视频12"及以上轨道中，并放置在时间线后，如图 11-77所示。

图 11-77 复制素材

30 单击选中"视频14"轨道上的"图标03.mov"素材，按Delete键将其删除，并在"项目"面板中的"图标"文件夹中选择"图标04.mov"素材，将该素材添加到"视频14"轨道中，并放置在时间线后，如图 11-78所示。

图 11-78 替换素材

31 移动光标到"图标04.mov"素材的末端，待光标变成手柄后向左拖动，直到与下方轨道素材对齐，如图11-79所示。

图 11-79 改变素材长度

32 单击选择"视频1"轨道的"背景.png"素材，按住快捷键Alt拖动复制到"视频2"轨道中，并放置在时间线后，如图11-80所示。

图 11-80 复制素材

33 将时间标记 移动到00：00：31：03位置，在"时间轴"窗口中同时选中"视频12"~"视频14"轨道的素材，按住快捷键Alt拖动复制选中的素材到"视频15"及以上轨道消耗，并放置在时间线后，如图11-81所示。

图 11-81 复制素材

24 单击选中"视频17"轨道上的"图标04.mov"素材，按Delete键将其删除，并在"项目"面板中的"图标"文件夹中选择"图标05.mov"素材，将该素材添加到"视频17"轨道中，并放置在时间线后，如图 11-82所示。

图 11-82 添加素材

35 移动光标到"图标05.mov"素材的末端，待光标变成手柄后向左拖动，直到与下方轨道素材对齐，如图11-83所示。

图 11-83 改变素材长度

36 单击选择"视频2"轨道的"背景.png"素材，按住快捷键Alt拖动复制到"视频1"轨道中，并放置在时间线后，如图11-84所示。

图 11-84 复制素材

37 将时间标记 移动到00：00：35：29位置，在"时间轴"窗口中同时选中"视频15"~"视频17"轨道的素材，按住快捷键Alt拖动复制选中的素材到"视频18"及以上轨道中，并放置在时间线后，如图11-85所示。

图11-85 复制素材

38 单击选中"视频20"轨道上的"图标05.mov"素材，按Delete键将其删除，并在"项目"面板中的"图标"文件夹中选择"图标06.mov"素材，将该素材添加到"视频20"轨道中，并放置在时间线后，如图11-86所示。

图11-86 添加素材

39 移动光标到"图标06.mov"素材的末端，待光标变成手柄后向左拖动，直到与下方轨道素材对齐，如图11-87所示。

图11-87 改变素材长度

40 单击选择"视频1"轨道的"背景.png"素材，按住快捷键Alt拖动复制到"视频2"轨道中，并放置在时间线后，如图11-88所示。

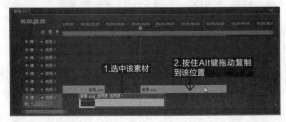

图11-88 复制素材

41 将时间标记 移动到00：00：40：26位置，在"时间轴"窗口中同时选中"视频18"～"视频20"轨道的素材，按住快捷键Alt拖动复制选中的素材到"视频21"及以上轨道中，并放置在时间线后，如图11-89所示。

图11-89 复制素材

42 单击选中"视频23"轨道上的"图标06.mov"素材，按Delete键将其删除，并在"项目"面板中的"图标"文件夹中选择"图标07.mov"素材，将该素材添加到"视频23"轨道中，并放置在时间线后，如图11-90所示。

图11-90 添加素材

43 移动光标到"图标06.mov"素材的末端，待光标变成手柄后向左拖动，直到与下方轨道素材对齐，如图11-91所示。

图11-91 改变素材长度

44 单击选择"视频1"轨道的"背景.png"素材，按住快捷键Alt拖动复制到"视频2"轨道中，并放置在时间线后，如图11-92所示。

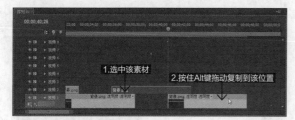

图 11-92 复制素材

45 执行完上述操作后，参照表11-1，在"项目"面板中的"展示"文件夹中找到对应的素材将原轨道上的视频素材替换。

表11-1 不同视频轨道对应的替换素材

视频轨道	替换素材
视频6	书房.mov
视频9	浴室.mov
视频12	电视.mov
视频15	厨房.mov
视频18	卧室.mov
视频21	泳池.mov

46 最终序列效果如图 11-93所示。

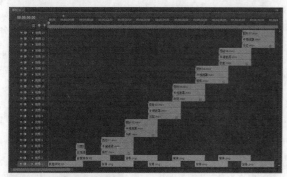

图 11-93 序列效果

11.3.2 字幕的创建及应用

主体部分的框架搭建完成后，还需要在展示位置添加一些商品信息广告词。为了使广告字幕同样具有丰富的视频变化效果，可以把同范围的字幕分割成几个小部分，再在后期分别为字幕添加一些特殊效果。制作广告词字幕的具体操作如下。

源文件路径	素材\第11章\11.3.2课堂范例——字幕的创建及应用
视频路径	视频\第11章\11.3.2课堂范例——字幕的创建及应用.mp4
难易程度	★ ★ ★

01 将时间标记 ⬇ 移动到00：00：08：02位置，将当前位置的背景图像作为字幕摆放位置的参照。执行"文件"/"新建"/"字幕"命令，在弹出的"新建字幕"对话框中设置好属性和名称，如图 11-94所示。单击"确定"按钮，完成字幕创建。

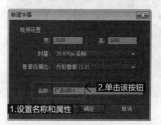

图 11-94 新建字幕

02 进入"字幕"编辑窗口，在工具栏中选择文本输入工具 T，移动光标到编辑区域，单击，输入文字"花园之家"。然后在右侧的"字幕属性"面板中选择一款合适的中文字体，设置颜色RGB为201、166、120，同时调整字体大小位置等参数，具体设置及效果如图 11-95所示。

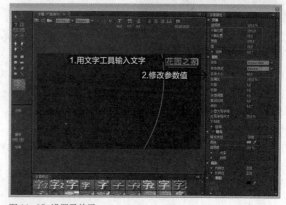

图 11-95 设置及效果

03 单击编辑区域空白处，可以另起一行输入新的广告词。输入文字后，在工具栏中单击"选择工具"按钮，调整广告词的位置，并在"字幕属性"面板中调整字体大小等参数，效果如图 11-96所示。完成上述字幕的创建

建后，单击"字幕"编辑窗口右上角的"关闭"按钮
图。返回到操作界面。

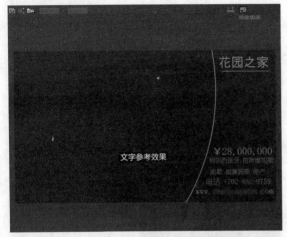

图 11-96 效果

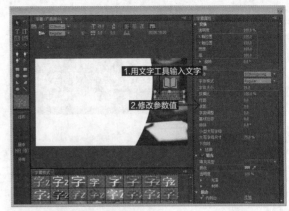

图 11-98 设置及效果

04 在"时间轴"窗口中移动时间标记图到00：00：19：00位置，将当前位置的背景图像作为字幕摆放位置的参考。再次执行"文件"/"新建"/"字幕"命令，在弹出的"新建字幕"对话框中设置好属性和名称，如图11-97所示。单击"确定"按钮，完成字幕创建。

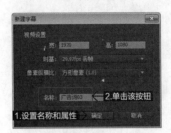

图 11-99 新建字幕

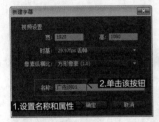

图 11-97 新建字幕

07 进入"字幕"编辑窗口，在工具栏中选择文本输入工具T，移动光标到编辑区域，单击，输入新的广告词。然后在右侧的"字幕属性"面板中选择一款合适的字体，设置颜色RGB为201、166、120，同时调整字体大小位置等参数，具体设置及效果如图 11-100所示。完成该字幕的创建后，单击"字幕"编辑窗口右上角的"关闭"按钮图。返回到操作界面。

05 进入"字幕"编辑窗口，在工具栏中选择文本输入工具T，移动光标到编辑区域，单击，输入新的广告词。然后在右侧的"字幕属性"面板中选择一款合适的字体，设置颜色RGB为201、166、120，同时调整字体大小位置等参数，具体设置及效果如图 11-98所示。完成该字幕的创建后，单击"字幕"编辑窗口右上角的"关闭"按钮图。返回到操作界面。

06 执行"文件"/"新建"/"字幕"命令，在弹出的"新建字幕"对话框中设置好属性和名称，如图11-99所示。单击"确定"按钮，完成字幕创建。

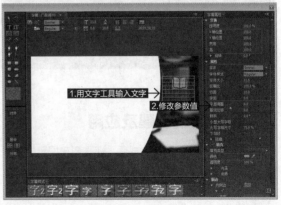

图 11-100 设置及效果

08 在"时间轴"窗口中移动时间标记 到00：00：11：06位置，在"项目"面板中选择"广告词02"字幕，添加到"视频24"轨道中，并放置在时间线后，如图11-101所示。

图 11-101 将素材拖入视频轨道

09 移动光标到"广告词02"字幕素材的末端，待光标变成手柄后向右拖动，直到与下方轨道素材的末端对齐，如图11-102所示。

图 11-102 改变素材长度

10 在"项目"面板中选择"广告01"字幕，添加到"视频25"轨道中，并放置在时间线后，如图11-103所示。

图 11-103 将素材拖入视频轨道

11 移动光标到"广告词01"字幕素材的末端，待光标变成手柄后向右拖动，直到与下方轨道素材的末端对齐，如图11-104所示。

图 11-104 改变素材长度

12 双击"视频2"轨道上的"嵌套序列02"素材，进入其嵌套序列窗口，如图11-105所示。

图 11-105 嵌套序列窗口

13 右键单击左侧的视频轨道空白处，在弹出的快捷菜单中选择"添加轨道"命令，如图11-106所示。

图 11-106 添加轨道

14 在弹出的"添加视音轨"对话框中按照图11-107设置，在该嵌套序列窗口中新添加两条视频轨道。设置完成后单击"确定"按钮。

图 11-107 "添加视音轨"对话框

15 在"项目"面板中选择"广告词01"字幕素材，添加到"视频6"轨道中，如图11-108所示。

图 11-108 将素材拖入视频轨道

16 在"项目"面板中选择"广告词03"字幕素材，添加到"视频7"轨道中，如图11-109所示。

图11-109 将素材拖入视频轨道

17 同时选择"嵌套序列"窗口中的"广告词01"和"广告词03"字幕素材，然后移动光标到素材的末端，待光标变成手柄后向右拖动，直到与下方轨道素材的末端对齐，如图11-110所示。

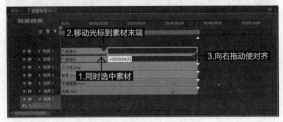

图11-110 改变素材长度

11.3.3 添加视频特效及转场

完成上述操作之后，离最终的视频效果还有很大一段差距。最后还需要在镜头之间适当地添加一些转场特效，使镜头过渡更加自然。同时，还需要为部分素材设置一些遮罩特效，来增加影片的精彩程度。下面将介绍添加视频特效及转场的具体操作。

源文件路径	素材\第11章\11.3.3课堂范例——添加视频特效及转场
视频路径	视频\第11章\11.3.3课堂范例——添加视频特效及转场.mp4
难易程度	★ ★ ★

01 打开"效果"面板，展开其中的"视频特效"文件夹，选择"通道"文件夹中的"反转"特效，添加到"视频3"轨道的"半推遮罩.mov"素材上，如图11-111所示。

图11-111 为素材添加特效

02 单击该特效，打开其"特效控制台"面板，设置"反转"特效的"通道"为Alpha，如图11-112所示。

图11-112 "特效控制台"面板

03 在"效果"面板中选择"通道"文件夹中的"复合算法"特效，添加到"视频4"轨道的"背景.png"素材上，如图11-113所示。

图11-113 为素材添加特效

04 打开该特效的"特效控制台"面板，设置"二级源图层"为"视频3"，设置"操作符"为差值，设置"在通道上操作"为Alpha，设置"溢出特性"为剪切，如图11-114所示。

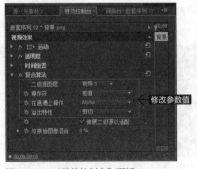

图11-114 "特效控制台"面板

05 在"效果"面板中，展开其中的"视频切换"文件夹，选择"叠化"文件夹中的"交叉叠化"效果，将其添加到"广告词03"字幕素材的最右端，如图 11-115 所示。

图 11-115 为素材添加效果

06 将时间标记 ▣ 移动到00：00：05：16位置，将光标移动到"广告词03"字幕素材的末端，待光标变成手柄后向左拖动到时间线位置，如图 11-116所示。

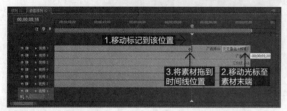

图 11-116 改变素材长度

提示

为了避免当前素材与后面的画面素材产生过多重叠，影响画面美观效果，可以适当缩短当前素材的持续时间，使画面衔接更加自然。

07 单击"嵌套序列02"窗口上的关闭按钮，关闭当前"嵌套序列"窗口，如图 11-117所示。

图 11-117 关闭当前窗口

08 回到"序列01"窗口，在"效果"面板中选择"键控"文件夹中的"轨道遮罩键"特效，添加到"视频2"轨道的"嵌套序列02"素材上，如图 11-118所示。

图 11-118 为素材添加特效

09 打开该特效的"特效控制台"面板，设置"遮罩"为"视频3"，设置"合成方式"为Alpha遮罩，如图 11-119所示。

图 11-119 "特效控制台"面板

10 移动时间标记 ▣ 到00：00：11：06位置，放大窗口，然后框选时间线后面的所有素材，如图 11-120 所示。

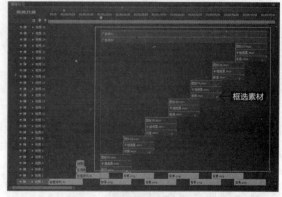

图 11-120 框选素材

提示

图层特效会相互影响轨道素材，为了避免在之后的编辑中素材被前面的图层轨道特效影响，素材最好放入新的视频轨道。

11 按住鼠标左键向上拖动，将选中的素材统一上移两个视频轨道，如图 11-121所示。

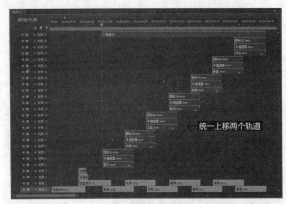

图 11-121　向上拖动素材

12 在"效果"面板中选择"通道"文件夹中的"复合算法"特效，添加到时间线后"视频1"轨道的"背景.png"素材上，如图 11-122所示。

图 11-122　为素材添加特效

13 打开该特效的"特效控制台"面板，设置"二级源图层"属性为"视频6"，设置"操作符"属性为差值，设置"在通道上操作"属性为Alpha，"溢出特性"属性默认为剪切，不做改动，具体设置如图 11-123所示。

图 11-123　"特效控制台"面板

14 在"效果"面板中选择"键控"文件夹中的"轨道遮罩键"特效，添加到"客厅.mov"素材上，如图 11-124所示。

图 11-124　为素材添加特效

15 打开该特效的"特效控制台"面板，设置"遮罩"为"视频6"，设置"合成方式"为Alpha遮罩，如图 11-125所示。

图 11-125　"特效控制台"面板

16 移动时间标记■到00：00：16：07位置，在"效果"面板中选择"通道"文件夹中的"复合算法"特效，添加到时间线后"视频2"轨道的"背景.png"素材上，如图 11-126所示。

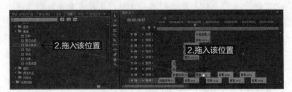

图 11-126　为素材添加特效

17 打开该特效的"特效控制台"面板，设置"二级源图层"属性为"视频9"，设置"操作符"属性为差值，设置"在通道上操作"属性为Alpha，"溢出特性"属性默认为剪切，不做改动，具体设置如图 11-127所示。

图 11-127　"特效控制台"面板

18 在"效果"面板中选择"键控"文件夹中的"轨道遮罩键"特效，添加到"书房.mov"素材上，如图11-128所示。

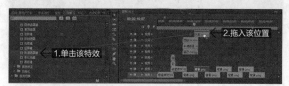

图 11-128 为素材添加特效

19 打开该特效的"特效控制台"面板，设置"遮罩"为"视频9"，设置"合成方式"为Alpha遮罩，如图11-129所示。

图 11-129 "特效控制台"面板

20 移动时间标记 到00：00：21：04位置，按照同样的操作方法，为时间线之后的其余五个"背景.png"素材添加"复合算法"特效，如图 11-130所示。然后在"特效控制台"面板中按照上述步骤统一设置"操作符"属性为差值，设置"在通道上操作"属性为Alpha，"溢出特性"属性默认为剪切，"二级源图层"参数则选择素材对应的"半推遮罩.mov"所在的视频轨道。

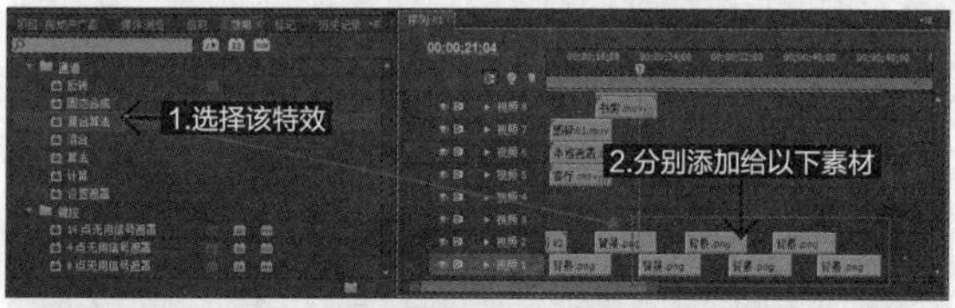

图 11-130 为时间线后的素材添加同一特效

21 为上述余下的五个"背景.png"素材所对应的"浴室.mov""电视.mov""厨房.mov""卧室.mov""泳池.mov"素材添加"轨道遮罩键"特效，然后在"特效控制台"面板中统一设置"合成方式"为Alpha遮罩，在"遮罩"属性栏选择素材上方对应的"半推遮罩.mov"所在的视频轨道，具体如表11-2所示。

表11-2 "特效控制台"面板对应遮罩层设置

素材	对应遮罩层
浴室.mov	视频12
电视.mov	视频15
厨房.mov	视频18
卧室.mov	视频21
泳池.mov	视频24

22 上述设置完成之后，在"效果"面板中，打开"视频切换"文件夹，选择"叠化"文件夹中的"交叉叠化"效果，添加到"视频26"轨道的"广告词02"字幕素材的最左端，如图 11-131所示。

图 11-131 为素材添加效果

23 单击该特效，打开其"特效控制台"面板，设置持续时间为00：00：01：00，如图11-132所示。

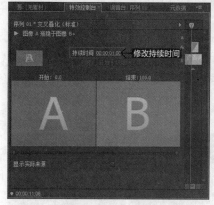

图 11-132 设置持续时间

11.4 制作结尾部分

完成广告主体部分的制作后，还需要为其制作一个结尾部分，并进行化画和添加背景音乐，使广告更加完善。制作结尾部分的具体操作如下。

源文件路径	素材\第11章\11.4课堂范例——制作结尾部分
视频路径	视频\第11章\11.4课堂范例——制作结尾部分
难易程度	★ ★ ★

01 移动时间标记💡到00：00：11：06位置，在"项目"面板中选择"三分线.mov"素材，将其添加到"视频28"轨道中，并放置在时间线后，如图11-133所示。

图11-133 将素材添加到视频轨道

02 移动光标到"三分线.mov"素材的末端，待光标变成手柄后向右拖动，直到与下方轨道素材的末端对齐，如图11-134所示。

图11-134 改变素材长度

03 将时间标记💡移动到00：00：45：19位置，在"项目"面板中选择"全推遮罩.mov"素材，将其添加到"视频29"轨道中，并放置在时间线后，如图11-135所示。

图11-135 将素材添加到视频轨道中

04 将时间标记💡移动到00：00：47：23位置，在"项目"面板中选择"嵌套序列01"素材，将其添加到"视频29"轨道中，并放置在时间线后，如图11-136所示。

图11-136 将嵌套序列拖入视频轨道

05 在"效果"面板中打开"视频切换"文件夹，选择"叠化"文件夹中的"渐隐为黑色"效果，将其添加到"视频29"轨道的"嵌套序列01"字幕素材的最右端，如图11-137所示。

图11-137 为素材添加效果

06 在"时间轴"窗口中按快捷键Home使时间标记💡回到00：00：00：00位置，在"项目"面板中选择"BGM.mp3"素材，添加到"音频1"轨道中，如图11-138所示。

图11-138 将素材拖入音频轨道

07 将时间标记💡移动到00：00：56：00位置，按快捷键C切换为"剃刀工具"，移动光标到时间线位置，对"BGM.mp3"素材进行切割，如图11-139所示。

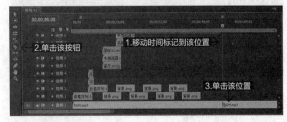

图11-139 切割素材

08 按快捷键V切换为"选择工具",选择时间线后面的"BGM.mov"素材,如图 11-140所示。按Delete键将其删除。

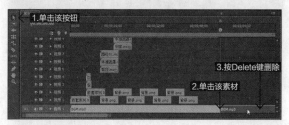

图 11-140 删除选中素材

09 在"效果"面板中展开"音频过渡"文件夹,选择"交叉渐隐"文件夹中的"指数型淡入淡出"特效,将其添加到"BGM.mov"素材的最右端,如图 11-141所示。

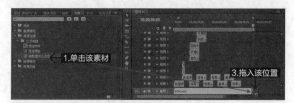

图 11-141 为素材添加音频特效

10 至此,所有素材和特效添加完毕,序列效果如图 11-142所示。

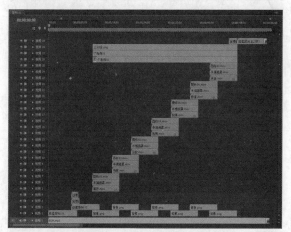

图 11-142 最终序列效果

11.5 输出视频

所有的素材处理完毕后,按Enter键渲染项目,如果满意视频效果,可以按快捷键Ctrl+S进行保存,或者直接导出视频文件。输出视频的具体操作如下。

源文件路径	素材\第11章\11.5课堂范例——输出视频
视频路径	视频\第11章\11.5课堂范例——输出视频.mp4
难易程度	★ ★ ★

01 执行"文件"/"导出"/"媒体"命令,如图 11-143所示。

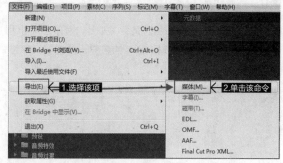

图 11-143 命令菜单

02 弹出"导出设置"对话框,在该对话框中点击"格式"下拉列表,选择QuickTime选项,如图 11-144所示。

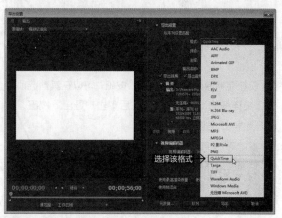

图 11-144 格式设置

03 点击"预设"下拉列表,按照图 11-145选择预设。

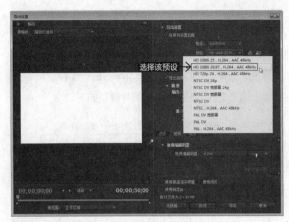

图 11-145 预设设置

图 11-148 播放器预览效果

04 单击"输出名称"右侧的文字，弹出"另存为"对话框，在该对话框中设置输出影片的名称，并设置保存路径，如图 11-146所示。

图 11-146 "另存为"对话框

05 设置完参数后单击"保存"按钮，可以在其他选项中进行更详细的设置，设置完成后单击"导出"按钮，影片开始导出，如图 11-147所示。

图 11-147 导出素材

06 导出完毕后，计算机自动关闭对话框。用户可以在先前设置的导出文件夹中查看已经导出的文件，并用媒体播放器进行播放，如图 11-148所示。